U0180820

住房城乡建设部土建类学科专业"十三五"规划教材
教育部高等学校建筑类专业教学指导委员会建筑学专业教学指导分委员会规划推荐教材
高等学校建筑类专业城市设计系列教材
"十三五"江苏省高等学校重点教材

丛书主编　王建国

Urban Design: Theories and Methods

城市设计
理论与方法

丁沃沃　胡友培　唐　莲　著

中国建筑工业出版社

图书在版编目（CIP）数据

城市设计理论与方法 = Urban Design: Theories
and Methods / 丁沃沃，胡友培，唐莲著. —北京：中
国建筑工业出版社，2020.12（2024.11重印）

住房城乡建设部土建类学科专业"十三五"规划教材
. 教育部高等学校建筑类专业教学指导委员会建筑学专业
教学指导分委员会规划推荐教材. 高等学校建筑类专业城
市设计系列教材."十三五"江苏省高等学校重点教材 /
王建国主编

ISBN 978-7-112-25596-2

Ⅰ. ①城… Ⅱ. ①丁…②胡…③唐… Ⅲ. ①城市规
划 - 建筑设计 - 高等学校 - 教材 Ⅳ. ①TU984

中国版本图书馆CIP数据核字（2020）第227246号

责任编辑：高延伟　陈　桦　王　惠
责任校对：焦　乐

住房城乡建设部土建类学科专业"十三五"规划教材
教育部高等学校建筑类专业教学指导委员会建筑学专业教学指导分委员会规划推荐教材
高等学校建筑类专业城市设计系列教材
"十三五"江苏省高等学校重点教材
丛书主编　王建国

城市设计理论与方法
Urban Design: Theories and Methods
丁沃沃　胡友培　唐　莲　著
*
中国建筑工业出版社出版、发行（北京海淀三里河路9号）
各地新华书店、建筑书店经销
北京锋尚制版有限公司制版
北京云浩印刷有限责任公司印刷
*
开本：880毫米×1230毫米　1/16　印张：20¼　字数：376千字
2020年12月第一版　2024年11月第三次印刷
定价：89.00元
ISBN 978 - 7 - 112 - 25596 - 2
　　　（36693）

总序

在 2015 年 12 月 20 日至 21 日的中央城市工作会议上，习近平总书记发表重要讲话，多次强调城市设计工作的意义和重要性。会议分析了城市发展面临的形势，明确了城市工作的指导思想、总体思路、重点任务。会议指出，要加强城市设计，提倡城市修补，加强控制性详细规划的公开性和强制性。要加强对城市的空间立体性、平面协调性、风貌整体性、文脉延续性等方面的规划和管控，留住城市特有的地域环境、文化特色、建筑风格等"基因"。2016 年 2 月 6 日，中共中央、国务院印发了《关于进一步加强城市规划建设管理工作的若干意见》，提出要"提高城市设计水平。城市设计是落实城市规划、指导建筑设计、塑造城市特色风貌的有效手段。鼓励开展城市设计工作，通过城市设计，从整体平面和立体空间上统筹城市建筑布局，协调城市景观风貌，体现城市地域特征、民族特色和时代风貌。单体建筑设计方案必须在形体、色彩、体量、高度等方面符合城市设计要求。抓紧制定城市设计管理法规，完善相关技术导则。支持高等学校开设城市设计相关专业，建立和培育城市设计队伍"。

为落实中央城市工作会议精神，提高城市设计水平和队伍建设，2015 年 7 月，由全国高等学校建筑学、城乡规划学、风景园林学三个学科专业指导委员会在天津共同组织召开了"高等学校城市设计教学研讨会"，并决定在建筑类专业硕士研究生培养中增加"城市设计专业方向教学要求"，12 月制定了《高等学校建筑类硕士研究生（城市设计方向）教学要求》以及《关于加强建筑学（本科）专业城市设计教学的意见》《关于加强城乡规划（本科）专业城市设计教学的意见》《关于加强风景园林（本科）专业城市设计教学的意见》等指导文件。

本套《高等学校建筑类专业城市设计系列教材》是为落实城市设计的教学要求，专门为"城市设计专业方向"而编写，分为 12 个分册，分别是《城市设计基础》《城市设计理论与方法》《城市设计实践教程》《城市美学》《城市设计技术方法》《城市设计语汇解析》《动态城市设计》《生态城市设计》《精细化城市设计》《交通枢纽地区城市设计》《历史地区城市设计》《中外城市设计史纲》等。在 2016 年 12 月、2018 年 9 月和 2019 年 6 月，教材编委会召开了三次编写工作会议，对本套教材的定位、对象、内容架构和编写进度进行了讨论、完善和确定。

本套教材得到教育部高等学校建筑类专业教学指导委员会及其下设的建筑学专业教学指导分委员会以及多位委员的指导和大力支持，并已列入教育部高等学校建筑类专业教学指导委员会建筑学专业教学指导分委员会的规划推荐教材。

　　城市设计是一门正在不断完善和发展中的学科。基于可持续发展人类共识所提倡的精明增长、城市更新、生态城市、社区营造和历史遗产保护等学术思想和理念，以及大数据、虚拟现实、人工智能、机器学习、云计算、社交网络平台和可视化分析等数字技术的应用，显著拓展了城市设计的学科视野和专业范围，并对城市设计专业教育和工程实践产生了重要影响。希望《高等学校建筑类专业城市设计系列教材》的出版，能够培养学生具有扎实的城市设计专业知识和素养、具备城市设计实践能力、创造性思维和开放视野，使他们将来能够从事与城市设计相关的研究、设计、教学和管理等工作，为我国城市设计学科专业的发展贡献力量。城市设计教育任重而道远，本套教材的编写老师虽都工作在城市设计教学和实践的第一线，但教材也难免有不当之处，欢迎读者在阅读和使用中及时指出，以便日后有机会再版时修改完善。

主任：
教育部高等学校建筑类专业教学指导委员会
建筑学专业教学指导分委员会
2020 年 9 月

前言

最新版的《高等学校建筑学本科指导性专业规范 2013》在教学大纲中确立了城市设计的理论课程与设计教学，城市设计成为建筑学教育中不可或缺的一个重要组成部分。20 世纪末开始，我国的建筑学界和建筑院校开始重视城市设计的研究，东南大学王建国教授、浙江大学徐雷教授先后分别从不同的学术视角出版了名为《城市设计》的专著和教材，其中王建国教授的《城市设计》与时俱进不断更新，已经出了第三版。这些专著和教材讲述了城市设计的基本概念、历史脉络、设计内容、设计方法以及案例解析，为我国城市设计人才培养打下了基础。

背景与思路

一个国家或地区对城市设计专业的需求是随着城市化进程的阶段而逐渐上升。我国随着城市化进程进入成熟阶段，城市规模扩张趋于稳定，城市的内涵和质量成为主要工作目标，因此，对城市设计专业人才的需求将会大量增加。在最新版的建筑学、城乡规划学和风景园林三个专业的教学大纲中都分别设立了"城市设计"理论和相应的设计教学，不同的专业背景都将城市设计作为本学科知识框架中不可或缺的一个部分。这意味着不仅需要大量的和"城市设计"相关的教材，而且也需要"城市设计"知识体系的丰富性和教材版本的多样化。

以城市化进程早于我国一个多世纪的西方发达国家为例，自 20 世纪中叶以来由于城市化进程已经趋于稳定，城市物质空间质量的提升成为城市发展的再生动力，越来越多的高校在建筑学教程中开设城市设计课程，城市建筑和城市设计成为建筑学理论的重要内容。由于城市设计具有领域宽泛、体系庞杂的特性，所以发展出丰富多样的理论体系，从表现形式上可以看出仅试图囊括城市设计各类理论的《城市设计读本》就有不同的两个版本，造成了在教学过程中不同的专业视角和不同的学术认知也具有不同的"城市设计理论"教授脉络。鉴于这些西方城市设计相关理论形成较早又相对成体系，因此很容易为我们引进而作为学习的基础和范本。然而，由于中国城市设计无论是文化传统和社会语境，还是城市发展阶段和政治经济策略均与西方差异巨大，所以西方的诸多理论如果不经过系统的梳理和消化，并不能够提供针对中国城市设计的有效知识与方法。

就建筑学而言，重建筑形体而轻群体空间目前依然是建筑教学的特点，建筑学学生的城市知识相对偏弱，会导致今后在执业生涯中拓展视角力不从心。为此，作为本科教材，可以尽可能地帮助学生建构城市设计理论框架，为今后的自我提升打下基础。其次，建筑单体设计训练的过程难免强调形体创意，且并非所有形体生成都有清晰的逻辑和标准，因此，逻辑推演能力训练相对偏少。然而，城市设计不仅需要创新，更重要的是理性思维指导下的创新，因此，前置问题的分析方法、形式理性的建构方法和适合国情的技术路径也应该成为教材内容的一部分展示给学生。因此，产生了从城市设计理论和方法论两个层面编写教材的思路。不仅为学生提供理论框架和科学方法，而且提供在地性的理解、本土文化认知和分析方法。

此外，为开拓学生的视野，城市设计教材内容的丰富性和包容性也成为编写初衷。尽管国外的城市设计理论和方法在落地性方面有偏差，然而近两百年来的理论积淀和实践案例依然是非常宝贵的财富，尤其是在理论视角的丰富性和理论建构的严谨性方面尤其值得学习与借鉴。另一方面，国外城市建设中有不少城市设计的成功案例，其成功的背景和效果也是丰富我们案例知识库的极佳资源。所以，帮助学生从浩瀚的城市设计读本中提炼相关知识点，不避国别系统地铺陈城市设计理论脉络、引介与城市设计技能相关的知识依然有着重要的现实意义。

理念与内容

《城市设计理论与方法》意向是成为建筑学本科教育或研究生城市设计方向的必修课的选用教材，授课对象为建筑学本科高年级（四年级或五年级）学生和建筑学专业的硕士研究生，同时兼顾城乡规划学和风景园林学的本科专业。针对已经具备一定建筑历史与理论和建筑设计理论以及设计基础的本科生，本教材意在为学生建构城市设计领域的知识框架和理论视野，提升和拓展建筑学本科及研究生空间设计的相关方法和技能，并补充本科生的研究能力。

本教材在建筑学专业指导委员会的统一部署下，力求配合其他城市设计同类教材及相关教材的内容，尽力做到学术概念统一，内容写作注重特色，以期作为系列教材的一分册统一呈现给学生及相关读者。为此，针对目前"城市设计"教材已有知识框架，本教材试图在知识体系、科学方法和图示技能方面做一些拓展和补充，在形成本教材特色的同时对城市设计教材的丰富性做出贡献。本教材的特色主要表现在以下三个方面：

1）**突出城市设计的理论的丰富性和多样性** 本教材不局限于狭义的城市设计，尽可能地全面引介城市设计相关学派的理论。本教材拟基于我国城市设计的需求进行分类，将城市史、城市社会学、城市形态学、城市物理环境等领域知识融合到以城市形态为基础的知识框架中，为学生建立较为全面而综合的知识框架。

鉴于城市设计理论浩瀚繁复，学派庞杂，本教材将针对本科生的需求，立足于城市物质形态对各类学说以综述性方式加进行梳理，循序渐进，由简入难。另一方面，本教材从学生未来发展的需求着想，将逐步引入理论性内容，以便本科生在有限的课程时间内理解城市设计的要义，初步掌握城市设计的内容和技能，同时兼顾一定的广度和深度的知识，为深造奠定较为坚实的基础。

2）强调城市设计的科学方法　城市设计和建筑设计最大的区别在于，城市设计涉及诸多因素与利益，需要进行多层面多维度的综合分析，其任务不仅是赋予城市以物质形态，因为形态只是表象，而本质是城市的空间质量问题。为此，在城市设计整个过程中分析的耗时甚至远大于决策，且分析技术在城市设计过程中越来越重要，成为城市设计的重要组成部分。既有教材中已经开始将科学方法引入城市设计，近年来数据技术在城市设计中的运用越来越广泛，在城市设计决策中起到了重要的作用。因此，从探讨的角度引介城市设计的调查方法、分析方法和决策方法非常重要。如文本分析法、数据分析法、相关软件的运用方法等。

为便于学生能够较好地理解各类方法，本教材一方面简单介绍和城市设计相关联的研究方法，另一方面基于城市设计的实践案例，引介城市设计的调查方法、分析方法和决策方法。

3）强化案例解析及图示方法　城市设计的另一个特色是其设计成果表达的独特性，即给定城市物质空间的形式规则远比给定具体的一组建筑造型更加有价值，也更重要。城市设计的图示表达有其自身独特的规则，不仅要有建设物体的精准指导，而且需要有一定的宽容度，给建筑师的设计留出空间。因而，城市设计的图示又和城市规划的说明性图示具有本质性的区别。近年来我国各城市建设的管理者也在城市设计成果方面做了许多创新，城市设计图则内容越来越精准和实用。为此，本教材不仅选取了中外各城市设计案例中优秀的分析和表达图示，也收集了在实践中运用得比较好的城市设计图则案例，还优选了城市设计教学的优秀成果，将这三方面优秀的案例系统地引进课堂，为学生的城市设计实践准备了较为充分的工具箱。

本书共分三个部分：第一部分由第1章和第2章组成，分别通过概述和综述展示了城市设计的广度和深度，为学生们建立起城市设计理论与方法的基本框架。

第二部分主要阐述城市设计的主要理论，由第3~6章组成。城市设计的理论非常多元和丰富，对于本科教材来说不仅需要取舍，而且需要归纳。从建筑学的角度看，城市设计的对象主要是城市的物质空间，因此本教材分别从城市物质空间的内涵、城市物质空间的功能、城市物质空间的运作和城市物质空间的性能等四个方面对城市设计的理论做了阐述，尽量让学生了解城市设计理论的广博性和复杂性。

第三部分主要展示城市设计的方法与技术，由第7~10章组成。城市设计和建筑设计的共同之处是对三维形态操作，尤为重视对空间形态的操作。城市设计与建筑设计有所区别之处是城市设计的过程和城市设计的成果表达。因此，空间组织设计主要表现了城市空间组织的方法，对于有一定设计基础的高年级学生和研究生来说是对设计方法的一个重要补充。文本分析方法和数据提取与分析技术是本教材有特色的两个章节，以案例为基础集中介绍了城市设计过程中的必要的研究与分析方法，以及对数据操作方法的简单介绍。最后一章介绍了城市设计的成果的表达方法，其中包括了分析成果和设计成果。

教学建议

如前所述，本教材的使用对象是建筑学本科高年级的学生和建筑学刚入学的研究生，本教材的编写内容经历了南京大学本科教学中长达十多年的"城市设计及其理论"的教学实践的积累，运用了多年的经验总结。从南京大学本科教学的实践可以看出，在信息量高度密集的当代，年轻学子们能够接受大信息量的教育模式，同时，学生们对新知识的追求和兴趣也是促使学生学习的动力。

本教材对应的是2个学分的课程，教学时长1个学期，每周2个学时，总共约16周。本书共10章，根据经验在时段安排上建议第3章、第5章、第7章和第10章分别安排两周的时间完成，其余6章每周讲1个章节。需要说明的是本教材信息量比较丰富，授课教师在使用过程中可以根据自己的理解和认识删减或增加内容，以获得最佳教学效果。第3章是城市设计的核心内容，在使用中教师最好再添加自己熟悉的或所在城市中比较好的案例，让学生有更加直观的理解；第5章的内容建议一周讲课，另一周深入城市参观和记录，让学生有更加直接的感受；第7章的内容是城市设计的操作，可以结合学生的城市设计工作坊进行讲解，也可以让同学讲解设计心得；第10章建议分两次，一次讲课，另一次请有实践经验的城市设计师或建筑师讲授。本教材的内容在南京大学的教学实践中始终和城市设计工作坊教学平行，学生在设计实践中的感受有助于增强听课的效果。

为促使学生能够独立阅读，本教材在每个章节之后都精选了三本书作为推荐阅读的读物，意在鼓励学生通过精读加深了解本书介绍的个别重要的知识点，养成求真的习惯。本教材留给学生的主要功课就是读书，培养阅读能力，不满足于"知道一点"。而精读是能够独立思考的基础。

教材的成熟源于从使用中不断总结和改善，对于本新编教材来说尤其如此。本书由丁沃沃教授统稿，并完成第 1 章、第 2 章、第 4 章、第 6 章的撰写；第 3 章、第 7 章、第 10 章由胡友培撰写；第 5 章、第 8 章、第 9 章由唐莲撰写。在此，恳请使用教材的教师和同学们对本教材提出宝贵意见，我们会认真对待每一条意见，尽力改进，不断完善。

南京大学

丁沃沃　胡友培　唐莲

2020 年 6 月 18 日　南京

目录

概述

第1章

　　城市设计是一项复杂的设计工作。它的复杂性不仅在于面临的城市问题的复杂性，而且也存在于设计工作的不确定性和设计方法的多样性，所以，城市设计的理论不仅非常丰富，也非常庞杂。为此，作为建筑学本科的教材，第 1 章通过概述首先将城市设计的问题分类引出，力求较为全面地展现城市设计的关注点；其次，本章将着重解析城市设计的属性，明晰城市设计的特殊性及其不确定性的原因；第三，在明晰了城市设计属性的基础上，本章通过分类的方式，梳理庞杂的城市设计理论的多样性和矛盾性；最后，为提高学生的洞察力和理论学习能力，本章根据理论的全面性和实际操作的现实性，介绍一些城市设计的读本供学生参考。

1.1 城市设计的问题

进入 21 世纪以来，城市已经成为人们生产、生活、学习和消费的主要场所，城市设计的主要任务是这些活动提供高质量的空间和场所，因此，城市设计所面对的问题总是多层级的、多样的和综合的。对于初学者来说，可以从体验城市的角度出发，逐渐加深对城市空间性质的理解，所以在此将城市设计的问题分为：感知、认知、活动、健康、效益和可持续发展。

1.1.1 城市空间的感知

作为普通人群对城市的感知主要是指对城市空间的感知。对于生活在城市的市民来说，当人们走出家门即踏入了城市的空间，他（或她）一天的活动都将与城市空间密不可分。在城市空间中，人们会接受来自周边城市空间形形色色的信息，人们的活动和心情也会因各种信息的影响变得愉悦或不快甚至烦躁。例如，探访老街区的风貌时却满眼充斥了时髦景象；在街道上和朋友聊天时被途经的汽车喇叭声所打断；当饥肠辘辘时闻到美食飘香；以及走得筋疲力尽时有街边座椅可供小憩等。人们对城市空间的感知多种多样，无处不在，感知的好与不好直接影响到人们在城市中的生活质量。城市空间感知主要来自五个维度，视觉、听觉、嗅觉、触觉和方位感[1]。

1）视觉 视知觉是指人眼能看到的城市空间景象或景观，是城市空间感知的第一要素。

视觉感知的内容： 通过视知觉主要感知城市的可视空间。城市可视空间主要包括：城市街景、城市地标、城市景点和城市自然风光。城市街景是城市日常生活的真实写照，一般说来不同的城市街道有着不同的街景：热闹或寂静、封闭或开敞、充满现代气息或富含传统韵味、色彩斑斓或色调一致等。城市地标是指一个城市的标志物，如：老城的城门、街市的牌坊、城中的钟鼓楼；欧洲老城的凯旋门、记功柱、名人雕塑；现代城市的大型城市雕塑、重要的城市建筑；城市景点包括了城市中有特色的山水景点，以及和城市紧密相连的大自然风光，如海滩、湖泊、河流以及山林。

视觉感知的意义： 城市空间的视知觉质量决定了人们对城市感知的最初印象，尤其对于刚刚进入城市的外来者来说，城市的视知觉将起主导作用，决定城市体验的基本质量。

视觉感知的构成： 城市空间视知觉主要由物质环境和人的活动两大部分组成，前者构成空间环境，而后者反映内容。

2）听觉　听知觉是对城市声环境的感知，是城市空间感知的重要因素。

听觉感知的内容：城市街道的声音就是城市日常生活的声音，包括了充斥在街道上的城市方言、沿街店铺的音乐、行人运动的脚步声、汽车和摩托的噪声、自行车的铃声，以及突发事件的喧哗声。随着这些声音的起伏，可以感知到城市一天的活动何时开始又何时结束，甚至感知生活的节奏。此外，还有大自然带来的声音如：风声、雨声以及水流的声音。

听觉感知的意义：场所的声音环境可以激活视知觉景象，只有所见加所闻才能构成较为完整的感知体验。如小街配方言形成了城市地方特色；繁华的街景加上嘈杂的交通突出了城市的繁忙；风声和海浪声强化了海滨城市的性质等。

听觉感知的构成：城市听知觉主要由人为活动的声音、机动交通工具运行的声音、城市建造过程产生的声音以及大自然带来的声音。

3）嗅觉　嗅觉就是城市空间能够被感知的味道，嗅知觉是城市空间感知中最生动并能够触发心灵感应元素。

嗅觉感知的内容：城市空间嗅觉感知的内容主要来自于沿街餐馆的菜香和茶馆清淡的茶香和浓郁的咖啡香味，有行道树的清香也有来自公园、郊野和田野间随着季节而变幻的大自然气息。当然，也包括城市交通密集区的机动车燃料气味、化工产业飘来的化学品气味以及城市污物和污水集中地的腐臭味。

嗅觉感知的意义：城市的嗅觉感知能够强化人们对城市空间或场所的记忆。尽管嗅知觉并不直接感知城市空间，但是嗅觉能够让人深刻地记住城市场所的特征并刻画在记忆之中。如人们往往想不起场所的特征，但能记得住那里的美味。

嗅知觉感知的构成：嗅觉感知主要是由城市活动产生的气味和城市地处的自然区域的气味共同构成。

4）触觉　城市触觉是指人们通过身体对城市的感知。通常触觉是指触摸的感觉，然而，对于城市空间来说，最能获得触觉的是脚。

触觉的内容和意义：一般说来人们通过身体对城市的感触主要是行走和休息，即身体在城市空间中的运动和停顿。从另一个方面来说，触觉是视觉、听觉和嗅觉感知的基础，要获得前三种感觉，必须身临其境。基于身体触觉感知，视觉、听觉和嗅觉才会有真正的现实感，触觉是区别现实和虚拟现实的有力工具。通过身体在城市空间中的运动获得了城市空间的视、听和嗅知觉体验，就构成了完整的对城市空间的知觉。

5）方位感　人们无论身处何处都希望知道自己在城市中的位置和距目标物的距离，其实方位感是人们潜意识中的安全感，即对活动的掌控和确认。在城市中，人们不得不借助工具的帮助获得方位感，在手机非常普遍的今天，要获得方位感已经非常简单。

1.1.2　城市场所的认知

　　城市场所的认知是和城市空间感知两个相互关联但完全不同的定义。感知是指外界对感知主体的影响，而认知则是指主体在接受外界的感知影响之后，对外界产生的意向和反应。一般说来，相同的外界感知元素和感知途径会因感知主体的不同而产生不同的认知和意向，其认知的差异来自于认知主体 – 人的年龄、性别、文化背景、受教育程度和个人经历及经验（图 1–1）。尽管如此，人对场所的认知途径和认知意向依然存在普适性规律。美国城市规划学者凯文·林奇于 1960 年出版的《城市意象》[1] 用城市空间访谈的方法，向城市设计和建筑设计的专业人士展示了城市物质空间不仅存在于物理现实中，也存在于其居民的心中，即城市物质空间的设计必须接受可认知的考验。因此，对于城市设计而言，城市场所的功能属性及可认知的质量具有重要的意义。

　　场所物质空间环境的类别：场所的物质空间环境的形象是视知觉的感知对象，通常城市场所的物质空间环境类别分为两大类：人造环境和自然环境（图 1–2）。人造环境类别中又可分为两类：一类是以集聚在一起的建筑物及周边道路所构成的城市高密度环境，另一类是城市绿地和公园构成的城市植被环境。自然环境类别中也可分为两类：一类是大自然为主的天然环境：山川、江、河、湖、海和原始森林等，另一类是具有农耕文明痕迹的田园风光，其中也包括了自然村落。

　　场所物质空间形象分类只是建构了场所认知的基础，而对场所的整体

图 1–1　上图为东京新宿商业中心区，下图为慕尼黑商业中心区，不同的商业文化有着不同的场景

（a）纽约曼哈顿，一个人工构建的世界大都市

（b）中国贵州，绵延不断的自然山脉

图 1–2　城市场所的形象

认知取决于场所的可识别性性能和感知途径一致，场所的可识别性也需多个层次的配合才能完成，如：远观形象、进入形象、接触形象和活动氛围等共同作用才能完整地构筑场所的可识别性。如：密集的商业建筑群、周边争红斗绿的商业广告、琳琅满目的各类商品以及熙熙攘攘的购物人群等才共同构筑了"繁华都市商贸街区"的场所的可识别性（图1-3）。

有学者把城市场所空间的可识别性称之为城市物质空间的"可成像性（imageability）"[2]，有意识地将可识别和可认知区分开来，强调以人为主体的认知体系，将认知与心理认同紧密联系起来。美国学者威廉·怀特（William H. Whyte）用摄像机作为工具，通过观察人们在城市场所中的客观行为的调查，研究人们对规划师和建筑师设计的城市空间场所的认知和认同[3]，从中发现了"可识别"和"被认知"之间存在着差距，这个差距来源于在场所中活动的人其心中预设的认同感，和他们的经历、经验、需求和期盼都紧密相关。如人们去旅游景点之前，往往会通过文字介绍和照片在心目中建构了目的地的场所形象和场景意向。对场所最终的认知则建构在旅游者亲身经历之后，其中各层次的诸多细节都发挥了作用。

城市设计并不是只是城市空间的形象设计，而是将形象作为载体增强场所的可识别性；而要获得人们对场所的认同，城市设计者则要更加关注参与场所活动的人的认知规律，作为城市设计的依据。

图1-3　从左到右为布里斯班、墨尔本、南京、慕尼黑、圣彼得堡街景，由南到北不同的文化，相同的使用需求

1.1.3　城市空间的活动

城市空间的感知和场所的认知两大问题都源于能否支持城市空间的活动，因此，城市空间的活动种类和特性是城市设计必须重点关注的对象和问题。通常，城市空间的活动可以分为必要性活动、选择性活动和社交性活动三大类别，这三类活动对城市场所质量的要求也不同。其中，必要性活动不受环境影响，但好的环境能让必要性活动更舒适更愉快，提高人的幸福指数。选择性活动和环境的关系比较密切，遇到合适的环境人们往往产生选择性活动的欲望，所以，环境可以成为活动的诱因。社交行活动首先依赖于可供社交活动的场所规模和地点，其次，社交活

动的频次还依赖于活动场所的空间品质，并且该品质还需得到大多数人的共识，乐于参与其中。

与城市设计密切相关的社交活动大体分为四种：

邻里交往：邻里交往是可以发生在每一天的日常活动，它既是社交活动又是选择性活动，既方便又安全。促成邻里交往活动的是居住社区的公共空间及其周边设施，邻里交往好的社区是社会安全和高品质生活质量获得感强的基本保障。我们往往怀念传统社区邻里之间人与人的相互关系和密切的交往活动，那些活动创造的熟人社会无形中降低了社会的管理成本（图1-4）。传统居住模式虽然无法效仿，但传统社区的空间组合方式则给现代社区设计提供了范例（图1-5）。

社会交往：社会交往是人们日常生活中的重要组成部分，城市空间品质高下的重要标志之一是看该城市是否能够提供丰富的面向市民的社会交往场所。一般社会交往有别于有组织的公共活动，它们随时可以发生，朋友、熟人、同事或生意伙伴有事相约或街头相遇，如果有合适的场所小憩，则使人感到非常方便和惬意。社会交往和邻里交往不同，它的分布范围更广，对空间的公共性和开放性要求更高。

公共活动：城市的公共活动是指相对有组织的活动，参与对象可以有选择也可以完全开放。如现代城市大型商场经常组织各类活动吸引人们参与——儿童画比赛、儿童演艺表演、社区居民表演以及专业人员献艺等。城市管理者为丰富市民生活，经常季节性地在周末举行人人可以参与的各类全民体育比赛。对于旅游城市来说，更多的城市公共活动是面向外来游客的旅游活动。虽然面向游客，实际上本地市民也都参与其中，既可享受本地的空间资源，也可以从参与服务的过程中了解本市以外的世界。总之，城市的公共活动是丰富市民生活品质的亮点。

大型事件：除了和上述日常生活密切相关的公共活动以外，每个城市的运行者都会组织一些和城市自身发展密切相关的城市大型事件：如奥运会、世博会、商品交易会、绿博会、各类知名的世界重要论坛，以

图 1-4　传统社区邻里交往活动

图 1-5　现代住区常见街巷空间

及不同等级的其他会议或活动。世界上很多城市都以持续成功举办各类活动而举世闻名，如瑞士的达沃斯小镇以"达沃斯论坛"而闻名世界，小镇规模不大，但各类空间品质和设施的质量非常高，所有市民也随着小镇的闻名而获益，因此，城市的发展往往离不开城市的大型经济与文明活动。对于城市设计来说，一方面城市需要为此类活动准备充足的空间，满足大型事件之时活动所需；然而，大型事件往往一年一次，甚至多年一次，所以规划设计者也必须在规划布点和功能设计上充分考虑没有事件的日常生活中如何利用这些空间，以免闲置浪费。

1.1.4　城市空间的健康

城市物质空间的设计不仅应对人们对城市物质空间的认知与感知，而且需要应对城市空间物理环境的问题，后者在当今的城市设计中尤为重要，尤其是大城市。由于城市化进程促使人口不断向城市集聚，城市已经成为人们工作与生活的主要场所。然而，近年来人们普遍意识到城市的微气候也称为小气候环境在逐渐恶化，直接可以感知到的是城市热岛和空气污染。科学研究已经证实，大规模的高密度的高、多层建筑群的集聚改变了自然地表的物质形态，包括粗糙度和质感，因而引起了城市微气候环境的变化，这种现象及其问题越来越受到各界关注。20世纪70年代开始，城市气候学（urban climatology）已经成为气象学的一个重要分支，科学家的研究证实了不同的建筑形态组合对局地微环境影响不同，因此，城市设计者和建筑师开始关注通过城市设计优化局地微环境。需要强调的是，优化城市局部空间微气候的重要途径则是调整城市空间布局、肌理结构以及街道空间界面组织关系。在微气候环境诸因素中，与城市各层级形态之间（图1-6）相关的主要包括：城市热岛效应、城市风环境、城市污染和城市能耗。

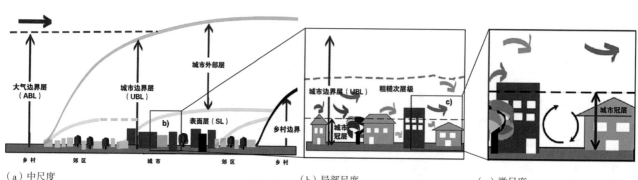

（a）中尺度　　　　　　　　　　　　　　　　（b）局部尺度　　　　　　（c）微尺度

图1-6　城市微气候环境中各层级示意图

城市热岛效应： 城市热岛效应（Urban Heat Island Effect）是曼利（Manley）于 1958 年首次提出的概念，城市热岛效应是随着城市化而同时出现的一种特殊的局部气温分布现象。现有资料表明，只要 1000 人的小城镇就能观测到热岛效应的存在，在热岛效应的主要成因中，气候条件是外部因素，城市化是热岛形成的内因。城市热岛效应形成的原因主要有以下几点：首先是城市下垫面层的改变。大量的人工构筑物，如混凝土、柏油路面，各种建筑墙面，改变了下垫面的热力属性（反射率小，热量传导较快）。这些材料吸热快、比热小，在相同的太阳辐射条件下，它们比自然下垫面（绿地、水面等）升温快，吸收热量多，因而其表面温度明显高于自然下垫面。其次，人工生产和化石燃料的燃烧导致城市内部的热量排放远大于周边区域。第三，热岛效应与城市的形态也有密切的关联。一是城市的规模，过去的城市规模相对较小，且城市之间是独立的个体，热岛效应的影响范围和持续的时间较短，如今许多快速增长的城市之间的边缘逐渐模糊，城市之间出现交汇区域增加，造成影响范围更大、持续时间更长的热岛效应；二是城市的结构和布局，城市中出现越来越多的以高层、超高层为主的建筑形式，且建筑的密度也较以往大大增加，这也加剧了热岛效应的影响。在城市的中微观层面，国外科学家奥克（T. R. Oke）在 20 世纪 80 年代就证明了城市热岛效应的产生和城市街道空间的天空开阔度（SVF）密切相关，而街道层峡（街道空间）的几何状态（街道高宽比、SVF）与热岛强度也存在关联性[4]。

城市风环境： 城市建筑布局与城市外部风的相互作用决定了城市建成环境内部风环境的特征，而城市形态的复杂性能够显著影响城市内部风环境。复杂的城市形态形成了与自然地貌粗糙度完全不同的大气下垫面，使城市内部的风环境已经不再是自然风的状态，而是出现了局地环流、小尺度的空气平流和复杂的湍流。即使处在同一气候区的城市，也会由于城市形态的差异产生不同的街道风环境。与城市设计相关的城市风环境研究在于城市肌理形态和空间形态两个层面，城市肌理形态的复杂化一方面体现在城市的整体规模、平均高度和城市密度的增加；空间形态体现在城市内部街道形态特征（宽高比）和街道两侧建筑形态的多样性。

城市污染： 城市化进程的加速促使人口不断向城市聚集，城市已经成为人们工作与生活的主要场所。然而近年来城市大气环境的恶化直接影响生活在城市中人们的健康。一方面，工业排放和交通污染已经成为城市大气污染的主要来源，权威医学期刊《柳叶刀》中的研究表明：城市中尤其在街道层峡（Street Canyon）层级，空气中的氮氧化物（NOx）、一氧化碳、可吸入颗粒物等大大增加了人体呼吸系统疾病的风险，长期暴露在 PM2.5 和 PM10 的环境中，即使是较低的浓度也会诱发肺癌。另一方面，城市中大量复杂的湍流容易导致近地逆温层的形成，使空气污染物得不到有效的稀释和扩散，加重空气污染。城市设计通过控制城市整体的肌理以及街区尺度的界面形式，改善城市的呼吸性能（City Breathability）。

城市能耗：城市是人口集聚最密集的区域，城市的扩张和城市中心建筑密度的增加是城市能源消耗的重要原因，城市内部的微气候对于城市整体的能耗有着重要的影响，对于热岛强度较大的城市，夏季城市建筑需要的冷却负荷会成倍增加。对于具有自然通风潜力的城市，城市内部通风量的减少不仅会增加建筑的能耗，甚至可能改变城市人群的机械通风使用习惯，造成城市长远的能源消耗增加。国外研究表明，城市的整体形态和街道层峡的形式都是影响城市能源消耗的重要因素。

1.1.5　城市空间的功能与效益

城市设计的任务是创造良好的城市空间，然而，我们必须明白城市设计的最终结果是要有利于城市空间功能的运行，有利于提高城市生产的效益。也就是说，评价城市设计空间的标准，不仅是良好的感知，还要评估该城市空间的运行效果，是否给城市带来直接或间接的经济效益。当代城市不仅是人们居住的场所，更是社会经济运作的重要场所。城市化进程中城市的性质是为了获得经济效益最大化，一个城市的城市化集聚的速度和该城市的经济增长成正比。城市化不仅仅是一种现代现象，而且是全球性人类社会的一次快速的历史性转变，主要现象是农村社会正在迅速被城市社会所取代，以寻求从全球经济中获得更大收益。在这种背景下，城市物质空间环境的综合质量将是影响各国、地方，区域和国际形象的关键因素，为所有经济活动奠定了基础。正如哈维指出的那样，经济生产中的技术变化与城市空间的质量和生产结构变化之间存在着密切的关系。在此背景下，城市设计是提高城市环境质量的有效工具。

早在现代建筑发展初期，现代建筑的先锋们就开始重视现代城市功能运作问题。以柯布西耶为代表的 CIAM 核心成员提出功能城市的理念，确立了城市的四大功能：居住、工作、休闲和交通，并发布了指导现代城市规划和设计的《雅典宪章》。该宪章针对现代城市的工业污染、住宅短缺和交通拥挤等问题，提出了区划的概念（Zoning），即对我国城市规划影响非常大的——城市功能分区。

虽然现代主义的功能城市因忽略了城市功能的多样性，忽略了城市中人的活动的丰富性，但是城市作为经济体的本质受到了应有的重视。人们充分地意识到城市物质空间设计不仅有与感知相关的美学问题，而且要满足的是城市的功能运作。因此，区位优势、土地价格、用地指标以及经济效益等也成了城市设计所要考虑的内容。

当今人们已经充分认识到，优质的城市空间因其能够支持和促进人们的活动而给城市带来效益。城市的经济效益不仅来自于城市的支柱产业，而且可以来自发生在城市空间的各类交往活动和消费活动，这类活动完全依赖于城市空间的品质。

1.1.6　城市的可持续发展

城市化进程的根本性质是社会的经济发展，这个阶段的城市发展和资本的经济运作密切相关。这就意味着一个城市当资本持续流出、产业衰落、人口流失的时候，该城市就面临着衰败，美国的底特律城就是一个真实的例证，它证实了城市并不总是不断发展，它如同生命体一样，有生长周期。因此，城市的运行者和研究者开始研究和追求"可持续城市"的概念，期盼城市可持续发展。以该理念为基础，城市规划和设计者需懂得要考虑社会、经济、环境对城市设计的影响。城市物质空间的设计不仅要考虑到现有人口的生活质量，同时还要顾及后代人的体验，为后代留下资源。因此，无论是空间规划还是设计都致力于最大限度地减少能源、水、食物、废物、热量的输出，减少空气污染——二氧化碳、甲烷和水污染所需的投入。理查德·普雷斯特（Richard Register）在其 1987 年出版的《生态城市动态：生态城市为健康的未来》一书中首次创造了"生态城市"一词。生态城市并不是指"绿色城市"，本质上是指可持续的城市。

在可持续城市的目标指引下，许多城市设计师和建筑师从专业的角度研究与设计新的城市模型，作为城市设计的策略。

群岛策略（Archipelago）： 德国建筑师奥斯瓦尔德·马蒂亚斯·翁格尔斯（Oswald Mathias Ungers）早在 1977 为西柏林的空间发展所作的方案时，提出了群岛（Archipelago）的概念。当时，翁格尔斯已经意识到了城市在其发展过程中必然会经历它的发展起和停滞或衰落期，因此，他认为可持续的城市形态模型应该是群岛状的城市形态。人工岛就是城市的建成区域，城市由群岛构成，各岛之间是田园或森林。随着资本经济的潮起潮落，城市化推动的城市扩张也就在各岛屿之间发生或湮灭，而这种涌动对每个岛屿并没有决定性的影响。以局部不断的变化获得总体相对的稳定，同时由"群岛形态"组成的大都市不会缺乏多样性和多变性[5]。

弹性城市（resilience city）： 进入 21 世纪之后，人们清醒地意识到仅科学技术的创新和发展并不能解决城市的问题，更不能应对全球范围内的贫富差距和生态环境的恶化。从气候变化的影响到不断增长的移民人口，从基础设施不足和流行病到网络攻击等，给生活在城市中的人们不断带来前所未有的困扰和焦虑。显然，传统的以稳定的物质形态为目标的城市模型，难以应对现在甚至未来的新问题，所以，城市的运行者和专家提出了弹性城市的概念。所谓"弹性"城市就是适应性较强的城市，有准备地应对未来的变化、意外、挑战和挑战。

新陈代谢主义（metabolism）：可持续发展取决于一个地区的社会决策、经济结构和生态平衡，新陈代谢主义的研究主要聚焦生态平衡的目标[6]。新陈代谢主义认为所有关于可持续发展城市的讨论大多集中于两类问题：一类是城市的规模和区位，另一类是能源的消耗问题。的确在全球范围内，城市建成区消耗了所有资源的70%~80%，城市建成区的生态平衡问题是可持续城市的关键问题。该学派提出了物质通量（material flux）的概念，这里的物质主要包括水、生物（食物）、建材和能源。对于城市来说做到消耗和补给平衡，就可以持续发展，并提出以两代人为一个新陈代谢考量周期。该学派认为，在考量物质通量的同时必须重视新技术的应用，不同的人口规模和不同的资源环境应该采用不同的城市物质空间模型，可以创造出研究不同类型城市发展的新陈代谢的方法。

为此，城市规划和设计者应该接受新技术，如清洁环境技术（ET）、信息技术（IT）和通信技术（CT），运用这些技术有效地认知和评估城市运行的状态，并将新技术运用到城市物质空间的规划与设计中去。信息丰富，知识密集型解决方案对于提高城市的生态效率至关重要，"生态科技设计"是城市设计中的新范式，将有助于我们摆脱自然与人工的二元对立。

1.2 城市设计的属性

1.2.1 城市设计与城市规划和建筑设计

各国的城市建设实践证实了城市设计是一项不可缺失的工作，然而，从学科角度来看，城市设计的属性自城市设计诞生之时就一直在试图回答这样两个问题：城市设计和城市规划有何区别？城市设计和建筑设计有何区别？

城市设计和城市规划有共同之处。首先，二者所关心的对象基本一致，都是解决当下人们生活的城市的问题、提高城市生产和生活质量，以及关注城市的未来发展；其次，针对不同问题城市设计和城市规划，一样都有尺度的问题，如总体城市设计、片区城市设计、地块的城市设计，以及和保护规划相协调的城市历史街区的城市设计等；第三，尽管角度不同，二者都关心城市物质空间形态问题，甚至城市的形象与特色问题。二者的主要区别在于城市设计的主要任务是勾画城市的物质形态及其相应的物质空间，在大尺度方面，城市设计确立了人们直接感知到的物质形态特征和空间特征，在街区尺度方面城市设计确立了可感知的街区特征和视觉轮廓，在地块尺度方面，城市设计确立了具体的空间尺寸以及围合界面的方式、位置、高度、色彩和形式语言。

图1-7　建筑设计与城市设计对比

城市设计与建筑设计也有着许多共通之处：首先城市设计的基础知识很大一部分和建筑学相通，如：对物质空间的感知与认知、视觉审美规律、人体工学、结构与材料、物理环境科学、行为环境学等。其次，和建筑设计一样，二者都关注物质空间的真实建造质量和行为体验的质量，如历史街区的保护不仅是法规的管控，更重要的是保护实践中的保护方法、恰当利用和长期维持，这些都离不开建筑学的基本知识。第三，尽管城市设计与建筑设计的对象不同，就设计方法而言，其规律是相通的，并不完全受规模和对象的限定。一个好的城市设计的决策者必须具备扎实的工程实践功底，才能做出切实可行的决策。然而城市设计和建筑设计最大的不同是：建筑设计的成果是具体的建筑物，而城市设计的成果则是由不同建筑物构筑而成的城市空间，由于城市空间周边的建筑物从属于不同的个体的（图1-7），所以，作为城市设计的成果显然是构筑城市空间的规则，而不是具体的建筑体[7]。

通过比较，不难看出城市设计主要关注的是人们能够感知和体验到的城市物质空间的效益和质量，并不在于尺度的大小。例如城市设计关注城市公共空间的结构，那么这个结构绝不是指图示结构，而是指人们可以在其中活动和通达的结构，有具体的距离长度、空间线型和空间尺度（断面尺寸）。可以说城市设计是城市的公共空间设计，更为具体一点，是围合公共空间的物质边界的规则设计。

精确地定义城市设计始终是难题，然而城市设计已经成为致力于优质城市建设的不可或缺的实践领域。它具有跨学科的性质，它的工作方式和思维方法融合了多个基础学科的知识、技术和视角。这一点即是城市设计的特征，也是城市设计的学科基础。

1.2.2　城市设计的综合性

城市建设与一个城市的发展需求密切相关，是一项综合性极强的工作，因此，与之密切相关的城市设计也具有综合性特质。城市设计的综合性和城市建设的综合性有所不同，它既有学科的综合性又有实践行业的综合性，主要表现在以下四个方面：知识的综合性、考量因素的综合性、技术路线和方法的综合性以及设计成果的综合性。

城市设计知识的综合性：美国哈佛大学城市设计教授亚历克斯·克

里格（Alex Krieger）在他所编写的《城市设计》一书的引言里就城市设计的综合性、丰富性甚至模糊性均作了坦诚的概述，所以他选择了来自各个领域的专家来讨论城市设计。尽管可以牵扯上关系的领域众多，作为实践性领域城市设计首先要关注城市公共空间的质量，公共空间周边的用地属性和开发强度，同时要确立公共空间的围合方式和公共空间的尺度[8]。为此，城市设计的核心知识主要落在地理学、建筑学、城乡规划学、风景园林学和社会学等五个主要学科。如：地理学的自然地理知识是城市设计空间建造的基本依据，中国古代乡村和城镇建设理念就是"天人合一"，实际上就是尊重自然的山水格局和植被特征；而人文地理里对城市形态的研究和认知理论表述了经济社会对城市形成的基本规律，这个规律是城市设计空间架构的重要依据。又如：建筑学的设计理论与方法、建造理论与技术，以及感知与审美理论都是城市设计的基础知识。当然，城乡规划的理论、方法和技术给城市设计提供了思维视角，也明晰了城市设计的任务。风景园林学丰富了城市设计的视角和思想，将生态、地景和基础设施等融入城市设计实践，由于风景园林学知识的介入，很大程度上提升了城市设计的力度和广度。社会学知识也是城市设计的基础知识，正确地认知社会才能找到合适的设计切入点；其次，社会学的调研方法可以直接引入作为城市设计研究方法之一。

城市设计考量因素的综合性： 城市设计在处理问题时需要顾及的因素通常非常复杂，由于牵涉的是公共利益，所以不能顾此失彼。首先，城市设计必须综合考量公共利益和私有利益，在两者之间寻求利益共同点。一般说来城市设计牵涉到的地块权属复杂，利益诉求也多种多样，作为城市设计师不仅要考虑各权属利益体的权益，更要站在城市的层面维护大多数市民的公共利益。如城市人行道和步行街的设计：街道是城市的公共空间，沿街商店是有权属利益体空间；而人行道既是市民和访客的行走空间，又是沿街商业吸引顾客的最佳商业空间，所以在一些城市设计中有意识地扩大商业繁华地带的行人空间，允许商业空间向人行空间有序蔓延，既方便了市民又支持了商家，同时也丰富了公共空间的活动氛围（图1-8）。其次，城市设计必须综合考量城市经济利益和空间审美意向。一般说来城市空间的视觉感知效果是引发城市设计的诱因，传统的城市设计首要任务就是审美导向的城市空间意向设计，然而，现代城市空间形态的生成主要是由城市经济的涌动和城市经济体的运作主宰，城市空间的建造显然不能完全按照审美规律去实现。如：城市设计中非常讲究景观视线的通达性和完美性，对有可能干扰景观视线的各类建筑实行高度控制，但是在土地价格、功能需要、开发强度和经济利益多方压力下，简单的控制高度非常难以实现。为此，城市设计必须兼顾多方利益，通过优选视角和控制视廊来缩小高度控制范围，才能确保

图1-8　香港街道的人车混行的商业街道。降低机动车车速，提高了道路效率和步行体验的舒适度

一定范围的空间质量。第三，城市设计必须综合考量城市历史空间保护和城市未来的发展。城市是一个生命体，它的发展过程就是变化的过程，尤其是处于城市化高潮期的城市物质形态。城市物质空间的变化并不仅仅是规模的扩张，也包括拆旧更新。现实中传统街巷在城市发展中渐渐逝去，留下许多怀念或遗憾。为了保护城市的历史空间，城市规划中就有对历史文化名城的保护规划，也有和保护规划相配合的城市设计。在以历史保护为基调的城市设计中不仅是保护、修缮和翻建历史建筑，而且要在保护的同时将现代人对历史的认知和诠释融入设计，更重要的是站在未来的角度诠释当下的作为，也就是未来的历史。

城市设计技术路径与方法的综合性：由于城市设计所面临的问题非常复杂，城市设计需要有综合的知识背景，所以城市设计所采用的技术路径和方法也具有综合性的特征，这就意味着城市设计没有模式或套路。如城市设计的前期工作主要是调查和研究，基于严谨的研究探明问题实质，才能提出解决思路和设计方案（图 1-9）。首先是根据提出的问题制

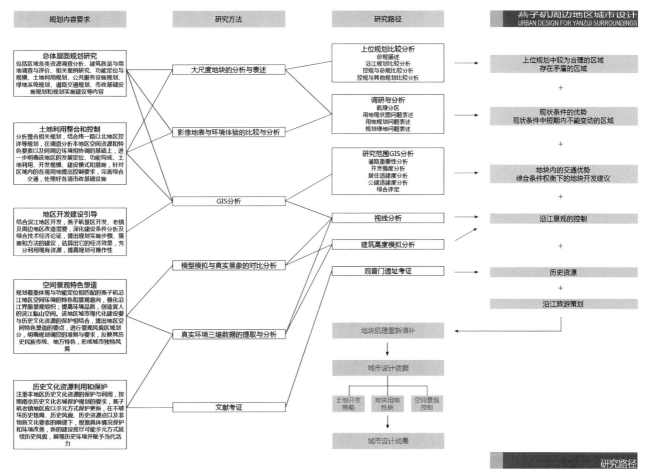

图1-9　城市设计路径图示

定综合的调研方案，并根据研究问题确立调研范围。研究路径中综合了各类文本分析、数据采集和分析，甚至考古与考证。研究方法中也综合了地理信息技术（GIS）、空间句法、分类类比和统计学。在设计方法中，综合了建筑设计中的各类方法和城乡规划、风景园林学的设计方法。

城市设计成果的综合性：成果的综合性也是城市设计的一个特征甚至可以说是一个亮点。随着我国城市化进程走向成熟期，城市设计项目日趋丰富，大致可以分为三大类：第一类是和城市规划并行并将要付诸实践的城市设计，包括新区建设、旧城更新、老城保护和风貌提升。该类城市设计成果通常是综合了建筑设计、城市规划和风景园林设计三种专业设计成果的呈现方式，同时根据个案面临的具体问题，提交问题导向的成果文本。如：城市设计的成果研究文本、设计文本、设计导则、启动期建筑设计方案文本和调研街区和建筑的基本档案副本等。第二类是城市意向设计，包括城市风貌定位、城市形象设计或城市形态控制。该类城市设计成果主要以研究和设计实验为主，并不需要具体的导则。第三类是引导城市社区自主更新的城市设计，该类城市设计更加注重自下而上的城市更新操作，注重以人为本的空间策略。设计人员往往深入社区调查和宣传，通过以居民为主导的微更新，提升城市空间的质量。这类城市设计的成果主要体现在居民的参与积极性和空间改造的实效性。可以看出，城市设计成果的综合性是城市设计职责所致，而且它的综合性导致了成果的开放性，但往往也会被诟病为成果的随意性。实际上，城市设计成果的质量并不取决于成果是否合乎范式，而在于研究和设计的高下。严谨和科学的研究可以帮助城市设计拨开问题表象，看清问题实质，奠定合适的设计起点；基于前期研究，有创意的设计理念和娴熟的设计方法才能最终为设计导则提供解决问题的、可实施的、可持续的依据。

1.2.3 城市设计的适变性

人们往往把城市看成一个有机的生命体，每一个城市都有它自己成长的历史和未来的发展。城市形态、规模、结构和每一个地块的细节在它的发展过程中充满着变化，必须清楚的是，今天的城市设计是对当下城市形态或空间的改变，那么每一个城市设计者都应该清醒地意识到任何实现了的城市设计的成果对于城市来说也都是阶段性成果。其次，城市设计内容牵涉到众多的利益主体和权属地块，他们的开发时序、更新意向和建设时序相去甚远，城市设计在其实施过程充满了不确定因素，所以城市设计不但要应对发展时序的变化，还要应对相关利益主体的变化，因此，城市设计必须具有适变性特质。

发展过程的适变性：例如 1855 年加泰罗尼亚的市政工程师伊尔德方斯·塞尔达（Ildefonso Cerda）的城市扩张方案（Eixample）[9]，以均匀布置的街区格网构成了面积几倍于老城的新城整体城市设计。当时也有人提出了以老城为中心、以放射型轴线为基本构架的相对完整的城市扩张计划，该计划的优势最吸引人之处是城市中心和边缘都非常清晰。然而，塞尔达认为以城市化为驱动力的城市扩张是资本积累的一种方式，在没有外力干扰的情况下，这种扩张将永无止境。对于城市来说，任何完形的形态都是瞬时的并会给后续的扩张增加难度和限制。去中心化的均质城市街廓形态具有较强的适变性，可以应对城市形态的不断发展和变异。巴塞罗那的城市物质空间格局经历了 150 多年的考验，其适变性强的特质在今天已经得到证实（图 1-10）。

街廓形态的适变性：城市形态将因其发展而变化，除了规模扩张而引发的变化之外，更多的变化是城市用地中"地块"的变化只要城市还有活力，它将一直处于变化之中。地块的变化有多种情况：用地权属的变化、用地性质的变化、用地指标的变化和用地尺寸或形状的变化。每一种变化发生都会引发一轮新的形态（建筑物）的产生。另一方面，在城市建成区中，由于道路构架已经形成，所以每一个地块都限定在路网围合的街廓内，因此确定合适的街区尺寸和形状是城市的重要环节之一。如美国城市芝加哥在确立街区尺寸时对街区的区域条件、可能的建筑类型、各开发商及财团的购地需求、地块在街廓内位置的优势和性价比，以及交通组织等，确立了由支路和主路共同构架的复合街廓。大小组合的地块划分方式给予了街廓在市场化运作下地块的各种变化，同时有保证了城市公共区域的秩序[10]。

空间界面的适变性：城市空间设计是城市设计的核心内容，而且围合城市空间的界面有不同主体的建筑构成，所以作为城市设计成果的城市空间不应该随着周边建筑的变化而发生根本性的改变。为此，世界各国很多城市都通过城市物质空间的管理法规的控制，保证城市公共空间的利益，而这些管理和控制的法规（City Rules）一般都是城市设计的研究成果。作为城市物质空间管理规定的城市设计成果必须具有较为广泛的适变性，方能在保证公共空间质量的前提下满足建设方的需求。

1.2.4　城市设计的物质性

城市设计和城市规划最大的区别在于城市设计重点关注的是城市的物质空间。因此，即使城市设计不像建筑设计那样有固定的物质产品，但是作为城市的成果必须能明确地指导城市中建筑的设计和建造。王建国教授在其《城市设计》（第 3 版）中明确了城市设计的三个层次：区域

图 1-10　塞尔达的巴塞罗那街道网格以及建筑平面。街区的尺寸考虑到了交通组织和建筑的各种类型的适应性

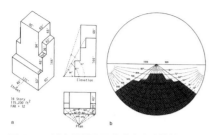

图1-11　城市设计需要充分考虑建筑体量的边界：a.建筑体量及其与街道的关系；b.图表显示了在该规则下，被遮挡天空的百分比

和城市级的城市设计、片区级城市设计和地段级城市设计。以此为基础，城市设计的物质属性可以归纳为：确立实体形态规则、确立界面形体规则和界面要素规则。[11]

确立实体形态规则： 如果说城市规划需要明确城市发展方向、制定城市发展策略、挖掘城市文化、分配城市利益空间和提升城市可持续能力的话，那么，城市设计则需要配合城市规划的总目标，制定与上述目标相关的城市物质形态的规则。其中包括对整体城市物质形态的构想、城市高度区控制、街廊形态的构想、建筑位置、视廊控制和城市绿带控制等具体的规则和可行的数据[12]（图1-11）。

确立界面形体规则： 对于城市设计而言，城市空间设计是一项非常具体的内容。一般说来，城市的公共空间可分为场所类空间和行进类空间两大类，城市设计不仅和城市规划一样需要确立公共空间的具体位置，而且还要确立公共空间的形状、边界要素（建筑物、构筑物或植被）的位置、开敞度和高度，以及空间的质感。由于城市空间界面多数是建筑物，所以往往将城市设计物质属性落实到建筑群体设计上。虽然这部分工作非常重要，但是这样的图景只能是城市设计意向，而不是城市设计的成果。城市设计的成果应该落在公共空间界面形体管控的规则。

确立界面要素规则： 城市设计的物质性不仅体现在城市的层面，而且也体现在具体的建筑层面，甚至建筑细部，通常可以概括为空间的质感。作为城市设计成果的导则中需要给出建筑外立面的材质、细部风格、虚实比例和材料色彩。在街道空间设计中还需给出广告招贴的位置、尺寸和装置形式，以及街道家具的系列产品设计。对于景观为主的城市公共空间，城市设计导则不但要设计地形，还要给出植物的乔、灌、草的位置、面积、形状甚至品种配置。

1.2.5　城市设计的人文性

城市设计的目的是为人们提供优质的生产和生活空间，城市设计的人文性决定了城市设计基本价值判断的重要标准。和自然地表不同，城市为人们提供的不仅是物质空间，同时也提供了和物质空间相对应的精神空间，或者说人文空间。城市设计的人文性相对于其他城市人文活动有其鲜明的特性，即城市设计的人文性不是空泛的，而需要落实到具体的物质空间的设计上。确切地说，城市设计的人文性应该或必须转化到具体的物质空间设计成果上，使人们能够通过使用空间来体验到城市的历史、文化和社会精神。

记录城市历史： 每一个城市都有自己的发展历史，除了文字记录之外，最直观的身体经验就是直接体验城市的历史街区、街巷和建筑，这类活动已经成为现代人生活中必不可少的一个组成部分。城市设计就是通过取舍、修补和设计，合理地表达历史空间意向，构筑表达历史意向的载体，提供历史空间的体验。

表达地域文化： 在世界各城市面貌日渐趋同的当下，地域文化氛围的场所成为人们所向往的栖息地或休闲场所。地域文化特征不仅靠文字的表述，而且要能够切实地感受。每一个城市无论新城建设还是老区更新，都会思考新建项目形式的文化属性。因此，城市设计往往需要研究地域文化，提取地域文化元素，通过设计加以表达。如：投资或搬迁到某个特定地点的重要因素是"氛围"或"文化认同"。又如游客来到一个城市寻找的是当地的"地域文化"，而不是单独参观特定的美术馆、纪念碑或自然美景。

提供公共活动，传递社会价值观： 城市设计的人文性更多的还是体现在提升城市日常空间品质上。在喧闹的都市中创造方便残疾人的人文关怀空间，照顾弱势群体的爱心空间，支持多种城市文化活动的公共空间，创造健康安全的城市环境。在社区空间设计中如何创造易于邻里聚会的交流空间，创造充满友善和关怀的社区。城市设计的人文性还需体现在为城市提供允许自我创造自我发挥的空间，如瑞士苏黎世城市管理法规中为城市涂鸦流出了场所，让想抒发个性的艺术家也有自己的家园。其实，当代社会中"强调个人身份""对差异的爱"，以及"对他人的尊重"都来自后现代精神，是社会宽容和进步的表现。城市设计应该为个体的抒发提供适宜的城市空间是城市设计人文性的重要体现。

1.2.6 城市设计的当代思考

城市设计发展到今天，对其属性的认知并没有随着它越来越多的成功或失败的案例而逐渐清楚，但是这一点也无碍于城市设计在当今城市建设中扮演的重要角色。美国设计师查尔斯·伊姆斯（Charles Eames）和雷·伊姆斯（Ray Eames）夫妇 1977 年拍摄制作的一个名为"10 的次方"（Powers of Ten）[13] 的 9 分钟短片，影片从美国芝加哥城市公园一个日常生活的场景开始，以 1m、10m、100m 即 10 的次方为梯度拍摄，并逐渐向高空延伸直至银河系；接着又从银河系直转而下回到人体尺度，再以 10 的负次方为梯度作微摄影，展现了人体的皮肤和细胞，直至蛋白质颗粒、DNA 螺旋、构成 DNA 的分子。其中以真实摄影为主，一部分宇宙的图像和蛋白质图像是根据科学原理制作而成。这段影片直接地展示了不同尺度下的城市形态的不同的视觉形象，重要的是随着尺度的放大或缩小，毫无障碍地将城市和我们通常认为没有关系的科学世界联系在一起。这个短片向研究城市的规划师和建筑师们提出了一个问题，应该以怎样的视角看城市？实际上，如果我们不再纠结于城市设计的定义，而将注意力放在考量它存在的任务和功效的话，不难发现，城市设计还应该具有科学属性。

科学认知的城市形态：城市的可持续发展是当今和未来很长时间城市设计必须面对的问题。在这个主题下，除了产业空间布局的探讨之外，更多的是探讨城市生态环境的可持续问题，其中包括城市的活力、生产力、能耗和排污等。有学者指出，既然大多数学者认可将城市理解为一个有机生命体，那么可以将城市整个体系理解为一个有新陈代谢机能的系统。该理念的观点是要用科学的方法解决城市的可持续发展问题，否则城市的可持续发展只能停留在概念或理想的层面上，很难找到具体的出路。众所周知，维持新陈代谢系统的可持续运转需要保证它的供需平衡，而供需问题直接和城市的物质空间紧密相关，无论是能耗还是污染。城市的物质空间的能耗、物流和排污无论多复杂都可以用科学算法解析清楚，因此，在可持续发展理念的指导下，引入科学方法是讨论城市规模的基础。

科学地分配城市空间：城市设计的任务是在满足经济发展的前提下，通过控制城市的物质空间形态（确切地说是控制城市空间的有形边界），创造宜人的城市物质空间。从科学的视角看，用地的容量和物质形态是两个概念，一个容量单位可以呈现出不同的形态，而形态不同将会引发不同的交通方案、微气候环境以及感知效果，所以城市用地容量的确定应该具有更多的科学论据。20 世纪 60 年代末期剑桥大学建筑学学者莱斯利·马丁（Leslie Martin）和莱昂内尔·玛奇（Leonel March）联合编撰一部《城市空间和结构》（*Urban Space and Structures*）[14]，建构了城市形态的几何形状参数化模型，以量化的方式表述城市形态问题。此外，莱昂内尔·玛奇和菲利普·斯蒂德曼（Phillip Steadman）又合著了《环境的几何学》（*The Geometry of Environment*）一书，用科学的方法解析了容量和形态的关系，充分展示了如何用科学方法研究土地的使用效率和形态的价值。事实上，在环境研究领域里已经发现环境几何学和城市环境的微气候质量又极其密切的关系，几何形态直接影响了地表微环境质量。

运用认知科学设计城市空间：为人们提供良好的城市感知空间和环境始终是城市设计的重要任务，对场所和空间的设计依据一直以透视学所产生的画面为判断依据。20 世纪 60 年代美国麻省理工学院的凯文·林奇教授通过城市调研向人们展示了城市空间认知的特殊性，提出了城市空间认知五要素：路径、边界、结点、标志物和区域。凯文·林奇对城市空间认知研究的重要性在于把沉浸在文艺复兴透视理论的城市设计方法解放出来，引入以心理学为基础的空间认知科学。城市的尺度远大于人的尺度，现代城市尤其如此。感知城市有通过步行感知，更多的时候是通过车行感知城市，所以，以不同的速度在三维空间中运行的感知原理和认知效果方能作为城市空间感知和城市空间形象的设计基础。

1.3 城市设计理论类别

和城市设计相关的理论专著和案例非常多，且内容非常宽泛。城市设计的综合性使得城市设计的理论很难与其他相关联的理论分割开来，建构以城市设计为焦点的理论体系。但是为了学习的方便，本教材选取了现有知晓的、普遍能够接受的以及比较聚焦城市设计主题的理论，作了粗浅的分类整理。大致分为四类：城市设计的认识论、城市形态学、设计方法论以及关联性理论。

1.3.1 城市设计认知理论

城市设计认知理论是城市设计的基础理论。设计理论主要是讨论对设计对象的认知问题，就城市而言，主要探究对和设计相关联的城市物质形态与空间的认知问题。罗杰·特兰西克（Roger Trancik）总结了 20 世纪以来各类基于传统城市设计的理论和研究，针对城市的物质空间提出了三类城市设计理论的模型：图底理论（Figure Ground Theory）、连接理论（Linkage Theory）和场所理论（Place Theory）（图 1-12）。这三类理论模型实际上是精辟地概括了三种讨论城市的视角及其关注点[15]。前两类是相同的视角（俯视）观察城市但关注点不同，前者关注的实体部分，后者关注的是空间的结构。第三类理论模型是以平视的角度观察城市，探讨的是空间的各类经验。

第一类：图底理论主要是通过图底理论基于黑、白二维图示讨论城市实体形态和城市空间形态，以黑色或者白色指代建筑或建筑之间的空间的图示是建筑师们最熟悉的、常用的指代城市肌理形态的图示。基于该图示城市物质空间的状态可以清晰地呈现出来，通过对图形的形式分类和组合关系等进行研究和分析，可以总结城市形态的形式特征、肌理特征和空间特征。基于城市的黑白二维图示可以清晰地总结出城市实体形状及其组织关系，如：格网、径向放射、轴线、折转、曲线等，对空间形态的设计有直接指导作用。斯皮罗·考斯塔夫（Spiro Kostof）的名著《城市形态：城市模式与历史意义》根据城市形态的特征，探讨了城市形态的多种分类法：自然生长型和人工规划型，在规划型里又可以分为规则型和不规则型，并指出它们之间的相互变异的可能性。街廓肌理是图底理论里重点讨论的对象，如对街廓肌理的密度、形态和建筑布局的关系的探讨一直是城市设计研究的重点对象，根据密度和用地性质也可以

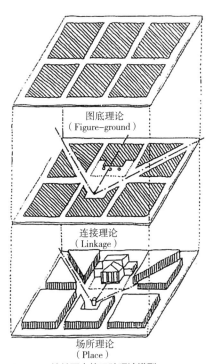

图 1-12　特兰西克的三种理论模型

对肌理进行分类[16]。城市空间的研究也是图底理论的热点，通过图底认知城市物质空间的二维几何特征。

第二类：在视角上和图底理论基本相同，它关注的是城市空间的结构，探讨的是城市物质形态的组织关系与空间关系，以及城市空间的运作机制和城市的性能。相同的城市规模，按连接理论城市的形态又可以分为：组团形态、聚合形态和组合形态。组团形态呈现出无中心或去中心化的特征，如我们的乡村形态或美国城市郊区住区形态。巨型形态与其相反，有清晰的城市中心，城市各部分连接紧密。显然以聚合形态表述城市形态，尤其是紧凑型城市是最恰当不过的了。组合形态介于两者之间，如城市周边的一个或几个小镇在发展过程中逐渐向大城市靠近，并承担了部分大城市疏解的功能，但在形态上又保持了自己的独立性，因此，在连接理论中称其为组合形态。

第三类：场所理论所关注的不仅是空间的几何特征，而且关注几何特征和人的行为活动之间的关系、关注几何特征导致的心理认知。德国规划师卡米诺·西特（Camillo Sitte）早在 1889 年出版了《遵循艺术原则的规划》（*City Planning According to Artistic Principles*）的专著，这种从城市空间场所体验的角度讨论城市的街道规划。他以中世纪城市为蓝本，以街道景观质量为标准，强调了建筑之间城市空间的重要性[17]。戈登·卡伦（Gordon Cullen）以城市景观为基础，讨论城市空间的视觉连续性、公共场所、空间的内涵及功能意义[18]。凯文·林奇对场所理论也有很大的贡献，他的城市调研和分析论证了人对城市物质空间的感知和认知决定了场所的质量，而不仅仅依赖于几何形状。每一个场所都和周边的人文环境、自然环境和交通状况密切相关，所以，城市设计关心的不是抽象的空间而是有精神意义的场所。

作为完整的理论体系，城市设计除了规范性理论之外，还有丰富的批判性理论论著，最为著名的是简·雅各布斯的《美国大城市的死与生》（*Death and Life of Great American Cities*）从社会学的角度强调城市公共空间的重要性和城市空间公平性[19]。克里斯朵夫·亚历山大（Christopher Alexander）在继他的名著《城市不是一棵树》（*A City is not a Tree*）之后又出版了题为《城市设计的一个新理论》（*A New Theory of Urban Design*）从城市生长的规律来讨论城市设计的可行性。在新理论中，亚历山大阐述了城市生长的原理和生长的过程，城市运转的机制，并试图总结出城市形态生长的定理[20]。

1.3.2　城市形态学理论

在城市设计基础理论中所讨论的城市形态，准确地说应该是指城市的一种形式状态，作为一种形式状态无论多复杂都能被清晰地描绘，当然，也就成为可以被设计的对象。然而，众所周知，城市在其发展过程中形态是不断变化的，尽管有城市规划和设计参与其中，但是驱动变化的原因并不源自形式自身，而是源自社会经济的发展和人们的生活需求。因此，以探究城市形态变化规律的城市形态学（Urban Morphology）也应该是城市设计的重要基础理论。

城市形态学研究比城市设计理论更加庞杂，讨论范围涉及更广，有大量社会学、经济学和政治学学者介入，从不同的视角探讨城市形态变化的原因。尽管每一类探讨都有其合理性，但不是每一项研究都和构建城市的物质空间相关联。综合美国城市形态研究学者安妮·穆东（Anne Vernez Moudon）和英国城市形态学学者卡尔·考偌（Karl Kropf）的分类，选取了与城市物质形态（tangible form）相关联的形态学研究，作为城市设计理论的重要组成部分[21]。

基于历史地理学的城市形态学理论：城市形态的历史地理方法植根于地理学家康泽恩（M. R. Conzen）的工作，后由他的学术继承人英国伯明翰大学怀特汉德（J. W. R. Whitehand）教授及其团队经历多年的严谨的实证研究，奠定并拓展了历史地理的经典研究方法，在学界独树一帜，并被称为康泽恩学派。康泽恩学派对城市形态分析的目的是厘清城市发展中来自社会、政治和经济的各种力量如何作用到城市物质空间上，导致了城市物质形态的变化。换句话说，通过城市空间现状和遗存，如何推论和认知当时的社会经济状况和政策手段，从而确认社会、政治和经济发展与城市形态特征的关联性。历史地理学研究的主要手段是将城市形态分为通过对城市形态构成要素进行系统的考证与分析，其主要手段是基于考证绘制阶段性地图，基于地图的演变论证城市形态的发展规律，也就是说通过展现随时间而发展的事实来解释城市形态的地理结构和特征。

康泽恩学派历史地理学的优势是以可作为物证的城市物质形态为研究抓手，他们将城市要素分为三个层次：城市总平面、城市土地利用构成和建筑肌理。其中城市总平面又可以分为三个层次：街道系统（street system）、地界格局（plot pattern）和建筑格局（building pattern）。基于随时间变化的系列历史地图（城市总平面图）和相应的街道系统图、地界格局图和建筑格局图，康泽恩学派有力地证实了任何一个城市形态在其发展过程中都会有边缘带（fringe belt）现象，边缘带像年轮一样记录了城市发展的脉络，也可以证实同时代的社会经济发展力度和政策。其次康泽恩学派证实了从地界划分的格局的疏密变化不仅和建筑更替密切相关，而且可以推论社会资本的集聚方向和力度。康泽恩学派的研究成果在城市更新和老城保护设计实践中有重要价值[22]。

基于过程类型学的城市形态学理论：城市形态的过程类型学方法主

要源于意大利建筑师塞维利奥·穆拉特瑞（Saverio Muratori）的工作，而他的学生建筑师詹弗兰科·卡尼加（Gianfranco Caniggia）继承并发展了奥穆拉特瑞的过程类型学，并将该形态学理论推向前所未有的高度，成为众所周知的意大利学派，和康泽恩学派并驾齐驱。和康泽恩学派所不同，过程类型学的主要研究者都是建筑学背景，他们不但精通建筑类型在建筑的功用、设计和建造过程中所扮演的角色，而且也熟知建筑类型和城市肌理形态相互对应的关系。和一般建筑学者习惯的将建筑体视为一成不变的形体不同，过程类型学的学者们更关注建筑类型的产生和演变，从中发现了环境、建筑方式、使用功能和社会文化等一系列因素促成了城市形态的形成，其中建筑类型的演变对城市形态的演变起到推动作用。换句话说，不同时代典型的建筑类型记录了当时城市发展的状况和规模，总体来看，就佐证了城市发展的前后脉络和各个时期的规模[23]。

过程类型学的研究方法是首先将建筑和城市作为一个整体系统进行分析，在系统中建筑和城市分别为两个子系统。每个子系统都视为由元素、元素结构和结构系统组成的系统生物。如建筑系统中的元素是砖、木材、土、涂料等建筑材料；元素结构如墙体、楼板、屋盖和基础由建筑材料构成的建筑构件；结构系统则是建筑的房间、走廊和楼梯的布置。元素、元素结构和结构系统组合在一起就是一个有机体的建筑体。同理，在城市形态中建筑是元素；建筑物与建筑物的组织形式就是元素的结构，在研究中被称为聚合体或城市肌理；聚合体的组织方式则形成了结构系统，三者共同组合形成城市形态的生物体。显然，和历史地理学派相同之处是他们都以严谨的考证作为研究的依据，所不同的是前者是通过自上而下的控制理解城市形态，而后者则是通过自下而上的生长理解城市形态。基于建筑类型根植于地方文化这一不可否认的事实，这种基于建筑类型演化解释城市形态变化的学派显然在形态学研究中独树一帜。由于其对建筑类型和城市形态之间的关系分析得透彻，往往成为城市设计研究的常用方法。

基于空间生产与类型的形态学理论：有别于历史地理学和过程类型学，20世纪60年代法国城市形态研究是社会学家、历史学家、地理学家等和建筑师组合在一起共同研究，称凡尔赛学派。该学派在哲学和类型学两方面都有相当扎实的理论基础，颇具交叉学科的特色。社会学和哲学家列斐伏尔（Henri Lefebvre）是该学派的理论建构的鼻祖，其核心是"空间生产"理论。列斐伏尔的理论影响了一大批他的学生，尤其是建筑师、城市学者和社会学家，核心人物是让·卡斯特克斯（Jean . Castex）、菲利普·潘纳瑞（Philippe. Panerai）和让·德庞（Jean.Ch .Depaule）。城市空间包含三项主要内容：社会空间、心灵空间和物质空间，城市形态可以理解为城市的物质空间，也是社会空间和心灵空间的物化呈现。如果空间是一个产品，理论上它一定可以实施再生产，并且可以阐明和延续它的生产过程。凡尔赛学派的城市形态研究将建筑类型作为城市形态的基本元素，以建筑类型为物证，结合社会学的研究探索城市形态的演变和城市空间生产与再生产的动力和规律，展现了城市空间演化规律与同时期的经济社会发展的速度和强度之间的关系。

建筑学在法国有着传统的理论优势，建筑形式语言和建筑类型学紧密结合，凡尔赛学派的类型学研究的理论基础根植于传统建筑类型学，如昆西（Quartemere de Quincy）的建筑类型学，将建筑类型学和社会文化紧密结合起来。凡尔赛学派的城市形态学聚焦城市的物质空间随着时间推移发生的变化，将动态的社会进展引入似乎静态的城市空间，同时静态的建筑空间实际上记录了动态的社会变化。例如，同种功能的房屋随着时间的推移不可避免地会发生改变，以应对社会变革，转型的房屋类型反过来印证了社会力量对建筑与城市形态的推动。因此，形态学研究将物质空间与产生它的社会力量结合起来，而形态学的历史维度确立了建成环境的状况。凡尔赛学派将建筑类型学扩展到城市街区的尺度，从而关注城市环境的总体质量。

基于空间分析与构型的形态学理论： 随着计算机与信息技术的发展，对地貌的测绘、表述和分析技术有了非常大的提升，也引发了以新的视角研究城市形态。伦敦大学的迈克尔·巴蒂教授（Michael Batty）和他的空间分析中心使用一系列方法和模型，建构并发展了较为完善的空间分析方法。其中包括运用地理信息系统（GIS）、元胞自动机和分形几何。巴蒂教授和他的同事们认为这个城市是一个有组织的复杂问题，应该从它的产生的原因和进化的过程两个方面去解析。他们试图将城市的空间结构和动态理解为一种新的复杂的地貌现象，从全球的视角看地方城市的发展脉络。空间分析的方法的优势是将科学分析模型引入城市物质空间的研究，以定量分析的方法得出较为清晰的结论，如关于城市结构的表述、形态特征的表述和城市规模与发展速度的界定等。必须明确的是，该分析系统中数据所表达的形态和可感知的形态并没有直接关系。

和该系统相关联的空间句法（Space Syntax）代表了城市形态学的结构方法，旨在通过一系列分析方法来理解建成环境的空间结构。有意义的是，空间句法产生于对物质空间的分析，基于物质空间的几何状态生成空间结构，如街道空间。相对于一般的地理信息系统，空间句法将物质空间信息和城市空间的感知性能，如可感知度、连续度和封闭度等进行了关联，支撑了城市空间的定性和后期的设计。

城市形态学和城市设计认知理论是两类不同研究领域，前者关注的是城市物质形态产生的原因、发展过程和可能的趋向，而后者则关注的是城市物形态的形状特征，肌理的类型、单元和结构。两类理论都应该

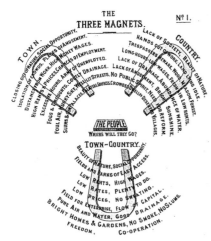

（a）霍华德关于三个磁铁和田园城市的图解

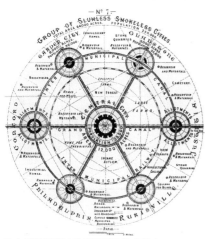

（b）霍华德描述的花园城的构成模式

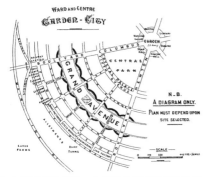

（c）霍华德设想的一个典型的花园城市的分区中心：带状中心花园以及两旁的居民住区
图1-13　"花园城"设想

是城市设计的基础理论，即：对形式状态的认知理论和对性质状态生成机理的认知。

1.3.3　城市设计方法论

城市设计方法论和城市设计认知理论并行发展而来，一方面城市形态在城市化的驱动下不断演变，且人们对城市形态的认知也在不断地修正；另一方面由于城市空间不断引出的问题导致各地有大量城市设计实践的需求，所以基于对城市形态的不同理解产生了多种多样的与城市设计相关的设计方法的理论。城市设计方法论具体体现在三个层面：早期现代主义理想范式、城市更新范式和空间场所理论。

1）早期现代主义的理想城市范式

20世纪之初，城市化进程已经席卷了英国、欧洲大陆和美国，以及其他工业发达国家。经历了大半个世纪快速城市化的英国和欧洲各国的城市都面临着城市工业污染严重、交通拥挤和住房紧张，城市卫生条件急剧恶化等状况。显然，现代工业和技术向人们展示了前所未有的力量及其所带来的问题之时，另一个问题随之而来："什么是20世纪最理想的城市？"现代建筑先驱们提出了他们对未来城市的理解，理想城市整体的表达了他们的信念。他们正视城市问题，并拥抱和利用新技术，将新技术用于城市形态与空间的重构，全面重新思考城市规划和设计的原则。

花园城：火车的速度和运力，构想了"花园城"的城市模式（图1-13）。霍华德认为为了避免产业进一步向城市集聚的现象进一步恶化，可以在远离大城市地价比较便宜的乡村建设多个3万人左右的分散的小城市，速度快运量大的火车将成为连接小城市群的载体，使得小城市群可以同样发挥大城市的效益。此外，连接并利用已有的铁路交通线可以满足大城市和小城市之间的连接和功能互补。为了实现"花园城"，霍华德不仅说服了一些企业家组成投资主体，而且请建筑师规划了城市功能和交通组织，设计了城市路网、社区空间、公共建筑以和不同阶层所需的住宅，并按城市空间布局将各类单体组织安置到街区，构成完整的城市。花园城范式为后来城市空间布局的卫星城结构提供了模型。

广亩城：美国建筑师赖特有着和霍华德完全不一样的城市理念。他看到了大城市的问题，并认为大城市的问题源于物质空间的过度集聚，因此，他极力反对城市模式，提出了以家庭为基本单元的"广亩城"的概念（图1-14）。赖特认为，美国有充足的土地资源，且私人小轿车可以大大提升使每一个个体的速度，可以解决分散居住和工作的人们之间的方便的交往。为此，赖特规划并设计了理想中广母城的路网结构、创意中心（公共中心）和生活和生产兼顾的家庭单元。

光明城：出生在瑞士法语区钟表之乡的法国建筑师柯布西耶通过自身的经历和家乡在城市化进程中受到冲击的现实，充分意识到了社会发展与城市空间重构之间密切的关联性，因此先后提出了现代城（Contemporary City）和光明城（Radiant City）的城市模型（图 1-15）。既不同于霍华德的半城半乡的花园城，更不同于赖特的广亩城，生长在欧洲大陆的柯布西耶对城市形态有着自己的认知。他极力主张集中的高密度城市，节约土地。有趣的是柯布西耶也钟情于机动车交通的优势，用法却和赖特正好相反。柯布西耶认为，机动车交通很容易构筑立体的交通网络，不仅可以利用地下而且可以高高架起，为城市节省出更多的地面去做绿化，城市的高层建筑也可以由多层疏散方式。其次，柯布西耶把现代工业的生产能力也结合到城市设计当中，为他的光明城设计了工业化建筑体系及其基本单元：多米诺体系（Dom-Ino，图 1-16）。光明城和现代城的理念基本一致，所不同的是在光明城模式中明确了城市的功能分区，不同功能区具有不同的城市肌理和建筑类型。值得一提的是虽然柯布西耶的光明城在当时并没有被欧洲任何一个城市所采纳，然而在中国的新城建设中每每可以看到柯布西耶光明城的缩影。

当城市在经济发展的驱动下加速扩张之时，现代建筑先驱们就开始敏锐地意识到建筑和城市密切相关，必须跳出建筑单体的圈子思考整体的建筑环境。霍华德、赖特和柯布西耶三位先驱通过理论和实践展示了城市设计方法论的核心价值，即城市设计始于对城市问题的深刻认知和对新城市空间模式的整体预判；城市设计者应该充分认知和理解同时期最先进的科学技术，并试图运用新技术开拓新方法。从方法论的角度提出了各类理想的城市模型，这些理想城市模型按现在的城市设计来看相当于整体城市设计[24]。

这些理想模型有着共同的特点：首先面对当时的社会问题，提出针对性的解决方案——理想的城市形态；其次，基于理想的生活方式设计了街区结构、交通方式和相应的建筑类型；第三，基于深入的建筑设计，确认用地的划分的可行性。尽管是整体城市设计，其设计深度完全不亚于当下对城市设计的要求。

2）城市发展与更新的理想模式

20 世纪 60 年代以来以欧洲为代表的发达国家基本完成了战后的城市复兴，城市化进程开始减速，城市规模相对稳定，城市设计的主要工作是城市的更新与提升。这一时期人们开始意识到城市不仅是经济运作体和功能体，而是有着更丰富的文化内涵，生活方式的丰富性和多样性导致功能分区理论备受质疑。此时，一些城市土地资源吃紧的问题已经凸显，而另一些城市由于发展动力不足开始萎缩。更重要的是此时已经对于自上而下的城市规划思维开始质疑，相信应该有之下而上的策略作

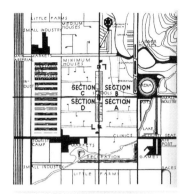

图 1-14　赖特的广亩城的中心平面。道路形成格网是典型的美国中西部模式

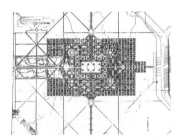

（a）柯布西耶的现代城（1922）。城市中心的是 24 座行政大楼以及精英们的豪华公寓，在中央区之外是工业卫星城

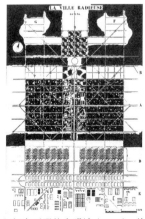

（b）柯布西耶的光明城（1932）。从上到下为：行政区、商业区与居住区、最下面为工业区

图 1-15　现代城和光明城

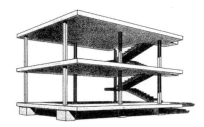

图1-16 多米诺体系

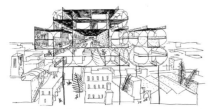

（a）弗里德曼横跨老城区上的"空间城市"。建筑的核心是12m宽的四车道的高速通道，作为各区域之间的连接。空中建筑的高度在4~6层之间

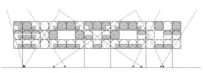

（b）"空间城市"剖面。显示了阳光如何到达建筑下方的旧城
图1-17 立体城市

为补充手段针对城市土地资源不足和城市萎缩并存的现象，许多建筑师首先想到的是一方面要充分挖掘和利用既有城市的空间，通过三维策略，解决平面思维难以化解的矛盾；一方面利用现代先进技术创造新的建筑形式，建造可以灵活多变可装可卸的建筑体。

空间城市：法国建筑师约纳·弗里德曼（Yona Friedman）针对当时大都市难以化解的机动车交通和城市争土地资源的问题，以巴黎为例提出了立体城市的策略（图1-17）。30多年前，柯布西耶给出了以立体机动车交通为运行主体的新巴黎，其代价是拆光巴黎老城。当然，这不可能实施。弗里德曼认为，机动车交通固然重要，承载巴黎丰富历史内涵的老城形态与街区建筑肌理同样重要，因此，要同时解决这两个问题又不再扩大规模的办法是充分利用巴黎老城的上空。在空中建新城，用以解决不断增加的居住和交通的需求，还可以充分利用老城的各项公共资源，提高老城效率。和一代先驱一样，弗里德曼认为，新的科学技术是城市设计的主要依据，不仅为当下，更要考虑未来[25]。

插入式城市：同一时期在英国以伦敦大学建筑学教授彼得·库克（Peter Cook）和他的阿基格拉姆（Archigram）小组也提出了类似的如"插入式城市"（Plug-in City）的理念（图1-18），在土地资源奇缺的状况下，新增建筑体尽量少的占用城市用地。

空中集群：无独有偶，远在日本的现代建筑先驱矶崎新（Arata isozaki）和他的新陈代谢主义（Metabolism Architecture）建筑小组也给出了自己对于插入城市的理解：空中集群（clusters-in-the-air）的概念模型和具体的居住单元图纸（图1-19）。他们共同的原则是：尽量少地接触既有城市的地表，建筑能够容易拆除和移动，建筑可根据居住人员的要求进行修改。尽管这些想法并没有直接付诸实践，但对以后的城市设计和建筑创作影响深远。

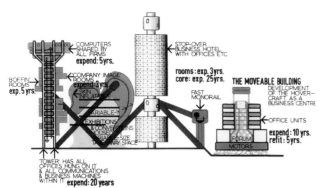

图1-18 彼得·库克的"插入式城市"城市构想图。将城市看成是各类建筑、市政设施、交通器械融合在一起的组件，并可以自由拼装、拆解和移动

图1-19 新陈代谢主义"空中集群"概念模型

回归人本的城市场所：和崇尚立体城市的先锋派不同，以莱昂·克瑞尔（Léon Krier）为代表的建筑师和城市设计师基于对现代主义城市和传统城市的比较分析，认为仅仅依靠先进技术并不能完全解决现代城市的问题，理由是现代城市并不是宜居城市。克瑞尔认为现代城市的问题出在现代城市规划的功能分区理论和毫无必要的庞大的街区尺度，不但造成了土地资源的浪费，而且构成了非人尺度的巨构空间。人们向往紧凑型综合性的古典城市空间，他认为古典城市的范式也可以解决现代的城市问题。

整体城市设计：当代建筑师雷姆·库哈斯（Rem Koolhaas）有关城市设计的论述和作品进一步发展了立体城市的理念，并转化为更为结合实际的城市空间的三维建构，如：他主张的根状茎（图 1-20）结构的立体交通、分层的空间功能配置在现实中不同程度地得到采纳，他在荷兰阿尔梅勒城（Almere）的城市设计实践成为立体城市设计的优秀典范。

3）关注城市空间场所的质量

城市设计不能止于抽象的城市空间结构，而是要将构想的模式落实到实体形态与空间；城市设计应该对建筑单体提出要求，以便适应整体城市的运转和公共空间的质量。

物质空间设计：关注人本尺度的场所质量是城市设计的主要内容。在传统城市设计中，城市的质量主要落实在城市空间的视觉质量上，城市空间设计方法论是由建筑设计方法论的延续，即：基于平面形状认知空间，因此，在方法论层面上没有本质的区别。罗伯·克瑞尔的《城市空间》（Urban Space）城市空间自步行空间设计方法论的重要著作。他将各类复杂的城市空间归结为可表述的形态，总结了城市空间形态的原型及分类法。其次，将建筑融合到城市空间，确立了空间界面，将城市空间周边建筑定义为构成城市空间的界面元素，建筑在城市空间中不但扮演了重要的角色，更重要的是承担了更多的责任[26]。

感知空间设计：感知空间设计的主要依据是人的视觉和心理的综合反应，主要理论源自凯文·林奇的《城市意象》。他首先明确了设计空间和可感知空间并不完全重合，并确认了城市物质空间界面和标志物对提升空间的可感知性能的重要意义。其次凯文·林奇发现了人的经验和城市空间周边的人文环境甚至比城市空间的几何形更为重要，对传统城市设计方法论进行了修正。同时代的另一位美国学者威廉·怀特用摄影镜头记录了大量的人们如何使用城市空间的真实影像，不但进一步佐证林奇的理论，而且进一步向城市设计专业工作者指出了城市公共空间的位置、周边零售内容、可达性和阳光的充足性等环境元素甚至比城市空间本体的几何形更加重要。

空间活动配置：城市空间活动的配置是当代城市设计的重要内容之

图 1-20　库哈斯的荷兰阿尔梅勒城市总体规划概念图，其交通体系和城市空间结构图示体现了他对"根状茎"理念的物化

一，也是城市物质空间组织的重要依据。简·雅各布斯著名的《美国大城市的死与生》用大量的事实指出了现代城市规划的问题，呼吁城市规划和设计的专业工作者重视城市市民的空间，重视城市活动的公共性。城市空间的空共性不仅体现在空间的开放性而且体现在进入空间的必要性，这就牵涉到空间中活动内容的配置。城市设计方法论开始由关注场所空间的几何特征扩大到关注场所的活动性能。

空间动线设计： 当代城市空间的复杂性和多元性还体现在当代城市空间多维的层级而带来的复杂的动线组织系统，对于城市设计来说，不仅需要组织复杂的交通动线，而且需要利用各类交通动线的特点、动线汇集点和交通换乘点等作为空间设计的资源。外部空间室内化和室内空间街道化的大型城市购物广场和大型城市交通综合体的设计都是为了高效组织城市空间和高效利用城市人流资源。

1.3.4　城市设计关联性理论

随着对城市物质体认知的深入，人们对在经历了城市化进程的城市以及在城市化进程中催生的城市的本质有了更加深入的认识。通常人们可以直接感知的城市只是城市的物质空间，而城市发展的真正潜力在于城市抽象的非物质空间或者说社会空间。其次，由于城市规模的迅猛增长，城市已经成为地球上和自然地表并列的生态系统，并对原本自然生态系统有直接的干预。为此，城市已经不是建筑类学科的研究对象，已然成为哲学、社会学、环境学和生态学等学科的关注与研究的对象。虽然这些理论的语境并不在建筑学之内，甚至看似完全没有关联，然而，对于一个未来城市物质空间的实践者来说，对城市本质的全面认知和对城市性能的整体了解是非常有必要的，主要有三个方面：现代城市空间的性质、全球化语境中的城市角色，以及未来城市的生态学。

城市空间的本性与空间的生产： 法国的马克思主义哲学家和社会学家亨利·列斐伏尔（Henri Lefebvre）1974出版了他颇具影响力的著作《空间的生产》。对于建筑学背景的城市设计从业者们来说，列斐伏尔展现了似乎熟悉却完全陌生的空间概念[27]。当今中国已经处于城市化的成熟期，当年列斐伏尔以西方为例的空间现象已经在我们的生活中比比皆是。所以，在列斐伏尔建构的空间语境中，抛开物质空间的表象，可以更清楚体验城市空间的建构过程的真正动因，认知了城市的本质以及城市和资本的关系。列斐伏尔的空间理论只是众多社会学和政治学讨论空间问题的一个代表，对这些理论的理解会帮助建筑师**更深入地理解城市物质空间**，在实践中能够面对问题作出更为冷静的思考和判断。

全球经济与全球城市： 美国哥伦比亚大学社会学教授萨斯基娅·萨

森（Saskia Sassen）是"全球城市"概念的提出者，她于1991年出版的《全球城市》(The Global City)凝聚了她多年在全球化和全球城市领域的深入研究[28]。在全球城市的定义下，萨森向人们分析了"全球城市"的特性以及在经济全球化进程中的重要意义。"全球城市"的特性是它有吸引全球资源向它集中的能力，不断吸引着移民和投资，因此在国家经济中占有重要地位。但是，作为"全球城市"生活在其中的人们将能强烈地体验到阶层分化，贫富差距逐渐加大。"全球城市"是在全球经济发展中占有重要地位，因此每一个城市都需要保持自己的独特性才能够在全球发展格局中保持自己的不可或缺性，也就是每个城市都不一样。被全球化所同质化的是各类标准、消费的水准，甚至相互融合的文化品位。如果说列斐伏尔的理论让我们能以另一个视角了解了城市的基本性质，那么萨森的"全球城市"让我们更加清醒地意识到在全球化的经济链中，城市的地位和重要性将取决于自己在经济体系中的地位，而不是传统的地理位置。

城市生态学：城市生态学是在城市环境中对各类生物体彼此之间的关系和各类生物体与周边自然环境的科学研究。城市生态学缘起于城市化发展进程中，城市建成区规模迅速增大，原有距离相近的城市已经连成整体片区；加之建成区内部建筑密度不断加大并高度上升，形成了大面积硬质表面、高密度人群和各类气体集中排放所主导的环境，创造了与传统以自然为主导的生态学所不同的环境。为此，产生了城市生态学作为一个新的热门的领域。人类的活动和建设行为是城市生态变化的驱动力，并以多种方式影响着自身和周昭的自然环境。例如改变陆地表面和水道，引入外来物种，等影响和改变了生物地球化学循环，甚至导致全球气候变化。从城市环境的可持续发展角度看，城市生态学将成为城市科学的重要组成部分，城市生态学的研究将回答一个城市的承载力以及如何提高城市的承载力。

1.4 城市设计理论读本

与城市设计相关的理论书籍和读本非常之多，不仅内容丰富，而且类别庞杂，即便专业人员也无法全面了解这些著作。作为初学者首先可以先从国内经典的关于城市设计的著作开始阅读，如王建国教授的《城市设计》。该专著内容丰富，既有理论阐述也有了大量的实践案例。

其次，由于欧美各国尤其是欧洲早已进入城市化进程并已进入尾声，在城市建设实践中积累了大量的经验和教训的同时，也留下了丰富的理论专著和经验读本，所以，阅读原著或译本对于提高城市设计理论水平极有益处。据此，有两部西方学者从众多专著中按不同主题和类别选择

了一些公认的与城市设计知识建构相关的优秀著作，组织成《城市设计读本》（*Urban Design Reader*）值得向大家推荐，两部读本同名，但组织构架差别较大，所选的内容也有不同，在此一并介绍给读者：其一是马修·卡莫纳（Matthew Carmona）和史蒂夫·泰斯戴尔（Steve Tiesdell）编著的城市设计读本，2007年由爱斯维尔旗下的建筑出版社出版。该书的优势是将复杂的城市设计高度概括为形态、感知、社会、视觉、功能和时间六个维度，有利于初学者比较便捷的抓住要点。其二是迈克尔·拉里斯（Micheal Larice）和伊丽莎白·麦克唐纳（Elizabeth Macdonald）编著的《城市设计读本》（*The Urban Design Reader*），该编著是劳特利奇（Routledge）出版社城市系列读本之一，2007年第一版，2013年再版。该部编著的视角更关注城市设计的性质，力求通过分类清晰的表达对城市设计认知的差异，如城市设计的历史先例、城市设计工作的基础、日益增强的对场所感的重视、城市发展中的设计问题、所面临的环境问题的挑战和城市设计时间的当下与未来等。相比之下，该部读本理论性更强。

除了城市设计的综合性读本之外，作为以理论和方法为核心的城市设计教材，还应该为读者介绍相关城市设计的专著。读专著有利于深入了解城市设计的要义和内涵，理解城市设计复杂性的原因，只有这样才能不落入人云亦云的状态，才能对有待完善的城市设计工作提出新的见解。虽然阅读经典专著对于本科生来说有一定难度，但是通过本节的介绍，期望能引发大家对读书的兴趣。

编者以欧美经历了时间历练并被许多学校选取的经典相关专著为基础，开拓学生的视野。为便于阅读，本教材尽量选取了经典著作中有中文译本的专著介绍给大家，并做一些简单介绍。对于目前还没有中文译本而编者认为比较重要的专著，将用稍多一点的文字给读者做一点介绍。专著介绍分为四个方面：城市设计的历史观、城市设计的内涵与要素、城市设计方法论和城市设计的公共责任。

1.4.1 城市设计的历史观

尽管城市历史和城市设计没有直接的关系，但是要做好城市设计必须具有良好的城市历史的知识。对城市历史的了解能帮助城市设计者更好的辨别设计对象的属性，选择根据城市的发展轨迹和特征选择适宜的模式和方法完成城市设计。关于城市历史的读本很多，本教材选择了四部较为经典且视角不同的关于城市历史的著作。

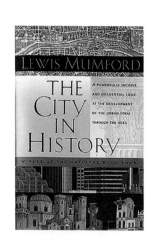

《历史之城》（*The City in History*）作者刘易斯·芒福德（Lewis Mumford），出版于1961年。本书从城市结构的发展模式、城市空间的发展历程、城市理论的发展思辨三个角度入手剖析西方城市的发展；三个视角互相印证，共

同展现了西方城市发展的主要脉络。考据严谨，史实和评述并重，正如芒福德在序言中称，其方法"在于个人经验与观察"，因此"尽可能地限定于获取第一手资料的城市和区域"。

《城市》(*Cities*)，作者劳伦斯·赫尔普瑞(Lawrence Halprin)，出版于 1963 年。作者在本书中对城市景观的基本要素进行了研究，包括赋予城市特色的开放空间及生活在其中展开的空间(街道、广场、公园、私人生活空间、小花园等)、街道设施(亭子、长凳、路灯)、城市地面(沥青、砖、混凝土)、水、树木、屋顶景观——作者将其称为城市的"编舞"。

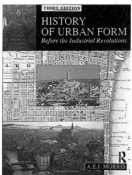

《城市形态的历史》(*History of Urban Form*)，作者莫里斯(A.E.J. Morris)，出版于 1979 年。本书提供了一部自城市起源至工业革命的世界城市发展史，描述了长达 5000 年的城市活动的物质结果。作者阐释并发展了有机生长的"无规划"城市的概念，并与回应城市形态决策而形成的"规划"城市相对比。本书亦穿插了作者绘制的众多分析线图及其他来源广泛各类插图。

《拼贴城市》(*Collage City*)，作者柯林·罗和弗瑞德·科特(Rowe and Koetter)，出版于 1997 年。本书对大量公认具有美学价值的城市进行了多层面的分析，考察其城市结构，并揭示城市是无止境的破碎化过程的产物，是施加于城市之上的、不同时代各自理念间的相互冲突、叠合的结果。以此为基础，作者在本书中拒绝"总体规划"和"总体设计"等宏大乌托邦构想，并批判性地反思了当前城市规划设计理论以及建筑师、规划师在城市语境中所发挥的作用。

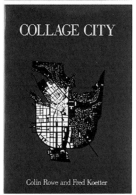

1.4.2　城市的内涵及要素

《城市空间》(*Urban Space*)，作者罗伯·克里尔(Rob Krier)，出版于 1979 年。对克里尔而言，空间连续性和美学是恢复在现代主义中迷失方向的城市空间的方法。本书从欧洲传统城市空间的平面几何形态出发，分析了城市空间的类型和形态要素，指出城市空间的形态均源于三种基本几何形状——方形、圆形和三角形。三种形状均受折角、分割、相加、重叠等因素的调节，在不同尺度上产生规则或不规则的结果。作者由此基于几何特征完成了对城市空间的分类。本书亦包含了作者基于其城市空间类型理论所作的部分设计方案。

《环境几何学》(*The Geometry of Environment*)，作者马奇和斯特德曼(March and Steadman)，出版于 1971 年。正如本书的副标题"设计中的空间组织导论"(*An Introduction to Spatial Organization in Design*)所指出的，本书以设计实践中的空间组织为主题，意在帮助实践建筑师看到"新数

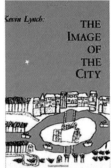

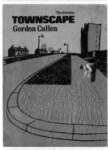

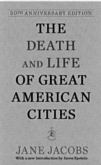

学"或言之几何学的与空间配置相关性。在本书中介绍的数学主题主要包括——映射及转化、转译、旋转、堆积、嵌套、空间配置、不规则多边形等。

《空间的社会逻辑》（*The Social Logic of Space*），作者希利尔和汉森（Hillier and Hanson），出版于1984年。基于空间为何以及如何成为社会运作方式的重要组成部分这一问题，本书最先提出了表述和量化建筑和城镇中空间构型的空间句法（space syntax）方法。作者指出，建筑与城镇不仅仅是社会过程的产物、同时也在塑造社会形态的过程中发挥作用。而空间句法使得对建成环境的空间构型同社会功能层面间关系的分析、对比研究成为可能。

《城市意象》（*The Image of the City*），作者凯文·林奇（Kevin Lynch），出版于1960年。本书是对人如何提取城市信息并形成城市认知的五年研究的成果。通过访谈等方法的研究，以波士顿、泽西城和洛杉矶三个美国城市为案例，作者指出使用者对周边环境的理解存在稳定而可预测的方式，以5个要素完成城市认知：路径（path）、边界（edge）、区域（district）、节点（node）、地标（landmark）。同时，作者亦提出了"可意象性"（imageability）和"寻路"（wayfinding）等术语。《城市意象》对城市设计和环境心理学等领域均产生了重要而持续性的影响。

《城市景观》（*Townscape*），作者戈登·库伦（Gordon Cullen），出版于1961年。"城镇景观"意指能够将成组的数个建筑物从无意义的混沌转化为有意义的组合的艺术，或将整个城镇从纸面的工作图示转化为三维的、可供人类生活的环境，并适应居民在其中的生活、工作或仅仅是观赏。本书揭示了不同时代和气候条件下取得成功的城镇规划设计原则，以及规划设计者通过对城市组成部分的细致介入和操作所引发的广泛而多样的影响。

《美国大城市的死与生》（*The Death and Life of Great American Cities*），作者简·雅各布斯（Jane Jacobs），出版于1961年。作者以纽约、芝加哥等美国大城市为例，深入考察了城市结构的基本元素以及它们在城市生活中发挥功能的方式，对20世纪城市规划的短视与傲慢作出了根本而直接的控诉。本书既是对现代城市规划和更新理论的抨击，也尝试引介一些城市规划和更新的新原则，为评估城市的活力提供了一个基本框架。

《城镇交通》（*Traffic in Towns*），作者科林·布坎南（Collin Buchanan），出版于1963年。作为一项对机动车拥有量和使用量激增对英国城镇影响的报告，本书被认为是20世纪最具影响力的规划文献之一。其目的，在于评估减少交通拥堵、改善城市交通和生活品质的政策选项。该报告主要论述了两个方面，包括使英国城市适应于"汽车时代"的大规模重建——包括错层式巨构、城市快速路等的需求，以及对保留城市的某些部分，尤其是作为无汽车区域的居住区或"环境区域"（environmental area）的需求。

《模式语言》（*A Pattern Language*），作者克里斯托弗·亚历山大（Christopher Alexander），出版于 1977 年。基于人们应该自己设计自己的房屋、街道和社区的理念，作者意图以一套完整的模式语言代替既有的设计理念和实践。作者指出，"模式"作为这一语言的基本单元，是回应设计问题的答案。正如引言所述，这些模式作为原型根植于事物的本质，并在更大层级上组织成为一门"语言"。本书在不同层级上给出了 250 多个模式，均由问题、插图、讨论及解决方案组成，并阐释了以此为基础选取模式、组合模式并完成设计的方法。

1.4.3　城市设计方法

《遵循艺术原则的城市规划》（*City Planning According to Its Artistic Principles*），作者卡米罗·西特（Camillo Sitte），出版于 1889 年。西特考察了大量中世纪的欧洲城市与街道，通过平面图和透视图的相互参照，分析真正被大众喜爱的城市空间形成的原因——并不一定是宏伟的宫殿和大尺度的广场，而是错落有致、互相呼应、如画的市内风景。强调自由灵活的设计，建筑之间的相互协调，以及广场和街道组成围合而不是流动的空间，总结出适合城市建设的艺术原则。

《城市设计》（*Design of Cities*），作者埃德蒙德·培根（Edmund N Bacon），出版于 1967 年。本书将历史案例同现代城市规划原则相联系，论述了历史上伟大建筑师和规划师的工作如何能够影响后世的发展并得以延续下来。通过阐述城市设计的历史背景，作者亦展现了决定城市品质的基本理念。以伦敦、罗马和纽约等城市的运动系统为例，作者指出同步运动系统（行人和车辆交通的路径、公共和私人交通）在城市中的组织能力；强调开放空间和建筑群体设计的重要性，并讨论了空间、色彩和透视对城市居民的影响；而以鹿特丹和斯德哥尔摩为例，本书亦说明了城市中心应该并且可以是生活、工作和放松的宜人场所。

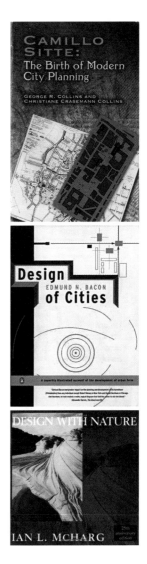

《设计结合自然》（*Design with Nature*），作者麦克哈格（McHarg），出版于 1969 年。作者以丰富的资料、精辟的论断，阐述了人与自然环境之间不可分割的依赖关系、大自然演进的规律和人类认识的深化。作者提出以生态原理进行规划操作和分析的方法，使理论与实践紧密结合。书中通过许多实例，详细介绍了这种方法的具体应用，对城市、乡村、海洋、陆地、植被、气候等问题均以生态原理加以研究，并指出正确利用的途径。

《城市设计导论》（*An Introduction to Urban Design*），作者巴内特（Barnett），出版于 1982 年。作者利用他作为纽约市城市设计师的经验来研究城市规划

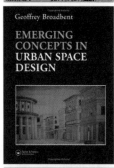

的本质以及如何通过城市设计改善城市生活。

《城市空间设计新兴概念》（*Emerging Concepts in Urban Space Design*），作者布罗本特（Broadbent），出版于 1990 年。随着城市的扩张，既有建筑及公共空间密度日益紧张，城市设计变得愈发重要。《城市空间设计新兴概念》发人深省地对今日许多设计问题的特征作了清晰的分析。作者从历史中寻找它们的成因，提出一种协作解决方式。本书既有学术性，又通俗易懂，它批判了现代建筑向"理性主义"及"经验主义"的倾向，并将它们与古往今来的哲学思想、设计理论相类比。

《场所架构》（*Framing Places*），作者多维（Dovey），出版于 1999 年。《场所架构》调查了建筑的建造形式和城市设计如何充当社会实践的媒介。它描述了我们的生活如何被框架在我们居住的房间、建筑物、街道和城市群中。多维认为建筑和城市设计的本质，它们对日常生活的架构，使他们受到胁迫，诱惑。本书借鉴了广泛的社会理论，对建筑形式进行了三个初步分析，即空间结构分析，建构意义解释和生活体验解读。这些方法通过一系列关于特定城市（柏林、北京、堪培拉和墨尔本）和建筑类型（公司大楼，购物中心和家庭住宅）的叙述而编织在一起。

1.4.4　城市设计的公共责任

《城市形态的人本方面》（*Human Aspects of Urban Form*），作者拉普波特（Rapoport），出版于 1977 年。《城市形态的人本方面》通过"人类 – 环境"的城市形态和设计方法考察了人们感知城市的方式，城市形态对人的影响以及图像的作用。通过采用"人类 – 环境"的方法，本书旨在了解城市对人类行为或满足感的重要性。本书还考虑了城市构型符合人们心理、文化和社会需求的方式。本书由六章组成，首先介绍了与城市形态和设计的人文维度相关的许多概念。城市设计被讨论为空间，时间，意义和沟通的组织。接下来的章节重点关注环境的本质、文化差异、价值观的作用、环境感知的概念以及图像和图式的概念。然后分析"感知"的三个含义：环境质量和偏好作为可变概念及其组成部分的概念；环境认知的各个方面及其与设计的关系；感知本身及其各个方面。然后讨论转向社会，文化和道德概念，阐明城市空间组织的本质。本书的最后一章强调人们需要参与环境，活动与形式的关系以及开放式设计的概念。

《环境心理学》（*Environmental Psychology*），作者普洛桑斯基（Proshansky）等，出版于 1970 年。本书的由纽约城市大学环境心理学研究生课程的教师编写，旨在为这一新兴的跨学科领域提供连贯而全面的信息。环境心理学是研究从个人到大型社会系统的各种分析层面的物理环境和行为之间的关系。本书为第一本环境心理学教科书。全书主要分为六个部分，即理论概念和方法，基本心理过程和环境，个人在环境组织，社会机构和环境设计，环境规划和环境搜索方法中的需求。

《可防卫空间》（*Defensible Space*），作者纽曼（Newman），出版于1973年。本书侧重于美国住房项目的不同特点，着眼于他们的犯罪率。并讨论了每个公寓楼的特征，这些特征说明了他们真正的高或相对较低的犯罪率。本书旨在提升社区凝聚力，并希望减少居民在家中的体验。再次表明犯罪是机会的产物，当这种情况消除后，犯罪也会减少。

《四种生态学建筑》（*The Architecture of Four Ecologies*），作者班汉姆（Banham），出版于1973年。班汉姆以一种之前建筑历史学家没有的方式审视了洛杉矶的建筑环境，以新鲜的眼光看待流行品味和工业创造的表现形式，以及更传统的住宅和商业建筑模式。他构建的"四种生态学"审视了洛杉矶人与海滩，高速公路，平地和山麓相关的方式。班纳姆对移动城市感到高兴，并将其确定为后期城市未来的典范。在一个引人注目的新前言中，建筑师和学者乔·戴（Joe Day）探讨了洛杉矶的结构，"生态学"的概念以及班纳姆思想的相关性在过去35年中的变化。

《向拉斯维加斯学习》（*Learning from Las Vegas*）作者文丘里（Venturi）等，出版于1977年。《向拉斯维加斯学习》与文丘里所著的《建筑复杂性与矛盾性》被认为是现代主义建筑思潮的宣言，文丘里反对密斯·凡·德·罗的名言"少就是多"，认为"少就是光秃秃"。他认为群众不懂现代主义建筑语言，群众喜欢的建筑往往形式平凡、活泼、装饰性强，又具有隐喻性。他认为赌城拉斯维加斯的面貌，包括狭窄的街道、霓虹灯、广告版、快餐馆等商标式的造型，正好反映了群众的喜好，因此他在《向拉斯维加斯学习》中呼吁建筑师要同群众对话，接受群众的兴趣和价值观，向拉斯维加斯学习。

《寻找失落的空间》（*Finding Lost Space*），作者特兰西克（Trancik），出版于1986年。《寻找失落的空间》介绍了城市空间设计的理论、方法和当前的议题。首先引入了失落城市空间的问题及其形成因素；第二章全面论述了功能主义理念的哲学、演变及其反响，并讨论了蚕食城市空间传统形式的其他因素；第三章介绍了城市空间重要的历史范例和现代的一些做法，对"硬质空间"和"柔质空间"的适宜性进行了描述；第四章将针对现代城市危机的主要理论和批评观点归纳为图底理论、连接理论和场所理论，并阐述其各自的优缺点，说明只有三者整合才有益于城市空间设计；通过对美国波士顿市和华盛顿特区、瑞典哥德堡市及英国纽卡斯尔的拜克地区的城市设计问题实例研究阐述了空间结构的不同形态、相互联系及其环境背景；最后总结了实现整合设计目标的原则。

推荐阅读

1. 王建国. 城市设计（第 3 版）[M]. 南京：东南大学出版社，2019.

2. 亚力克斯·克里格（美）威廉·S 桑德斯（美）. 城市设计. [M]. 王伟强，王启泓译. 上海：同济大学出版社，2016.

3. Matthew Carmona and Steve Tiesdell edi, Urban Design Reader, Architectural Press, Published by Elsevie, 2007.

参考文献

1. 韩西丽，（瑞典）彼得·斯约斯特洛姆. 城市感知——城市场所中隐藏的维度 [M]. 北京：中国建筑工业出版社，2015.

2. Lynch, K.（1960）The Image of the City（Harvard–MIT Joint Center for Urban Studies, Cambridge, MA）.

3. Whyte, W. H.（1980）The Social Life of Small Urban Spaces.

4. Oke, T. R.（1988）Boundary Layer Climates（Routledge, London）.

5. Aureli, P. T.（2008）"Toward the Archipelago", Log 11, 91–120.

6. Baccini, P.（2007）'A city's metabolism: Towards the sustainable development of urban systems', Journal of Urban Technology 4, 27–39.

7. 丁沃沃. 城市设计：理论？研究？[J]. 城市设计，2015，（01）:68–79.

8. Krieger, A. and Saunders, W. S.（2009）Urban Design（University of Minnesota Press, Minneapolis）

9. Busquets, J.（2014）Barcelona: The Urban Evolution of a Compact City（Applied Research and Design Publishing, New York）.

10. Busquets, J.（2016）Chicago: Two Grids between Lake and River（Applied Research and Design Publishing, New York）.

11. 王建国. 城市设计（第 3 版）[M]. 南京：东南大学出版社，2019.

12. Moudon, A. V.（ed.）, Public Streets for Public Use（Van Nostrand Reinhold, New York）, 1987.

13. Eames, C. and Eames, R.（1977）The Powers of Ten（Eames Office, Los Angeles）.

14. Martin, L. and March, L.（1972）Urban Space and Structures（Cambridge University Press, Cambridge, UK）.

15. Trancik, R.（1986）Finding Lost Space: Theories of Urban Design（Van Nostrand Reinhold, New York）.

16. Kostof, S.（1991）The City Shaped: Urban Patterns and Meanings through History（Little, Brown, Boston）.

17. George R.Collins and Christiane Crasemann Collins.（1986）Camillo Sitte：The Birth of Morden City Planning.（Dover Publications, New York）.

18. Cullen, G.（1971）The Concise Townscape（Van Nostrand Reinhold, New York）.

19. Jacobs, J.（1961）The Death and Life of Great American Cities（Random House, New York）.

20. Alexander, C.（1965）'A city is not a tree', Architectural Forum 122, 58–62.

21. Moudon, A. V. (1994) 'Getting to know the built landscape: Typomorphology', in Franck K. A. and Schneekloth, L. H. (eds) Ordering Space: Types in Architectural Design (Van Nostrand Reinhold, New York) 289–311.

22. Moudon, A. V. (1997) 'Urban morphology as an emerging interdisciplinary field', Urban Morphology 1, 3–10.

23. Kropf, K. (2009) 'Aspects of urban form', Urban Morphology 13, 105–120.

24. Fishman, R. (1977) Urban Utopias in the Twentieth Century: Ebenezer Howard, Frank Lloyd Wright, and Le Corbusier (Basic Books, New York).

25. Schaik, M. V. and Macel, O. (2005) Exit Utopia: Architectural Provocations, 1956–76 (Prestel, Munich).

26. Krier, R. (1979) Urban Space (Rizzoli, New York).

27. Lefebvre, H. and Nicholson-Smith, D. (1991) The Production of Space (Blackwell Publishing, Oxford).

28. Sassen, S. (2001) The Global City: New York, London, Tokyo (Princeton University Press, Princeton, NJ).

图片来源

图 1–4　Herbert Stachelberger 提供

图 1–6　Mohamed Lateb, 等, On the Use of Numerical Modelling for Near–field Pollutant Dispersion in Urban Environments–A Review .Environmental Pollution, 2016 (208), 217–283, Fig.1.

图 1–10　Edward Robbins and Rodolphe EL–Khoury (ed.), *Shaping the City:Studies in History, Theory and Urban Design*. New York:Routledge, 2004: 28.

图 1–11　Anne Vernez Moudon (ed.), Public Streets for Public Use. New York: Van Nostrand Reinhold Company, 1987: 307.

图 1–12　Roger Trancik, *Finding Lost Space: Theories of Urban Design*. New York: Van Nostrand Reinhold Company, 1986: 98.

图 1–13a　Spiro Kostof, *The City Shaped:Urban Patterns and Meanings Through History*.Bulfinch Press, 1991: 203.

图 1–13b　Spiro Kostof, *The City Shaped:Urban Patterns and Meanings Through History*.Bulfinch Press, 1991: 194.

图 1–13c、图 1–14 、图 1–15a、图 1–15b、图 1–16　Robert Fishman, *Urban Utopias in the Twentieth Century: Ebenezer Howard, Frank Lloyd Wright, and Le Corbusier* (Basic Books, New York) .The MIT Press, 1977: 114–115.

图 1–17a　Martin van Schaik and Otakar Máčel (ed.), *Exit Utopia:Architectural Provocations 1956-76*. Prestel Vterlag, 2005: 15.

图 1–17b　Martin van Schaik and Otakar Máčel (ed.), *Exit Utopia:Architectural Provocations 1956-76*. Prestel Vterlag, 2005: 15. 作者重绘 .

图 1–18　Martin van Schaik and Otakar Máčel (ed.), *Exit Utopia:Architectural Provocations 1956-76*. Prestel Vterlag, 2005: 82.

图 1-19   矶崎新著. 胡倩，王昀译. 未建成 / 反建筑史. 北京：中国建筑工业出版社，2004：129.

图 1-20   1987–1998 OMA/Rem Koolhas[J].EL Cropuis，1998（53+79）：401.

扉页图、图 1–7、图 1–9   作者自绘.

图 1–1、图 1–2a 、图 1–2b、图 1–3 、图 1–5、图 1–8   作者自拍.

城市设计发展概论

第2章

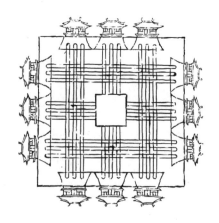

一般说来城市设计几乎与城市文明的历史同样悠久，筑城的历史也是城市设计的历史。然而，随着人们对城市发展认知的加深，从筑城到当下作为学科的城市设计经历了漫长的演变，不变的是人们对良好人居环境的追求。从城市设计理论建构的角度出发，本章分别从古代城市建设理念、城市设计实践和城市设计学科三个方面分别梳理城市设计的发展概要，可以看到古代城市的建设理念、早期城市设计实践的内容和现代城市设计学科及其理论话语之间的差异，有助于深刻认识城市设计丰富的内涵。此外，本章的第四节通过介绍城市设计研究的现状，展示了城市设计理论与方法的发展方向。

2.1　城市设计溯源

2.1.1　中国传统筑城理念

作为历史悠久的文明古国，中国也具有和本民族治国方略、哲学思想和文化理念相一致的辉煌的筑城历史。公元前一千多年前留下来的书籍《周易》记载了相对完整的中国古代城市建设的规制，不仅反映出哲学思想与"营国制度"完美的结合，而且有具体的落实位置和构筑方法。用今天的概念来看，既有城市规划思想，又有城市设计方略。

周易中的"营国制度"即筑城的规制，其基础是以封建等级制度为核心的"礼制"。"营国制度"是将"礼制"部分地物质化，规范了人们在城市空间中的行为。如："匠人营国方九里，旁三门，国中九经九纬，经涂九轨，左祖右社，前朝后市，市朝一夫"。不仅规划了城市的规模，也涉及了城市的内、外交通，而且为城市重要的社会活动规范了具体的位置和空间。周易的筑城理念和方略一直为历代封建帝王所沿用，并根据自己的理解和需求不断的修正和完善。

1）战国、鲁国

自从周代封建制度推行后，确立了"王权至上"的思想，构筑了以周天子为顶点，以层层分封的大小诸侯及其附庸、陪臣为塔身的金字塔权力架构[1]。以农业为基础的社会经济条件下，采用"裂土分茅"的土地分封制度，对王室近亲、有功诸侯、先哲后裔和前朝贵族进行分封，是周王室巩固其政权的唯一选择。分封建制的等级制度影响了中国古人铸城思想，各分封领主均在其领地建立城邑。周代的城市等级分为三类：①周王都城；②诸侯封国；③宗室或卿大夫封邑。其形制根据其等级有所区别，具体表现在宗庙、面积、附属设施（城墙高度和道路宽度）。另外，城中道路宽度通常根据封建等级高度而确定，并采用九、七、五、三、一的比例关系映射其社会等级。

鲁国都城曲阜代表了诸侯国筑城理念。鲁国为周公旦子伯禽之封地，位于今山东曲阜。曲阜旧有面积为今天的 6 倍，形状为矩形，东西 3700m，南北 2700m，面积约 10km²。建于周代的城墙，有城门十一处，东、西、北各三门，南面两门，宽约 7~15m。大城内道路有十条，主要为东西和南北各三条，其最主要的干道为宫室南侧通向南墙，并延伸到城外祭祀场所——舞雩台。这是中国古代已知城市考古发现中最早的中轴线布局。将宫室放与中央的思想，符合《周礼·考工记》所载之周王城形制（图 2-1）。

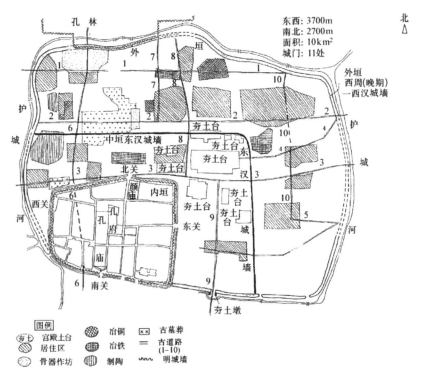

图 2-1　山东曲阜市鲁国故城遗址分布图

2）唐代——长安

长安是中国古代城市建设中规模最大、规划分区最明确的都城。隋建大兴于汉长安东南，唐长安沿用隋的都城，改大兴为长安。长安分为外

图 2-2　唐长安坊内十字街示意图

图 2-3　唐长安总图

图 2-4　明清北京平面图

图 2-5　明南京城复原图

城、宫城和皇城。外城又称为郭，外郭四面各开三门，有大道连通，形成纵横三条主要干道被称为"六街"。宫城紧贴外城中轴线北端城墙，城内为皇室、衙门等政府机构、仓储以及驻军用地。宫城以南为皇城，与宫城等宽，间隔横街。全城东西横街十二条，南北直街九条，将长安城划分为一百三十个网格，一百零八坊。城内设东西两市，各占两坊（图 2-2）[2]。

里坊是基本的城市单元，城市规模根据坊数而定，长安为最大。坊的尺度相当于明清的小县城，很多坊内有日常所需的商业。除皇城最南边的坊之外，一般坊四面开门，并以 15m 宽十字街联通，将坊分为四大区，每区内再用 5~6m 宽的十字街分为四个小区域，坊内共计 16 区。每小区内有小横巷，称"曲"。坊内布置住宅和寺庙，王公贵族最大可占一坊，普通居民居于曲中（图 2-3）。

3）明清——北京

明清北京的城市格局总体延续了周礼的筑城思想和唐长安里坊制的格局，同时接受了宋汴京破里坊墙改街道的做法，形成了街坊式格局。明北京城是在元代都城——元大都的基础上重建，宫城南移而轴线未变，依托宫城后的万岁山和左右对称的太庙与社稷坛强调了中轴线。城内沿用元的布局，规则整齐，外城则自由发展，道路系统不规则。明北京内城二十八坊，外城有八坊，无坊墙（图 2-4）[3]。

清代的北京继承了明代的格局，局部做出改造，主要集中在旧城的填充和改造以及西北郊和南郊的园林用地的建设。其次，清代北京还做了城市用地性质的局部调整，皇城之内，保留了宫城——紫荆城，撤销了一些机构和仓储用地，改为庙宇和居住用地。清代八旗制度也是促使都城用地格局改造的原因之一，王府的改造和建造是重要的建设内容[4]。北京的外城在明代的基础上进一步繁荣，商业发达，会馆林立。

4）明南京——与自然结合的典范

明代南京城市可谓中国城建历史上为数不多的依托自然山水而建造都城的典范。洪武八年，明政府定南京为京师，开启了南京城的建设，城市格局和主要建设均在明太祖八年到洪武末年期间的二十余年形成。明建都之前，南京已经有过数次建都的历史，虽然时间都不长，但是为南京这块土地上留下的旧市区已是街道纵横、房屋密集。明南京城的筑城理念延续了周礼的传统，按照当时城市的主要的宫城、军事区和市区三大功能区在空间格局上作了大的调整，而宫城的选址及宫城的防卫性是城市整体空间布局的核心。南京北临长江的威胁，南为旧市区，西临长江，故宫城选址在城东。顺应长江在南京的走势，明南京置西北方为军事区。避开旧市区在城东建都城，而宫城、皇城以及官署区域依然遵循周礼，沿轴线对称布置。利用外秦淮河并借力城内数座小丘铸造了举世闻名的南京明城墙，围合了皇宫西北，城北和沿江一带（图 2-5）。

市区的布局定型于洪武十三年，根据统一编户制度，按不同职业划分为手工业区、商业区、官吏富民区、风景游乐。南京的街道分为三等，官街、小街和巷道。官街是主干道，接宫城、军事区和市区。市区的官街可容"九轨"，约24m，左右设有官廊，总宽度近30m。明南京的筑城理念摒弃了隋唐的网格形制，根据自身的社会发展状况，军事需求以及复杂多变的地形，创造出山水城林交相辉映的都城。

2.1.2　欧洲古代城市及文艺复兴时期的筑城理念

欧洲大陆的城市从起源到理想的古典城市模型及理论经历了漫长的发展阶段。从古代集市雏形到希腊的雅典卫城，此时已经有了简单的城市肌理形态的分区：雅典卫城作为宗教区以祭祀线路组织建筑群，另一个则是市民的日常生活区包括了居住和商业。古希腊时期，已经开始采用格网作为城市形态的组织方法，典型的案例是米利都城（图2-6）。

阿尔及利亚境内的蒂姆加德城遗址是公元100年前的一座古罗马帝国殖民的城镇，作为古罗马时期典型的军事要塞城，它充分体现了罗马城市规划的格局。方形格网是组织城市的基本要素；城市既有贯穿南北的主要商业街，也有横贯东西以文化设施为主的街道；此时城市已经有了教堂、会议中心、剧场、浴场和图书馆等城市公共设施。到了奥古斯都和君士坦丁时期，罗马城除了完备的宗教和文化设施之外，还具有高度组织的道路体系、桥梁和渡槽系统等各类基础设施，成为名副其实的欧洲中心的大城市（图2-7）。

欧洲中世纪有案可查的城市规划、营造文字和人名较少，留存至今的欧洲中世纪城市实例大多是壁垒森严的城堡、蜿蜒狭窄的街巷、高耸的哥特式教堂和拥挤密集的多层居住建筑群，城里为数不多的空地就是教堂前形态各异的广场。大多数文献称欧洲中世纪城市是以有机或自组织为特征的城市形态，厚实的城墙、狭窄的街道和哥特式教堂成为中世纪欧洲城市的三大形态要素。欧洲中世纪的城市是在罗马帝国的军事和民事权力缓慢崩溃，庄园制度的兴起的大背景下产生的。最初经济来源是围绕城堡的农业，之后随着商品交换对经济发展的推动，城中聚集了大量的商人、货栈和交易场所。文献记载，欧洲中世纪的街道都是商业街，狭窄蜿蜒的街道所产生的特殊魅力成为后世乃至现代城市设计者们心目中优秀城市空间的范例（图2-8）[5]。

文艺复兴运动是对经典世界概念的复兴，并创造了重新定义世界的新观点。它的重要性在于打破了中世纪铸就的封建神学枷锁，促成了思想解放。欧洲文艺复兴不仅是思想领域的一次伟大变革，而且奠定了近代科学的基础，推动了人类科学与文明的进步。

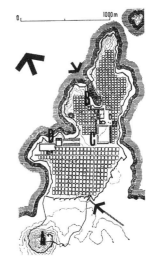

图2-6　米利都城（Miletus）。冯·格坎发掘的总平面图。A—早期加固的山顶定居点，卫城的一种形式；B—主要港口；C—综合市场；D—剧院和其他文化/休闲活动设施。

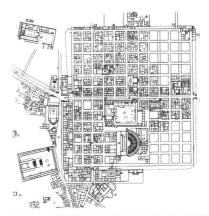

图2-7　罗马网格规划理念下的蒂姆加德（Timgad）。这可能是以网格为基础的罗马帝国时期城市规划中最常见的例子。

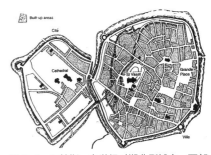

图2-8　阿拉斯，中世纪时期典型城市。西部小城起源于罗马时期，东部的中世纪城镇在圣瓦斯特修道院周围发展起来，并形成商业区

文艺复兴时期，建筑设计语言逐渐成熟，理想城市的空间结构也逐渐形成。受到自然科学兴起的影响，意大利建筑师崇尚用规则和简单的几何形状建造建筑物和构筑城市空间。此外，文艺复兴时期是欧洲城市化进程的形成时期，村庄开始被城市所取代，许多新城市在意大利形成。在建筑理论中提及的"理想城市"的模型开始逐渐形成，和自然生长的中世纪城市的开放空间形成鲜明的对比。由于城市的市民是文艺复兴城市的主体，所以文艺复兴的城市功能更为多元和丰富，除了公共建筑、居住建筑和城市防御之外，城市的市政广场和集会广场（宗教）成为市民共有的公共空间，同和城市绿地。与功能相适应，文艺复兴的城市结构包含有三个层次：笔直的主干道、网格街区以及由建筑物围合的广场。文艺复兴城市美学原则是建筑美学规则的扩展，文艺复兴的城市空间组织追求内在的平衡，形成一种有限空间内的精致[6]。在设计方法上讲究比例、平衡、强调立面设计、强调街道透视的远景聚焦物、强调建筑材质的一致性。这种对城市街道空间的品鉴原则一直对当今的城市设计评价标准和审美标准依然有着重要的影响。在此，有必要介绍文艺复兴城市的两个经典城市模型和经典案例。

1）斯福津达与帕尔曼诺瓦

斯福津达（Sforzinda）是安东尼奥·迪皮特罗·艾弗利诺伊（Antonio di Pietro Averlino，常称为菲拉雷特 Filarete）在 15 世纪设计的最早的理想城市之一（图 2-9）。这个理想城市的平面是：在一个圆周内置于两个相互叠加的正方形，构成了圆形加内置八角形共同组成的城市平面外轮廓，它的主要功能是城市的防卫体系。圆形是护城河，八角形则是城墙，八角形的每个顶点都设有一个警卫塔，护城河与城墙之间的空地是城市的防御空间。八角形的顶点和护城河之间可以用桥相连接，形成防卫能力非常强的城市与外界联系的出入口，顶部与城市中心相连，形成了链接城市中心和城门 8 条主要道路，伴随街道设有运河用于运输物资。主要道路之间再各加一条放射形交通道路，形成了 16 条放射性城市道路将城市中心与边缘连在一起。在城市中心和城市外环之间，菲拉雷特又增设了一条圆形的内环路用于将 16 条放射性道路串联在一起[7]。菲拉雷特在城市中心设置了三个独立广场作为全体市民的主要公共活动空间，同时，在内环路与放射形路的交叉点分别设置了市场和教堂。

作为意大利文艺复兴理想城市的原型，虽然斯福津达从未被建造出来，但是它形成的范式对后续的意大利城市甚至欧洲的城市理论和实践影响很大。它强调了城市的公共中心，将行政、宗教和市民活动结合在一起，改变了中世纪以宗教为中心的集聚方式，充分体现了文艺复兴时期对建成环境的理解与期望。其次，文艺复兴理想城市的范式已经开始体现出对城市交通结构的重视，也体现出城市功能分区概念的雏形，当

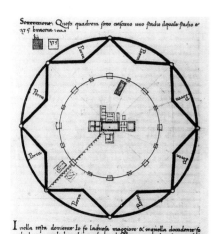

图 2-9 菲拉雷特的理想城市——斯福津达，1460-1464 年

然，该城市结构的核心是强大的城市防御功能。

意大利帕尔曼诺瓦（Palmanova）是意大利东北部的一个要塞小镇，是保存完好的典型的文艺复兴城市。从帕尔曼诺瓦城市平面可以看出它几乎是一个现实版的斯福津达，所以成为研究文艺复兴城市的主要范例。该要塞于 1593 年开始修建，目的是保护威尼斯共和国的东部边界免受土耳其入侵的威胁，同时新建设一个城市抵御来自奥地利的不断增长的各方面压力。帕尔曼诺瓦城受到文艺复兴理想城市规划设计思想的影响采用了八边形的城市形态和放射形道路格局（图 2-10）。城市中不仅有公共建筑围合的市民空间，也有居住建筑围合的休闲绿地。这座要塞城有三个大门可进入，城市礼仪性道路和战时交通要道有分有合。在防御方面采用了当时军事工程最先进的护城方案，第一层防御圈由护城河保护，第二层由防御工事和城墙组成，17 世纪完成了第二层（图 2-11）。

2）港口城市的原型与弗里德里希施塔特

与意大利文艺复兴同时期，著名的荷兰数学家和科学家西蒙·斯蒂文（Simon Stevin）提出了另一个充分体现港口城市特色的理想的城市规划方案。1594 年，斯蒂文出版了《防御工事》（*De Sterctenbouwing*）一书，在其中提出了建造堡垒的指导方针。就整体城市而言，他提出了理想城市最合适的形式应该是矩形的，其短边与海岸平行。城市中间与长边平行规划了一条中央河流或运河，运河构成了城市中央的主要轴线，穿过整个城市通向海边。与主河流平行的次级水道，三条水道的两岸将城市的居民点划分为四大部分。与城市主轴相垂直的是城市的第二条轴线，设置了包括政府中心在内的最重要的社会和公共建筑。军事建筑像堡垒一样建造，有防御墙、运河、船闸、堤坝和桥梁。所有的功能设施都有明确的职能和定位，所有设施都易于通过水路或垂直街道网络相连接。斯蒂文的城市规划代表了典型的荷兰人对自然、航运、经商和生活的认知，不仅对欧洲港口城市的布局有着和大的影响，对荷兰在亚洲殖民地城港口城市的布局也有影响（图 2-12a）。

德国小镇弗里德里希施塔特（Friedrichstadt）可以看作是斯蒂文理想港口城市的现实版本。弗里德里希施塔特位于德国石勒苏益格—荷尔斯泰因州（Schleswig-Holstein）的北弗里斯兰（Nordfriesland）区，坐落在埃德河附近。该镇始建于 1621 年，一群荷兰反政府者为逃避迫害，应弗里德里希三世的邀请在此定居。为了表达感激之情，就用弗里德里希的名字命名小镇。荷兰人在这里按照自己的建成理念建造了一个家园，拥有荷兰风格的住宅和运河。虽然小镇规模不大，它的基本布局依然体现了斯蒂文的规划理念，即运河是城市的中轴线并直通城外的水域，与运河轴线相垂直的是行政主轴，城市住区以规整的格网划分居住街区。镇上充满美丽而独特的荷兰文艺复兴时期建筑，有时被称为"小阿姆斯特丹"（图 2-12b）。

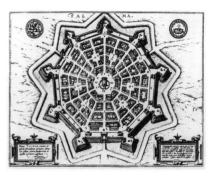

图 2-10　帕尔曼诺瓦（意大利）平面图。图片来自布朗和霍根伯格的《寰宇城市》

图 2-11　城墙转角防御工事形状及其防御性能比较示意图，菱形的防御工事较圆形工事消除了射击死角

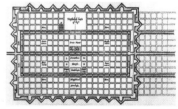

（a）在斯蒂文的网格规划里，将文艺复兴时期城市理论与荷兰实用主义相结合。运河被编织进城市的肌理，既是为了经济，也是为了防御。宫殿建筑群以及重要的公共建筑和广场占据了街区的中心地带，而社区教堂和市场则统一分布在城市各处。此外，该规划还为城市扩张留出潜力

（b）德国小镇弗里德里希施塔
图 2-12　斯蒂文的理想城市

从意大利开始，文艺复兴时期的建筑和城镇规划思想在16世纪逐渐传播到法国、17世纪的英国和17世纪末和18世纪的美国；由于在美洲、非洲、印度、远东和澳大利亚建立了欧洲殖民地，因此，文艺复兴时期的建筑和城镇规划思想传播更为广泛。另一方面看，理想城市是文艺复兴时期设计层面理性主义、功能主义和功利主义观点的象征。但没有政治和经济支持，理想的城市就不可能在现实中形成。因此，规则的几何学，具有强烈城市视角的直街和新的理想城镇呈现出早期资本主义和中央国家的力量。

2.1.3　现代城市的需求与设计

工业革命推动了整个社会的巨大变革，现代武器打破了古典城市的防御布局，交通方式扩大了城市的尺度，机械化生产对劳动力集聚的方式促成城市生长和转型，西方发达国家率先进入城市化进程。和任何一个时代不同，在城市化进程中扩张、更新和成长出的现代城市的基本性质是经济快速增长的发生器和引擎，它存在的第一功能是产生经济效益。从产业的经济效益来看，第三产业的效能远高于第一和第二产业，而城市则是积聚高效能的第三产业的基地，列斐伏尔的"空间生产"理论清楚地揭示了现代城市空间的本质。

20世纪50年代世界人口城市化开始加速，在经历了50多年的发展后，世界人口城市化水平从1950年的29.7%（7.49亿人）上升到2000年的47.0%（28.45亿人）。在2000—2005年间，世界城市人口以每年6200万人的速度增加。根据联合国《2018年世界城镇化展望》报告，2050年世界城镇人口总量将增加25亿，城市已经成为人类的主要聚居地。

国际现代建筑协会（CIAM）成立初期认为现代城市是现代建筑的基础。同时他们逐渐意识到现代城市的内涵和构成与传统城市有着本质的不同，因此，现代建筑的先驱们开始探讨现代城市的功能和空间分配。长期以来对我国城市规划影响巨大的《雅典宪章》诞生于1933年，即CIAM的第四次大会上由柯布西耶为核心的一组建筑师提出。《雅典宪章》明确了现代城市的四大功能：居住、工作、游憩与交通，针对现代城市生产和生活功能并置的特征，提出了现代城市功能分区的理论。事实上，城市功能分区理论源自对现代城市粗浅而朴实的认知，试图在满足城市生产功能的前提下解决城市的生活的质量。然而，实践证明现代城市的复杂程度是现代主义先驱们始料未及的。现代城市中的生活质量远不是功能分区就能够解决，且简单的功能分区反而会给生活带来另一些问题。

事实上，现代城市发展依托的是城市经济，而城市经济是以城市为载体集聚各类生产要素，依靠规模效应、聚集效应和扩散效应的地区经济。城市的功能、城市人口和城市实力都依赖于城市的经济，因此，现代城市和传统城市最大的区别是城市所扮演的角色发生了巨大的变化。尤其是在全球经济时代，商品流、人流、资金流、信息等建立在当代城市网络体系之上，城市发展的潜力早已超越了地域的限定。在这种态势下，每一个城市的执政者都试图从全球的角度对自身城市空间资源作价值判断，思考发展方向，而无法也不可能像传统城市那样，仅仅考虑自身的文化认同与生活需求。

另一方面，城市人口增长的动因是城市的经济实力和活力，不仅促成了人口从农村向城市集聚，而且促成人口在城市间流动。在城市化后期，人口在城市间流动成为常态，由于产业资源丰富的大城市对人口的吸引力远远大于中小城市，所以人口不断地往大城市集聚。城市化初期，人口集聚的动力以第二产业为主，城市化进入成熟期，以服务业为主的第三产业将取代第二产业成为推进城市化发展的主要动因。第三产业的比重将超过第二产业，第三产业的就业人口将在城市人口中占有重要地位。以服务业为主的三产和人们的生活紧密相关，所以现代城市的生活空间和生产空间是相互交织在一起的。其次，新型高新技术产业改变了传统工业甚至农业的工作方式，随着传统行业的转型，产业空间和城市空间的融合度大大提高。当然，城市空间的复杂程度也大大增加。

不仅如此，由于现代城市规模比较大，交通问题一直是现代城市空间的痛点；同时，人口高度集聚还会派生出城市热岛效应、水资源匮乏和环境污染等传统城市未曾遇见的问题。另一方面，在全球经济的运作下，不少产业从劳动力成本较高的发达国家向劳动力成本低的欠发达国家转移，产业的转移也会带来了人口的流失，欧美发达国家已经出现了开始衰落的城市，如美国的汽车之城——底特律。所以，现代城市不仅要解决发展的问题，还面临着巨大城市更新和城市复兴等一系列可持续发展的问题。

综上所述，我们可以看到现代城市和传统城市面临的是完全不同的问题，因而认知与处理问题方式和方法会截然不同。尽管城市的生存依赖于经济的可持续发展，然而作为人类的生存场所的城市空间必须考虑人的生存质量。较之于传统的筑城方略，现代城市设计的内涵要丰富得多。面对现代城市的密度问题、交通问题、公共空间和社区问题，现代城市设计就不可能是一项个人的艺术创作，而是在不同学科共同努力下，针对现代城市空间的各类质量问题进行设计，目标是塑造健康的、可持续的、符合公众利益的城市公共空间。亚历克斯.克里格（Alex Krieger）提出了城市设计的十项任务：弥补现行城市规划和建筑设计之间的空白、提出城市物质形态控制的导则、塑造公共空间形态、促进城市复兴、实施场所营造、控制城市蔓延、整合城市基础设施、构建城市建筑景观、参与社区建设和坚持城市空间的公平性[8]。

2.2　城市设计实践的历史

2.2.1　19世纪中叶巴黎的城市建设[9]

如果说意大利是欧洲文艺复兴的中心，那么法国则是欧洲启蒙运动的中心，17~18世纪的巴黎则是欧洲文明的一个重要窗口。作为法国的首都，巴黎不仅是法国的政治、经济和文化中心，也是重要的交通枢纽和国际交往中心和旅游胜地，更是具有悠久历史、代表欧洲文化的世界名城。

巴黎始建于公元888年，12世纪菲利浦·奥古斯都统治时期在塞纳河上以城岛为中心，跨河两岸建设城市，形成巴黎市中心的雏形。欧洲的文艺复兴在认识论和方法论两个层面推动了整个欧洲大陆社会文明的进步，科学进步带来了生产力的突破。此时法国由于其国力的增长逐渐成为欧洲城市文明的中心，其城市建设在17~18世纪尤其是路易十四执政期间取得了很大的进展。这个时期城市的发展主要集中在塞纳河右岸，建成了以卢浮宫东廊、公主广场、路易大帝广场和一批展现胜利和成就标志的纪念柱和城市雕塑，拿破仑一世时期又增添了星形广场和雄狮凯旋门等，为巴黎作为艺术之都奠定了基础。从18世纪起，当局对新建街道宽度和沿街建筑高度作出规定；1724年规定市区新建道路计划须经国王诏书批准；1783年又有关于新建街道宽度的规定。

18世纪末19世纪初欧洲的工业文明已经带动了城市化的启程，人口逐渐向大城市流动。19世纪中叶，作为欧洲大陆中心城市的巴黎人口已经拥挤不堪，18世纪留下的巴黎无论在城市规模上还是在城市基础设施或居住条件等方面完全满足不了涌入人口的需求。历史学家雪莱·赖斯在她的《巴黎观点》一书中断言，"19世纪上半叶的大多数巴黎人认为（街道）是脏的，拥挤的和不健康的……被泥土和临时的棚屋覆盖，潮湿和恶臭，充满了贫穷的迹象，以及由于管道不完善和有缺陷的下水道系统留下的垃圾和废物的迹象……"（第9页）。这种状况显然和巴黎的城市地位不相匹配，巴黎如何与时俱进是摆在法国执政者面前的难题。此时法国是拿破仑三世的时期（1852–1870年），1853年6月22日，拿破仑三世把这个任务交给了奥斯曼（Geonges Eugene Haussmann）男爵（1809–1892年），要求他向世人展示一个"现代化"的巴黎。具体的任务是：通过城市更新，建设一个代表新兴资产阶级城市形象的巴黎，表达一个新世界的中心（图2-13）。其次，解决城市增长带来的住房、交通和卫生问题。最后，解决城市开发的资本问题，使城市成为资本实现自我更新。

奥斯曼成立了一个机构，可以算是后来城市规划局的雏形。为完成任务，奥斯曼从如何表达城市形象入手，通过路网规划、街廓规划和建筑界面形式语言的规则的制定，向世人呈现了一个至今一直保持城市魅力的巴黎。

图 2-13 奥斯曼巴黎规划图

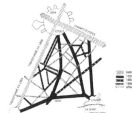

图 2-14 街道结构变化年代图

图 2-15 特殊地块重点设计提示图，这些地块的出让前必须附带建筑可行性研究

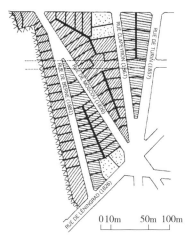

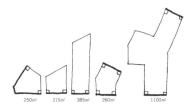

图 2-16 三角形的街区导致大量不规则地块的产生，奥斯曼要求建筑师在地块出售之前确定相邻地块划分线必须垂直于道路红线，便于后续的建筑设计

路网规划：奥斯曼的路网规划的目的是通过城市空间视觉结构感知城市的魅力，并享受城市的生活。为此，他和他的同伴们首先将之前各个时期建设的重要建筑遗产、军功柱、凯旋门和城市纪念性雕塑等作为表达城市魅力的景点和城市节点保留下来，并打通城市空间节点之间的视线（街道）（图 2-14）。在此基础上再形成城市交通环路和路网体系。这种以视线为导向的街道体系在展现巴黎空间资源方面的确发挥了重要的作用，身处巴黎，人们感觉到处是历史景点，多方位地体验到城市的魅力。结合街道路网的建设，奥斯曼建设了巴黎庞大的地下管网体系，不但彻底解决了当时城市的下水和排涝问题，而且其前瞻性的决策使得巴黎地下管网时至今日依然运行良好。

街廓规划（block）：由于奥斯曼的路网是在老巴黎的基础上强行打通的，它撕裂了原有巴黎城的街廓，所以奥斯曼在打通路网的同时就需要重新构筑街廓，以及修补街廓（图 2-15）。由于奥斯曼建构路网的依据是景点的连线，所以巴黎城市的路网是极不规则的路网，街道的交角少有正交，锐角相交的街道也不在少数，这就形成了许多三角形和梯形的街廓。为此，奥斯曼要求在土地出让前建筑师必须先划出有效地块，保证盖房的可行性和实用性（甚至房子的内院边线都划定下来），使得每个地块的效益最大化，不浪费一寸土地（图 2-16）。

街道立面：对于奥斯曼来说，街道立面就是城市的脸面，具体落实是每一个建筑的立面。为此，如何统一建筑立面规则是关键。奥斯曼严格划定了城市的公共空间和私有空间之间的界限，公共空间不仅包括城市公共空间结点，而且包括了连接结点的街道。因此，奥斯曼要求所有的街道立面必须沿着街廓连续包裹，不允许地块之间有缝隙，如果需要进入内院可以在底层设通道。由于街道两侧的建筑或同一街区相邻的两个建筑都分属于不同的业主，建构立面的连续性不仅需要建筑高度上的相对统一，而且也需要在每层的层高上有严格的规则。奥斯曼接受了巴黎美院建筑师的建议，在建筑风格上统一采用了源自意大利的古典主义风格（此时称作新古典 New classical）。意大利古典建筑风格不仅以它天生的高贵符合巴黎新兴资产阶级的品位，而且它内在的组合方式带来的稳重，非常适合于代表国家表达新世界的理念。所以巴黎美院的建筑师大显身手，结合当时建设量的和功能的需求，成就了巴黎式的古典建筑风格，构筑了历时 100 多年至今依然令人向往的城市景观。

2.2.2　19世纪中叶巴塞罗那的城市建设[10]

位于西班牙的伊比利亚（Iberia）半岛东北部的巴塞罗那是西班牙加泰罗尼亚（Catalonia）自治州的首府，也是西班牙的第二大城市。公元前 2300 多年，迦太基人（Carthaginians）开始在此生活，公元前 1 世纪罗马人征服了这片土地并开始筑城，到公元 12 世纪巴塞罗那已经发展成为欧洲地中海地区有影响力的贸易港口。13 世纪之后巴塞罗那城市的发展开始突破罗马老城，构筑了新的城墙和城门。15 世纪城市公共设施的发展突破了城墙的约束，向西大面积扩张，第三次重新构筑了城墙，最终形成了目前可见的巴塞罗那老城区（CiutatVella）。

图 2-17　塞尔达巴塞罗那规划

18 世纪内战的结果是巴塞罗那城向西班牙菲利普五世的军队投降，形成于 15 世纪的城墙成为西班牙政府控制巴塞罗那城市的重要手段。然而巴塞罗那港口的优势和地方手工业的兴旺推动了社会进步，城墙成为巴塞罗那城市发展的严重阻碍。进入 19 世纪，欧洲各国先后面临着城市拥挤的问题，城市扩张成为共同的趋势。1854 年西班牙新政府宣布了废除限制城市发展的城墙，使得巴塞罗那积蓄已久的城市扩张欲望再次兴起。1855 年加泰罗尼亚的市政工程师伊尔德方斯·塞尔达（Ildefonso Cerda）第一个向西班牙政府提交了他的城市发展设想和具体的方案，打开老城的边缘。1859 城市行政部门决定以竞赛的方式选拔巴塞罗那城市扩张的总体方案，塞尔达在原有方案的基础上进一步深化，整体保留了老城的格局基本不变，而在老城之外由东向西用均匀的格网构成基本城市的路网，形成去中心化的城市格局，同时融入了对外交通体系和铁路等基础设施（图 2-17）。城市街区主要由底层为商业的居住建筑构成，并按生活需求在相应的格网中配置菜市场、学校、教堂和医院等公共功能设施。

塞尔达的基本格网轴线为 133×133 的方格，塞尔达针对当时欧洲拥挤的大城市抵御传染病能力非常差的问题，决定以增加房屋间距和提高日照条件的方式来改善城市"公共卫生"条件，因此，决定路网尺寸的首要因素是"公共卫生"。按当时的最佳健康居住标准人均 6m³ 考虑，街区尺寸为 113m×113m，街区角部切了 45° 倒角使得转角视线更为通常安全。塞尔达的均质格网体系街区居住建筑最初是两个平行条形建筑，后改为 U 形，最后实施的是全封闭的"口"形。建筑高度最初设计为 20m，实施时在开发商的要求下加高了 2 层（图 2-18）。

图 2-18　Cerda 街区建筑演进过程

城市交通和城市对外货物交换的能力是塞尔达考虑的另一个重要的因素，他认为对于城市发展来说如何吸引资本的介入是最重要的因素，所以城市空间设计中应该不仅为资本提供充足的生产空间，而且还要提供便捷的物流空间。他在规划中考虑了和首都马德里直接联系并直达市中心和港口的斜向大道作为城市的快速通道（50~80m 宽），解决城市东西两个对外门户的交通问题。规划了铁路线和火车站站点。城市内部的街道除了几条重要的几条宽度为 35m 外，基本街道宽度为 20m。对于每条街道，塞尔达都设定一条简单的规则：街道分为两个相等的部分，一个用于车辆，一个用于行人。

塞尔达的巴塞罗那扩展规划确切地说是一个实施的整体城市设计，它包括了城市空间发展规划、城市基础设施规划、老城保护、健康规划以及城市物质空间的细部设计。塞尔达城市设计的亮点是准确把握了城市化进程的特征，并预见了扩张的态势。为此，首先，塞尔达采用了一个开放、均质的格网作为城市的基本构架，为今后城市不受限制地发展奠定基础；其次，塞尔达主张通过空间规划促进社会公平的建立，反对传统城市的中心、轴线等划定等级的空间设计，强调城市各阶层生活区域空间分配均质化；最后，塞尔达的设计不以视觉组织城市空间，而是以城市公共卫生需求、交通运行优劣和城市生活规律为依据设定街区单元，进行空间布局。

2.2.3　阿姆斯特丹南部新区扩张规划

荷兰城市阿姆斯特丹是一个古老的港口城市，自公元 12 世纪开始，以老城的港口为核心逐渐向两侧扩张，形成了现在阿姆斯特丹呈放射状的老城区。进入 16 世纪之后（1585-1672 年）是阿姆斯特丹的黄金时期，该城的商业进入全盛期而成为世界的主要市场。此时老城的格局已经初步形成，1613 年构筑了防卫的城墙，1663 年环形运河整体工程完工的同时，老城得到再次扩张（图 2-19）。

受到欧洲整体城市化进程的影响，阿姆斯特丹在 1850-1920 年期间城市人口增加了三倍，城市空间拥挤不堪，城市规模亟待扩张。此时，政府决定城市向南部发展。1904 年作为阿姆斯特丹的重要建筑师的贝尔拉格（H.P. Berlage）接受了阿姆斯特丹市议会要求，做南部新区的扩张规划。贝尔拉格是阿姆斯特丹人，在瑞士苏黎世高等工业大学完成了他的学业——建筑学（1875-1878 年），在回到阿姆斯特丹之前，贝尔拉格用三年的时间游历了欧洲，受到了欧洲早期现代建筑思潮的影响。在荷兰贝尔拉格被认为是荷兰的"现代建筑之父"，是他在荷兰的传统和现代之间架起了桥梁。贝尔拉格的建筑思想成为阿姆斯特丹学派的理论基础，

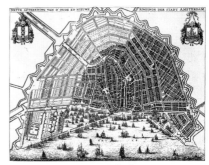

图 2-19　1663 年的阿姆斯特丹

图2-20　南部新城Zuid区1904年规划

图2-21　南部新城Zuid区1915年规划

图2-22　1915年，贝尔拉格绘制的阿姆斯特丹南部计划的最终版本。他划定街区，设计了共享庭院式住宅区，其大规模和整体的统一意在消除阶级差异。

同时也影响了现代建筑的先锋——风格派以及后续的学派。贝尔拉格在阿姆斯特丹的建筑实践及其作品为他带来了荣誉，请他参与阿姆斯特丹南部新区的扩张规划（Plan Zuid，First Draft Design）似乎是件顺理成章的事，然而他拿出的第一轮方案遭到了否定，理由是既浪费财力又不现实。贝尔拉格在规划中提出了蜿蜒街道结构，他的初衷是通过蜿蜒的街道结构使得新城和老城蜿蜒的河道与道路结构取得紧密的关系（图2-20）。

1915年贝尔拉格拿出了他的第二轮方案（Plan Zuid，Second Draft Design），新的城市设计方案完全放弃了老城同心圆结构模式，而采用了大部分城市都采纳的正交格网结构，稍有不同的是贝尔拉格的网格不是通常的方形网格，而是采用了和老城类似的狭长的矩形网格。贝尔拉格的南部新区规划在空间格局上独立于老城而自成体系，由主干道将新老区分开，并用多条次干道和老城的道路连接起来。该规划有着自己独立的中轴线，并有一条贯穿东西的绿带，可以说，这个规划在空间结构上吸收了当时各国城市新区规划的优点（图2-21）。该规划在1917年得到市议会的批准之后开始建设（Planning Amsterdam）[11]。

在城市形象设计方面，贝尔拉格坚持城市建筑要有一个整体的基调，像老城一样形成阿姆斯特丹独特的风格（图2-22）。为此，当时的阿姆斯特丹学派的对砖砌建筑的探索受到了普遍接受，它既延续了阿姆斯特丹老城的总体质感，同时对砖的独到的理解和创意又充分体现了当时现代主义的理念。1917年至1925年间阿姆斯特丹学派（部分表现主义建筑师）的建筑师设计大部分街区的建筑，风格统一，局部充满个性化创意。

2.2.4　费城的城市更新计划与实践[12]

坐落在美国东部的费城（PHL，Philadelphia）是美国第六大城市，它不仅是美国最老、最具历史意义的城市，也是20世纪城市更新方面的优秀设计范例。

该城始建于1682年，它的开拓者是威廉·佩恩（William Penn）。费城在美国革命中发挥了重要作用，作为美国开国元勋的聚会场所，1776

年的美国"独立宣言"和 1787 年的美国宪法都在此诞生。费城是革命期间的国家首都之一，在华盛顿特区正在建设期间，它也曾是美国的临时首都。在 19 世纪，费城成为美国的主要的工业中心和铁路枢纽，接纳了涌入来自欧洲的移民，其中大多数来自爱尔兰，意大利和德国人，此外费城也是非洲裔美国人在内战后大迁徙期间的首选目的地，1890 年至 1950 年间，该市的人口从 100 万增加到 200 万。

费城的中心城市的建设是依照威廉·佩恩的调查员托马斯·霍姆（Thomas Holme）的测绘图而创建的。城市选址定在特拉华河（Delaware）和斯库尔基尔河（Schuylkill）之间，形成一个由规则格网组成的镶嵌在两条河之间的城市（图 2-23）。城市规划初衷旨在方便交通出行，并试图在住宅区之间有足够的开放空间防止火灾蔓延。根据佩恩的计划，城市中心将建立五个公园，并于 1824 年重新命名为中心广场（宾夕法尼亚广场），东北广场（富兰克林广场），东南广场（华盛顿广场），西南广场（里滕豪斯广场）和西北广场（洛根圈广场）（图 2-24）。两河之间的费城城区不仅是费城的发源地也是目前城市人口最集中的地区之一。

第二次世界大战后美国城市展开了大规模的城市更新运动，开始了一轮城市更新的高潮。1946 年毕业于康奈尔大学建筑系的艾德·培根（Edmund N. Bacon）回到了他的家乡费城，并参与筹建费城城市规划委员会的工作，1949 年培根担任规划委员会执行主任直至退休，因此，培根也被称为"现代费城之父"。

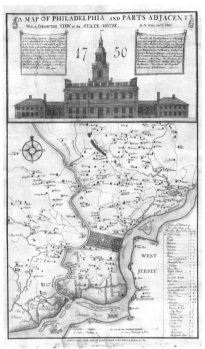

图 2-23　1750 年费城总图

费城的城市更新设计之所以被认为是城市设计的优秀案例，主要表现在三个方面：首先城市设计师培根用城市空间结构作为抓手将费城历史建筑遗产、城市事件、滨河资源和城市绿地组织成整体的城市公共空间，并用贯穿两河的东西轴线串接在一起，形成市民可认知可享受的城市空间。其次，培根极为重视城市空间的塑造，建筑成为培根表达城市意向的重要抓手。最后，培根将欧洲古典城市的空间的精华和现代城市公共绿地系统完美地结合起来，成为城市复兴过程中改善城市环境的重要手段。

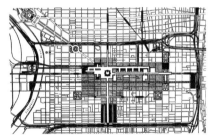

图 2-24　费城规划平面

费城的城市空间塑造理念不仅对当今的费城面貌起到决定性的作用，如著名的社会山区（Society Hill）的复兴总体规划、老城社区与国家独立历史公园、费城中心区、东街市场长廊计划以及城市绿道体系等。

社会山区复兴总体规划：得名于 18 世纪初在该地区建立的自由商贸协会（Free Society of Trade），社会山片区成为富商们优雅宅邸的聚集之处。在费城作为美国首都的时期，这里又增加了许多联邦政府的官员府第和手工业者与工人的联排小住宅。这里工作和居住混合，各种教派的教堂林立，数不清的酒馆和旅店整个片区热闹非凡。19 世纪之后，城市开始越过特拉华河向西发展，为新的工业和商业拓展了更为广泛的空间，社会山地区市区失去了城市中心的地位而逐渐衰败。有经济实力的商户和住户逐渐搬走，

图2-25　社会山片区城市设计

原先精美的房屋年久失修成了廉租房，甚至成了废墟，街区肌理开始支离破碎。低收入的外来移民涌入该区，社区中的一条街也称为食品的集散中心，使得交通和卫生环境进一步恶化。为此，培根在他的社会山区复兴总体规划中首先要移走视为污染源的食品集散地，并在城市南部重新规划了城市的食品集散中心。之后在原食品集散中心所在地建造新的三座高层建筑社会山塔楼（Society Hill Tower）作为该地区复兴的标志，同时也成为城市地标，塔楼在总体平面上精心考虑了与历史建筑老市场的对位关系，以此留下记忆（图2-25）。更加值得一提的是社会山社区复兴规划还包括了一整套街区修缮的规则、经济措施和法律规范，促成了600多座历史建筑利用民间资本得到了修缮，最终社会山社区变成了如今费城著名的历史风貌宜人、街道尺度友好的居住区和观光地。

国家独立历史公园和绿地系统：位于老城西侧存有美国独立革命时期大量较为集中的建筑群，为此，城市1936年专门制定了独立步行区（Independence Mall）规划，该区也是培根的老城复兴计划中的重要抓手。历史公园的规划经过多年的讨论与修订，1965年终于完成设计，并于1966年将列入国家注册历史地名单。为配合重要的自由钟中心和国家宪法中心等有"国家独立"概念的建筑资源，培根拆除了三个街区，打造了国家独立历史公园，为这些具有重大意义的建筑遗产创造了良好的绿色开放空间和纪念活动空间。此外，配合城市复兴，培根没有采用一般城市的中心绿地加行道树的模式，而是用绿地系统将城市街区和历史建筑串联起来构成完整的体系，即配合建筑更新改造了老城的环境，将脏乱差的老城转换成城市的历史资源。

费城中心和东街市场：为重振费城的城市中心，培根和他的伙伴们一起策划了费城中心（Penn Center）费城中央商务区的中心。它的名字来自它所包含的近500万平方英尺的办公室和零售综合体，位于15至19街之间，约翰肯尼迪大道和市场街之间，该项目的植入将费城带入现代办公楼的时代。培根在此计划中还设想了未来城市的商业中心运作和消费模式，他将大型办公大楼、步行商业街和地下广场融合在一起，构成了现代城市商业中心的雏形。此外，为改善城市的购物环境，同时配合消费者的购物习惯，培根和他的同事们一起创建了一个封闭的多层购物中心，并试图将其融入办公室，交通和现有零售的城市景观中，这就是东街长廊市场项目（图2-26）。

图2-26　东街长廊市场透视图

2.2.5　曼哈顿城市街区规划与实践[13]

美国纽约曼哈顿岛是人们心目中的国际大都市，高密度的高层建筑群、中央公园和充满活力的洛克菲勒中心广场都在当代城市设计中被提及，或成为范例。实际上作为城市设计的知识，更应该了解的是起始于1811 年的曼哈顿的城市整体街区结构和路网体系。

纽约曼哈顿只有 300 多年的历史。1626 年当时的荷属美洲新尼德兰省总督从美国印第安人手上买下曼哈顿岛，1653 年曼哈顿成为新尼德兰省省府，并命名为新阿姆斯特丹。1686 年 4 月 27 日改名为纽约并建市，1785 年至 1790 年，纽约市曾为美国国都，首任总统华盛顿曾于 1789 年在纽约市就职。

1807 年 3 月，当时的州立法机关决定通过组成专门工作委员会为曼哈顿制定总体的街区规划，工作委员会成员只有三位由立法机关直接任命，他们是美国的创始之父古弗尼尔·莫里斯（Gouverneur Morris），代表新泽西州的前美国参议员律师的约翰·卢瑟弗（John Rutherfurd）和国家总测绘师西缅·威特（Simeon De Witt）。一个月后，立法机关设置了专委会的职权范围，明确了主要任务是基于公共利益规划街道结构，制定道路和公共广场的宽度，范围和方向。与此同时，专委会被授予了专属权力，有权决定对现有道路进行调整。为此，专委会有四年的时间对曼哈顿岛的地形和地貌做一次全面的测绘，以此为基础制作一张街道地图。

虽然莫里斯并没有被任命为委员会主席，但实际上在专委会中起到主导作用。他们的规划工作也因牵涉到利益的关系遭到许多业主的不满，但是由于专委会拥有立法机构授予的调整或封闭已有街道的"专属权力"，所以无论是市长还是土地所有者只能接受他们的计划。

按照规定专委会的街区规划必须通过纽约市公共委员会的认可，公共委员会主要关心的是城市新区域格局形态，因为在此之前已经有了费城的直线网格和新奥尔良及其他城市的圆形或弧线等更为复杂的系统。1811 年 3 月专委会向提交了他们的规划最终稿，那是一张长 2.4m 的地图（图 2-27），给出了实用性价比最高的矩形格网街区系统，理由首先是"直边和直角的房屋建造起来最便宜，居住最方便"，其次是最容易实地划分以及最有利于有序发展。

该路网系统主要由 12 条主要的南北走廊和许多东西贯通的交叉街道组成，整体路网以正北角向东倾斜 29° 的正常直角网格排列，基本上契合了曼哈顿岛的地理特征。规划图中显示街道宽度的规格比较简单，一

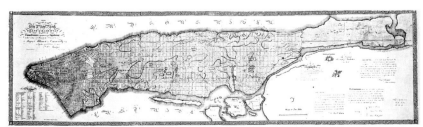

图 2-27　纽约市 1811 年的计划，为后期纽约城市发展奠定了基本格局

般街道宽度 15m，主要街道宽度至少 18m。南北大道和东西向街道的特定尺寸相结合，创造了大约 2000 个狭长的街区，奠定了今天曼哈顿的城市形态的根基。之后的许多年，很多学者对纽约的街区结构提出批评，主要集中在没有完全贴合自然地貌、过分僵硬缺乏美感和公共空间比较少等方面；在城市管理和开发者来看，这是一个非常实用、宜开发好管理的街区结构。

　　1811 年的纽约曼哈顿街区规划仅仅制定了平面规则构架的规则，并没有容积率的控制、高度控制和退界的限定（图 2-28 a）。到了 1916 年，针对城市空间拥挤混乱和缺少日照等问题重新修订了街区建设的规则，试图通过功能分区解决问题。此时，针对街区发展规划了单一功能的土地用途如：住宅用地、商业用地和工业用地等等；制定了针对建筑高度的建筑退让规则（1：1.5–1：2.5）；并且对建筑高度也进行了限定，即可建建筑高度为所在地块面积的 25%（图 2-28 b）。随着城市的发展，城市容量成为问题，1961 年，城市再次修订街区建设规则，引入了限定容积率的概念，确定了最大容积率为 25（地块净容积率）（图 2-28c）。2007年城市再次修订城市的管理法规，主要是鼓励私有地块持有者提供服务于城市的公共空间，具体政策为给予提供城市公共空间的业主容积率补偿，最多可达 12%（图 2 –28d）。

 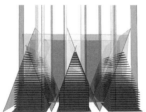 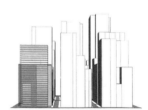 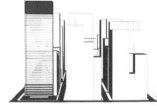

（a）1811 年曼哈顿地块图局部　　（b）1916 年建筑退让规则　　（c）1961 年最大容积率限定　　（d）2007 年容积率奖励政策
图 2-28　曼哈顿街区规划

2.2.6　芝加哥城市街区规划与实践[14]

　　位于密歇根湖沿岸的美国中部城市芝加哥也是一个在城市街区设计方面颇有贡献的城市设计案例。作为一个城市芝加哥比纽约更晚，1833年才设立一个人口仅 300 多人的小镇。作为密西根大湖和密西西比河流域之间的一个港口城市，依托得天独厚的地理位置在 19 世纪中期迅速发展。1871 年的芝加哥大火摧毁了城市的几平方英里，留下了 10 万多人无家可归，该市开始重新建设。在接下来的几十年里，建筑业的繁荣加速了人口增长。到了 1900 年，芝加哥已经成为世界五大城市之一。

　　最初的芝加哥街区网格起源于 1833 年，城市的网格体系依托 1785 年总统托马斯·杰斐逊（Thomas Jefferson）的西北条例之美国领土划分格网体系而定（图 2-29）。与大多数美国西部城市一样，芝加哥的国土测绘网格也是以英里为单位形成方格网，出售土地时将方格网切成四小份，每个定居者可以买到一份。因此，每一小份 40 英亩，约合 160ha，也就是芝加哥 400m 见方的格网。以此为基础，在芝加哥河区域细分出规模较小的城市尺度的方格网，为芝加哥城市提供了规则的格局。城市的主要街道在正方形网格上向南北向和东西向延伸，之后基于城市的基本格网根据需要再细分出可控的城市支路。

1909 年以建筑师丹尼尔·伯纳姆（Daniel H. Burnham）和爱德华·班纳特（Edward H. Bennett）为主完成的芝加哥规划对芝加哥城市后续的发展起到了至关重要的作用，规划中的理念和做法在城市规划史上起到了重要作用。该计划解决了同时期许多城市中心的共同问题，如基础设施不足，对无障碍绿地的需求，城市不同阶层之间的关系，以及如何树立芝加哥的城市形象等问题。为此，伯纳姆在规划中重点完成了六项任务，主要分为三类：**一是改善整体交通综合体**：改善区域公路系统，建构了径向和周向高速公路高速路网；改善铁路枢纽，整合了客、货流线并提高商业价值；完善街道格网体系，开拓了新的对角街道网络并建成其中一条。**二是扩大绿地系统**：该城长达 47km 的湖畔，除了部分建成区外，今天都是公共绿地；建构新的城市外环公园系统，扩建了公园和林荫大道系统；**三是建立市民和文化中心**：包括新的自然历史博物馆、芝加哥艺术学院和克雷尔图书馆等文化设施。

有意思的是伯纳姆庞大计划和芝加哥既有网格体系并不冲突，从而体现了原有格网体系的适意性和适变性（图 2-30）。与曼哈顿城市街区格网体系相比，芝加哥的格网着重强调了方格网应对水文环境、地缘策略、基础设施整合等方面所可能产生的结果，而与滨水空间、交通基础设施的持续交织过程中，极为精密的多层城市系统得以形成，这一方面提供了对方格网进行再阐释与重构的着力点，另一方面也更为广泛地展现出历史演进过程中方格网所具有的潜质，即方格网可以成为什么的广泛可能性 [15]。

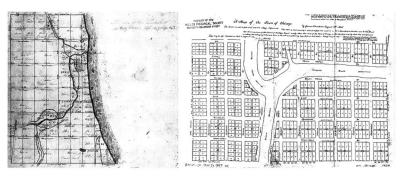

图 2-29　1785 年杰斐逊总统制定芝加哥网络和 1830 年老城测绘图

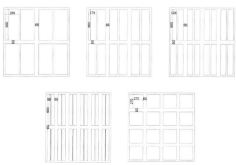

图 2-30　芝加哥网格细分，40 英亩（约 16 公顷）土地的各种方法
图中单位：英尺（1 英尺约 0.3 米）

2.3　城市设计学科的发展

在城市设计领域最早的著作之一是卡米略·西特（Camillo Sitte）1889 年的《根据艺术原则的城市规划》。西特是中世纪和文艺复兴形式的崇拜者。他建议，可以通过回归中世纪小镇的方法来找到补救办法，以此人性化当代城市。他强调城市公共领域的审美品质，使他在城市设计时间线上占有重要位置[16]。20 世纪初的美国城市美丽运动和 1901 年的查尔斯·马尔福德罗宾逊的"改善城市和城镇"和 1903 年的"现代城市艺术"是这一领域的另一个早期努力。

现代城市设计的概念最早于 1943 出现在英国规划师、建筑师帕特里克·艾伯克隆比（Patrick Abercrombie）和约翰·福肖（John Henry Forshaw）为战后伦敦的规划设计思想中，并在第二次世界大战后成为一种专业活动。英国建筑师和规划师弗雷德里克·吉伯德（Frederick Gibberd）在 1953 年为城市设计提供了早期定义。1956 年在哈佛大学设计研究生院（GSD）举行了颇具影响力的城市设计会议，这次会议作为一个起点，为 1956 年之后的城市知识的探索历程打开了视角[17]。

2.3.1　1956年哈佛城市设计会议与现代城市设计学科

在学界通常以 1956 年在哈佛大学举办的城市设计研讨会的召开作为现代城市设计学科诞生的起点。这次会议由时任哈佛大学建筑研究生院（GSD）院长的何塞·路易·塞特（José Luis Sert）主持，由查尔斯·艾布拉姆斯（Charles Abrams）、埃德蒙·N·培根（Edmund N. Bacon）、简·雅各布斯（Jane Jacobs）、捷尔吉·凯派什（Gyorgy Kepes）、大卫·L·劳伦斯（David L. Lawrence）、刘易斯·芒福德（Lewis Mumford）、劳埃德·罗德文（Lloyd Rodwin）、拉迪斯·拉斯塞戈尔（Ladislas Segoe）和弗朗西斯·范厄里奇（Francis Violich）等知名人士参加。本次城市设计会议的召开的背景与国际现代建筑协会（CIAM）的分裂和第二次世界大战之后大量城市建设反映出的问题直接相关。十次小组和 CIAM 的决裂意味着城市理论的一个转向，城市中人的尺度得到了重视。

在这次会议上，哈佛大学设计院学院长乔斯·路易斯·塞特指出，美国城市经过了一段快速发展和郊区化的时期蔓延，"城市美化运动"流于表面的局限性，城市规划体系则关注城市结构，忽视了城市地理、社会、政治和经济的要素。这次会议的目标是找到建筑师、景观建筑师和城市规划者之间共同的基础，形成一门跨学科的专业，即城市设计。在这样的背景下，规划师、政策制定者和开发商，在城市设计的主题下，共同商议美国版的城市建设道路。1956 年的会议主办方将城市设计定义为一个多专业合作的过程，这个过程不仅要求建筑师、规划师、景观设计师，还要求开发商、政府部门和公众的参与。城市设计是在私人投资、公共补贴、开发奖励、政府法规和公共参与相互力量推动下进行的，城市设计者需要引导和处理这些力量。景观设计、建筑和城市规划相互间最直接的联系领域就是城市设计。

自 1956 年哈佛大学第一届城市设计会议以来，塞特在哈佛大学推广城市设计，认为其是建筑、景观和规划的共同平台，城市设计作为当代城市的重要议题和高校教育的重要课程受到全世界范围内的重视。随着当今全球经济结构的转变，城市结构也在逐渐发生变化，当代城市空间提出了和以往不同的需求，也为城市设计赋予了不同以往的内涵。

2.3.2　城市设计在美国

以 1956 年哈佛大学举办的城市设计会议为标志，美国城市设计理论和实践开始产生了大量的成果，城市设计教育也逐渐普及。美国的城市设计带有极其浓厚美国城市文化的色彩，特别强调市民的权益空间，对非物质空间的研究远远大于对具体物质空间设计的研究。

著名的《美国大城市的死与生》的作者简·雅各布斯作为一名新闻工作者和社会学家，她站在市民的角度，重新审视了从欧洲学来的种种城市理论，对比美国城市的实际需求，对美国需要怎样的城市设计提出了自己的看法。基于对美国大城市不同公共空间进行社会调查和街区活力来源的分析，雅各布斯认为城市中最基本的原则是城市多元化，而现代城市规划的做法看似光鲜，但恰恰抹杀了城市的多元性。雅各布斯认为街道和广场是城市最富有活力的场所，它们不仅是交通的需求，也是城市视觉景观最直接的表达。雅各布斯提出城市设计必须满足四个基本条件：①街区中应混合不同的土地使用性质，并考虑不同时间、不同使用要求的功能混合；②大部分街道长度要短，并呈现出拐弯、曲折的形态；③街区中须混有不同年代和条件的建筑，老建筑应占一定比例；④人流往返须频繁，达到一定的密度等，几乎成为后续城市设计的准则。美国学者亚历山大（Christopher Alexander）在《城市并非树形》中，从另一个角度批判了现代主义城市规划的追求清晰的结构体系，提出半网格复杂模式取代树形模式，允许城市诸多因素的交融，鼓励丰富、异质的城市环境。

1961 年麻省理工学院的学者凯文·林奇出版了他的名著《城市意象》，通过城市调研的一手资料，佐证了城市空间对市民的意义，同时证实了城市空间的 5 个基本感知要素及其功用。即：路径、区域、边缘、节点和地标。林奇的贡献是将设计师从之前的二维城市平面图中解脱出来，站到城市空间中去解读城市，才能够理解城市设计元素的意义。另一位学者戈登·卡伦（Gordon Cullen）的《简洁的城镇景观》（*The Concise Townscape*）创造了"系列视觉"的概念，将城市景观定义为一系列相关的空间。

建筑师和建筑理论家罗伯特·文丘里（Robert Venturi）"向拉斯维加斯学习"指出了商业标识对城市空间的重要性，强调了符号在城市空间中的重要地位。纠正了现代城市空间简单的审美标准，为城市设计打开了新的视野。

美国的城市设计和美国的城市管理政策是分不开的，乔纳特·巴奈特（J.Barnett）的《城市设计引介》，基于美国城市的管理方式，从城市公共政策和管理的角度研究了城市设计的任务与方法，从公共政策的角度提出了对城市设计的修正方法，并分别给出了区划（Zoning）、图则（Mapping）和城市更新（Urban renewal）三种城市规划方法[18]。

美国的城市设计实践不乏许多优秀案例，这些案例通过塑造或改善城市物质空间达到改善城市环境同时激发城市活力的目的，效果显著。影响力比较大的是纽约的洛克菲勒中心和高线公园。

洛克菲勒中心（Rockefeller Center）位于美国纽约曼哈顿，占地 22 英亩（约 9 公顷），是一个由 19 栋商业大楼组成的建筑群。设计者将广场、大楼、地下空间与街区联成一体，使 CBD 的商业发展与市民的娱乐、休闲完美地结合在一起，将城市的综合功能发挥到了极致。其中最大的是奇异电器大楼，高 259m，共 69 层。

洛克菲勒中心最具魅力的地方并非标示性建筑，而是它的下沉式广场（图 2-31）。广场虽然规模不大，但使用效率却很高，在夏季是露天咖啡吧、酒吧，冬天则是备受欢迎的滑冰场。环绕广场的地下层里均设高级餐馆，就餐的游人可透过落地大玻璃窗看到广场上进行的各种活动。下沉式广场和中心其他建筑的地下商场、剧场及著名的第五大道都相互连通，创造了人行流动的空间，使得一天超过 25 万的人潮在此穿梭无虞。由于很多庆典活动都乐于在此举行，广场成了美国民众自发聚会的一个地方。它是美国城市中公认最有活力、最受欢迎的公共活动空间之一。洛克菲勒中心创造了繁华市中心建筑群中一个富有生气的、多功能复合化的空间形式，是现代综合体的典型范例。

纽约高线公园（High Line Park）由废弃工业铁路改建而成。"高线"是一段建于 1930 年的铁路货运高架线，在 1980 年废弃，造成了城市空间的浪费以及社会安全隐患。随着土地的增值，政府决定拆除铁路。非营利组织——高线之友（FHL）发起保护和更新城市记忆空间的运动，纽约政府开始组织调查，制定规划框架，组织城市设计竞赛。

自 1999 年开始，这场历时 15 年的城市公共空间复兴运动取得了瞩目

图 2-31　洛克菲勒中心下沉广场

的成果。高架公园为重振曼哈顿西区做出了卓越的贡献，是当地的标志，有力地刺激了私人投资。2005 年纽约市对高架周边地区重新分区在保留已有的艺术画廊和高架铁路条件下，鼓励开发。这里成为纽约市增长最快、最有活力的社区。从 2000 年到 2010 年，新区人口增长了 60%。第三期工程于 2014 年结束，高线公园最终成了独具特色的空中花园走廊，复兴了城市衰败空间，并且带动了周边地区的经济发展（图 2-32）。

2.3.3　城市设计在欧洲

欧洲，尤其是有着古老的城市文明的欧洲大陆各国都有着上千年的城市历史，传统文化与城市文明实际上已经深深给欧洲百姓心中留下了优秀城市的蓝本。20 世纪 60 年代后，从第二次世界大战创伤中走出来的欧洲伴随着经济的腾飞，对美好的城市充满期待。显然，现代建筑引领下的功能城市完全不能满足人们对丰富生活品质的追求，怀念传统城市生活的意境成为社会各类人士的共识，在满足经济增长的同时，重新设计具有文化品质的城市公共空间。通过设计创新来保护古城、旧城复兴等等成为欧洲各国城市规划和设计共同追求的目标，一批城市设计理论由此诞生。

1954 年现代建筑师会议（CIAM）中的十人小组在荷兰发表《杜恩宣言》，对《雅典宪章》发出质疑，并提出适应新时代要求的城市建设观念，以人为本的城市设计观念。十人小组呼吁发展一种新的注重社会文化和人类自身价值的城市规划思想，重新审视欧洲传统文化对城市空间构成的影响。以荷兰结构主义为代表的一批建筑师从建筑空间和形体组合入手，探讨建筑与城市的整体性关系，摒弃孤立的思考建筑的方式方法，开始崇尚空间的模糊性、两可性和多元化。

以萨维利奥·穆拉托里（Saverio Muratori）和詹弗兰科·卡尼吉亚（Gianfranco Caniggia）为代表的意大利城市形态学派，强调了城市形态类型、建筑类型与人的城市生活的关联性，强调城市设计和建筑设计一体化。以阿尔多·罗西（Aldo Rossi）为代表的意大利建筑师，也提出将"类型学"作为建筑设计和城市设计的基础，以古典城市承载人们集体的城市空间记忆。罗西在《城市建筑学》中提出城市是事件的歌剧院，是城市集体记忆的容器，是永恒的结构，服务于持续不断变更的城市功能[19]。

比利时建筑师罗布·克利尔（Rob Krier）则以一部经典的《城市空间》（*Urban space*）一书，明确界定了城市空间内涵，展示了欧洲传统城市空间魅力的要素及其空间类型，为设计城市空间奠定了基础。克利尔对城市空间分了广场和街道两种基本类型，并通过大量的欧洲城市案例说明了城市空间类型的实际意义。克利尔的工作至今仍然是城市设计者的工

图 2-32　高线公园

作指南，而"广场"对应的场域空间和"街道"对应的线性空间成为城市设计教学中解读空间形态的最好的工具。

欧洲的城市设计实践与老城保护和城市更新密不可分，重点是城市公共空间的设计。通过城市设计提升城市公共空间的活力，提高城市经济运作的效益。由于欧洲重要的城市均具有悠久的历史，城市的基本格局经过城市化的历程已经基本定型，所以城市设计不但需要精致化，而且需要项目具体化，城市设计和建筑设计密不可分。"都市诊疗"是著名西班牙建筑师和理论家恩里克·米拉雷斯（Enric Miralles）提出来的，强调面对复杂的城市设计应该首先通过研究找到问题的关键点，然后以点带面，通过解决关键点的空间问题，理顺整体城市空间的关系，如同中医的针灸疗法。

欧洲的城市设计不仅是建筑设计的一部分，而且在建筑教育中，城市设计起主导作用。城市成为建筑设计的背景，任何一个建筑设计开始都需要做城市研究和场地研究；完成建筑设计之后，还需要返回到城市问题中去检验。使学生牢固树立起建筑是城市空间的一个组成部分，建筑无法独立于城市空间而生存的概念。在高年级和研究生学习阶段，为了城市设计的需要，各学校根据自身的特长设置了许多与城市设计实践相关的理论课程：城市建筑学、城市设计和区域规划、地理学、城市经济学、城市设计和住房、城市和景观变化、城市发展、文化遗产和历史、可持续城市等不同的方向。

2.3.4　城市设计在中国

自 1980 年以来，建筑专业领域开始逐步从单一建筑概念走向包含建筑在内的城市环境的考虑。1980 年初，西特（C.Sitte）、吉伯斯（F.Giberd）、雅各布斯（J.Jacobs）、舒尔茨（N.Schulz）、培根（E.Bacon）、林奇（K.Lynch）、巴奈特（J.Barnett）、希尔瓦尼（H.Shirvani）等为代表的大量的现代城市设计概念和思想被引入学术界，包含设计逐步被引入学术界。

中国学者也展开了现代城市设计理论和实践研究。在 1999 年国际建协大会通过了《北京宪章》，具有中国特色的旧城"有机更新"论、"山水城市"论以及绿色城市设计概念和一批成功实施的案例引起国际学术界的关注。东南大学王建国教授于 1999 年出版《城市设计》，2009 年出版第二版，全面讲述城市设计概论、城市设计历史和发展、城市设计在中国的具体理论、方法和操作，为城市设计教育、城市管理提供了翔实的理论资料。

国内较大规模的城市设计实践研究开始于 1990 年代中期，城市实践与建筑教育是推动城市学科发展的主要力量，尤其是改革开放以来，在快速城市化的推动下，大量的广场、步行街以及公园绿地设计和建造活动反映了中国在这个城市发展阶段对城市公共空间设计的重视。随着中国城市建设和发展，城市设计实践研究中，出现了国际参与背景。

中国城市设计教育开始于 1980 年代的建筑学教育体系，如东南大学齐康教授指导研究生开展城市设计理论和方法研究；吴良镛教授开展广义建筑学和城市美塑造研究。住房和城乡建设部派遣专门研究人员赴美进修学习城市设计，推动了城市设计教育的课程内容和设置。随着中国快速的城镇化，中国城市设计本科教育呈现多元发展趋势。根据院校的不同背景，城市设计专业的发展有三个方向：①以建筑学为背景的城市设计教学，注重中微观层面的城市空间和建筑群组织；②以地理学为背景的城市设计教学，侧重于大尺度城市空间的布局和组织；③以风景园林学为背景的城市设计教学，注重微观尺度的城市景观空间的组织和塑造。在具体的课程操作上，有研究型导向的城市设计教学、与控制性详细规划结合的城市设计教学，以及实际项目结合的城市设计教学。东南大学王建国教授对城市设计教育提出三方面意见：①问题启动式学习；②打破传统课堂授课模式，引入学术研讨会、小组评议等综合方法，并结合新科技，促进院校交流合作；③模块式课程体系的设置 [20,21]。

城市设计在中国应该是立足于城市规划和建筑设计之间，起到承上启下的作用，为城市公共空间的质量提供设计平台。

随着相关城市设计的学会及学术组织机构开始成立，城市设计实践的日趋广泛，城市设计教育的逐步完善，城市设计也受到城市建设管理和实践的关注。城市设计在中国城市建设实践和管理中成为一项重要内容，建筑师也认识到传统建筑学专业的局限，将视野扩大为环境的思考，城市规划领域则从现行规划编制和管理的需求探讨了城市设计作用。

中国城市已经从增量阶段进入存量阶段，面对可持续发展为目标的、大量的城市更新的任务。基于中国独特的政治经济条件及城市发展过程，中国的城市设计学科需要根据自己的特殊情况，发展适合中国城市的方法和策略。

2.4　城市设计的研究概述

城市设计是一项综合而又具体的设计实践，而它的进展离不开研究。城市设计相关的研究不仅关注城市设计的知识体系和方法论的建构，而且也体现在城市设计的整个过程之中。城市设计的研究伴随着城市设计实践的不断反馈，研究内容和关注点也不断转换，如从关注城市空间美学的传统城市设计到关注城市功能的现代主义城市设计，再到关注生态环境的绿色城市设计，当今城市设计研究又因数据技术的发展而关注数字化的城市设计。从研究趋势上可以看出，城市设计的研究已经从单一目标研究转向多目标综合研究，在研究方法上更多引入科学手段，从概念推演转向科学实证。本教材将基于文献资料着重向读者介绍近年来与设计直接相关的城市设计研究关注点和内容，如基于城市设计的城市公共空间研究，基于城市设计与公共政策研究，城市物质形态的性能研究，城市的形态特征以及城市设计的技术手段。

2.4.1 城市设计与公共空间[22]

城市设计主要研究城市空间形态的建构肌理和场所营造，也就是说城市设计的对象是城市的公共空间，为在其中的人们创造高质量的场所。鉴于城市设计所对应的城市公共空间就是场所，因而"场所质量"和"场所价值"成为城市设计研究的一项重要内容，而二者的概念又相互联系在一起。《城市设计读本》（*Urban Design Reader*）的作者，伦敦大学的马修·卡莫纳（Matthew Carmona）对该领域的研究作了详细的总结，研究显示场所的质量包括四个主要领域：健康、社会、经济和环境。场所的价值主要包括六个方面：交换价值（建造环境的部分可以交易）、使用价值（建筑环境对活动的影响）、形象价值（已建环境项目的身份和意义的好与坏）、社会价值（建筑环境支持或破坏社会关系）、环境价值（建成环境支持或破坏环境资源）、文化价值（建筑环境的文化意义）[23]。

公共空间质量内涵的研究：质量的内涵是城市设计研究的一个重要内容，传统的城市设计质量主要是指空间感知的质量。通过对城市公共空间使用效果和效益长时间的考察和大量的评估，研究者们发现城市的公共空间质量是市民们非常关心的问题，继而也成为当地政府施政策略中非常关注的问题，当然也会引起开发企业的重视，也就是说关注城市空间质量的主体主要是市民、地方政府和城市开发企业。其次，质量内涵的定义和传统城市设计相比有了很大的拓展，即：健康、社会、经济和环境，这四项因素直接影响到公民的日常生活。因此，对某城市公共空间的建筑环境质量的判断也是政府制定对该地区城市空间公共政策的依据，继而成为开发企业对该地区投资价值的评价依据。实际上，健康、社会、经济和环境这四个维度和传统城市设计质量的定义并没有矛盾，而是将原本难以评价的感知质量更加具体化，落到实处。此外，对于城市公共空间质量评价的主体发生变化，由业内评价转向使用对象评价，也就是说，成为城市公共产品的城市公共空间有了合理的评价体系。

公共空间质量要素的研究：马修·卡莫纳通过大量的文献综述发现，公共空间质量的研究手段主要取决于大量的问卷调查，所以研究的科学性和准确性一直是这些研究的重点。关于要素的研究主要聚焦于如何界定研究的边界、如何提取研究素材以及如何判断研究的证据。

1）健康要素主要考量步行的适宜性、绿化和景观资源对人口身心健康的影响。重点关注建筑环境的设计是否能创造吸引人们步行的空间，其次是空间的物理环境综合质量。

2）社会要素主要关注建筑环境设计和犯罪发生点的关联性，场所空间设计对社会包容性和空间的宜居性的影响，重点关注城市空间的安全保障和城市活力的构建。研究显示城市公共空间社会要素质量的提升更加依赖于城市空间所能提供的公共福利，其次才是场所的设计如何体现公共政策的福利，同时通过设计将公共资源的效益最大化。

3）经济要素的研究案例最多，通常将特定的地点质量维度与大规模的场所经济效益关联起来，目的是提取经济价值如何和何时与城市公共空间的何种要素相关联，例如大量的研究试图将经济价值与绿地和开放空间的实际尺寸进行比较，考查用地的效益。其次是建筑环境的质量，例如街道布局、渗透性、建筑设计等也是城市公共空间经济要素研究的考查内容，研究表明街景的改善能够促进周边的经济效益的提升。

4）环境要素研究中，考察的主体包括了投资者和开发商、经营者、市民、当地居民和地方政府等，利益诉求各异的考察主体给出了不同的质量标准类型。对于投资者、开发商和地方居民来说，安全性、教育的便利性、有利于老人和残疾人，以及地区的自豪感是考量的主要指标；对于经营者和市民来说，则更加重视街道活力和社会包容性；对于地方政府来说，更加关注土地使用效率、房屋空置率、办公区物业效能、投资可扩展的再生效益、如何减少公共支出、如何提高地方税收和降低公共服务成本。研究发现，零售业的房地产提升和空置率降低，受城市绿化、步行能力、公共领域质量、外部外观、街道连通性、临街环境影响，所有这些都与提高零售业的生存能力密切相关。

环境要素研究还显示出该领域研究的薄弱环节，主要是对城市物理性能的研究。研究显示城市能耗和城市规模极其相关，但是研究成果尚不足以支撑设计。和城市物理性能相关的数据集中表现在四个类型：城市物质形态与能耗、城市密度分布状况与能耗、城市形态的特岛效应，以及城市物质空间的热舒适度。

城市公共空间研究中还存在着一些往往被提及但并不清晰的论题，如：关于建筑风格的研究、较高和较低密度的定义问题、高层建筑的健康问题、人车分流的实效性问题等，都有待于进一步明晰。

2.4.2　城市设计与公共政策[24]

城市设计的成果应该能够指引城市物质形态的营造。然而，由于城市设计和建筑设计并不是同一设计主体，且城市设计的成果力求通过指引城市多个主体的营造，完善城市的公共活动时间。因此，城市设计成果却无法直接指向具体的形式，多半是通过用地规则、高度控制、限定建筑边界等，对后续的建筑设计进行限定，即我们通常所说的城市设计导则。实际上，城市设计成果的落实需要城市的公共政策，导则只是公共政策的一部分。公共政策是城市管理者管理城市物质空间的不可或缺的工具。为此，对城市公共政策的研究也成为城市设计的一个重要内容。

这部分研究主要涉及公共政策的类型和效能，研究内容非常广泛。伦敦大学的马修·卡莫纳教授根据对研究文献的梳理，归纳了公共政策研究所涉及的内容。主要涉及土地及房屋的所有权和经营权、城市建设的规则、激励或抑制政策、土地产权的设立分配和执行、信息传播方式、指导和组织过程、评估体系以及教育和管理等多项内容。作为管理工具城市公共政策分为四个类型：立法、导则、激励政策和控制条例。

关于城市法规的研究： 城市建设管理法规首先明确了国家管理城市政策的权力，其次通过立法使得这些权力得到了批准，最终并交给地方政府作为管理工具，政府从而可以履行这些职能。城市法规中和城市设计直接相关的并不是很多，部分涉及文化遗产保护、自然山水公园和城市开放空的保护。

关于城市设计导则的研究： 实效性是城市设计导则研究的重要内容，因为"指导"仅表示建议，而非强迫，所以导则的效能则因地、因人而异。研究认为导则的效能和管理技巧直接相关，所以研究建议导则的实施应该配有相应的管理办法，也有研究认为应该细化和明确导则的内容，因此，在城市设计文本中出现了和导则相关的"场所"设计指南、设计策略、设计框架、开发标准、空间总体规划、设计指标、设计协议和设计章程等一系列术语。然而这些导则术语之间的内涵相互交叉，作为管理工具依然比较模糊。通过对这些术语的进一步梳理，概括成和城市设计相关的四类设计指导：设计标准、设计指标、设计政策和设计框架（图2-33a）。

关于激励政策的研究： 城市建设的激励政策的案例主要以财务激励为主，其次是对降低投资风险的激励，实际上二者的目标是一致的，不同之处在于前者是直接激励，后者是间接激励。基本目标都是一个经济目标，二者结合可以获得效益叠加，使一个特定的发展项目变得经济。在以市场经济为主的体制下，政府更多的是依靠政策来调控城市空间的营造，激励开发企业或个人在项目开发时提供城市公共空间，这样激励政策就成为重要的操作抓手。根据提供城市空间的力度制定各类激励方式，一般分四种

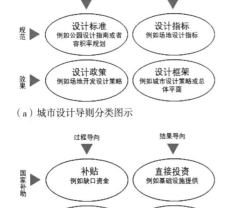

（a）城市设计导则分类图示

（b）城市设计激励政策分类图示

（c）城市设计管控策略分类图示

图 2-33　城市设计与多重管理机制分类图示

类型的激励：补贴、直接投资、过程管理和奖金（图 2-33b）。

　　关于管控政策的研究：城市设计管控方法和策略的研究是城市设计研究的重要内容之一，控制作为政策工具主要是明确不可为的原则。控制过程也有两种类型，其一是以固定的法律框架为基础的刚性控制，另一种是允许讨论和商议的协商裁量程序。许多国家和地方政府在城市设计政策控制方面都采取了两种基本监管形式的组合，以达到不同的目的。例如，在规划层面上启用协商裁量程序，而在建筑和道路建设方面则采用刚性规范，用技术手段控制，几乎无需解释。城市设计管控政策是随着社会技术进步不断变化的，所以对它的研究也是一项持续性的研究（图 2-33c）。

2.4.3　城市设计与环境质量

　　自 20 世纪中叶以来，全球城市化进程不断加速，城市尤其是大城市在全球经济中的优势使得城市成为人们主要生产与居住的家园。一方面城市提供了人们生产、生活和消费的场所，同时城市中集聚的建筑物、交通流和人群也使得城市空间形成了特殊的城市室外物理环境。环境科学家的研究已近证实了主要影响城市物理环境的因素是城市容量和规模、交通流及其污染排放、建筑物的集聚状态、建筑的能耗和人群的分布，为此，科学家们开始探讨城市微环境和城市形态之间的对应关系，并建议城市设计师在设计时应该考虑城市的物理环境。

　　和城市设计直接相关的建筑环境研究主要关注与城市物质形态和城市物理环境性能的问题，主要包括三大类：城市形态和城市能耗、城市形态与城市微气候环境、城市形态与城市的大气质量（图 2-34）。

　　1）城市形态与城市能耗的研究　对城市形态与城市能耗的研究主要聚焦城市规模、城市交通方式和城市的形态特征。这方面的难点在于从经济的角度考虑，城市规模越大，所产生的集聚的效益就越高，然而随着城市规模的增大，城市内部的交通所消耗的能量也就大大增加。于是有学者将世界上发达国家大城市的能耗进行了统计并作了比较分析，发现城市规模并非是城市能耗的主要因素，城市形态特征才是影响城市能耗的重要因素。如摊大饼式的美国城市和紧凑型的欧亚城市在城市能耗的问题上表现得截然不同，同等规模下，美国城市是日本和新加坡的城市能耗的数十倍。美国城市的耗能的主要问题是对私人小轿车的依赖，而欧洲和日本的大城市主要是依靠公交出行，公交出行的运行效率和城市的结构形态直接相关。其次，城市建筑也是城市的能耗大户，且表现在建筑的全生命周期。如建筑施工过程中的大量自然资源消耗、建筑使用中的能耗，和建筑废弃处理过程中的能耗。因此，研究者提出了减少建筑物对环境的影响的一个方法是减少每人使用的建筑物面积（m^2）。

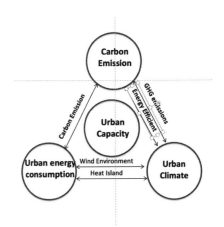

图 2-34　城市形态、城市能耗与城市微气候三者的关系

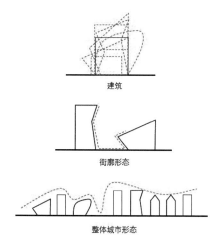

图2-35　建筑形态、建筑之间的空间形态，城市街廓肌理形态都与城市微气候直接相关

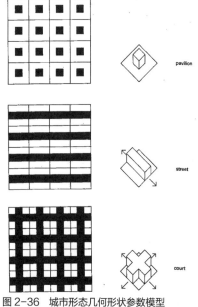

图2-36　城市形态几何形状参数模型

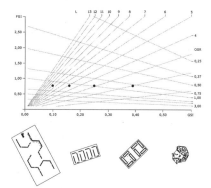

图2-37　空间伴侣（Spacemate）图，显示了同等容积率下，不同的建筑组合方式

2）城市形态与城市微气候的研究　针对城市形态与城市微气候的研究主要聚焦于形态与微气候的关联性，力求探明二者之间的耦合机理，试图寻求最佳城市形态阈值。城市形态是一个整体，但在这个研究领域中一般城市形态分三个层面分别进行研究，即整体城市形态、街廓形态和建筑之间的物质空间形态（图2-35）。在整体形态方面探索特定气候区的城市密集区规模和密度、城市集中绿地的规模和分布状态以及城市风廊与城市的街区结构。在城市空间层面主要探讨不同形态的城市空间几何特征的城市风环境。由于城市形态非常复杂，所以，在城市形态与城市微气候的关联性研究充满创新潜力。

3）城市形态与城市大气质量的研究　在城市中各类交通工具排放的废气、建筑物供暖和制冷所排放废气、建筑材料所释放的有害化学元素，以及城市周边工业区所排放的各类污染气体等都对城市上空的大气又污染。为此，提高城市的通风和排污性能也是诚实设计应该考虑的重要因素之一。

2.4.4　城市形态特征研究

城市的物质形态是城市设计的抓手，城市物质形态的不同特征构成了城市空间的不同特征。由于城市物质形态不断变化且丰富而复杂，因此，在城市设计的研究中，认知城市形态的特征始终是城市设计研究的一个重要内容。城市形态特征的研究主要包括三个层面：描述、解释和诠释[25]。

1）描述性　描述性研究是指用尽量客观的方法表述城市形态的物质特征，包括几何特征。城市物质形态是城市公共空间的构成环境，对城市物质形态的客观描述是城市设计的基础工作。

20世纪60年代末期剑桥大学建筑学马丁研究中心（The Martin Centre for Architectural and Urban Studies）以欧洲古典城市为范本，建构了城市形态的几何形状参数化模型，以量化的方式表述城市形态问题[26]（图2-36）。基于该量化表述方法可以通过准确的参数控制城市形态，也可以将参数范围的设定控制形态的变化范围。荷兰代尔夫特大学学者珀特（Meta Berghauser Pont）和哈普特（Per Haupt）对荷兰阿姆斯特丹城市街廓中的形态特征单元和用地指标联系在一起进行分析，展现了容积率、建筑覆盖率、空地率和建筑高度组合而成的指标和形态单元之间的对应关系（图2-37）[27]。同样，我国城区普通多层住宅建筑组成的形态特征也可以通过一系列指标如容积率、覆盖率、平均高度等进行综合表述。这些研究都显示了在城市形态特征和数值之间存在关联性，这是城市设计的核心知识的重要组成部分。

2）解释性　解释性研究主要是说明城市物质形态形成的原因和机理。解释性研究是城市设计的重要依据。

基于历史地理学的城市形态学理论：城市形态的历史地理方法根植于地理学家康泽恩（M. R. Conzen）的工作，后由他的学术继承人英国伯明翰大学怀特·汉德（J. W. R. Whitehand）教授及其团队经历多年的严谨的实证研究，奠定并拓展了历史地理的经典研究方法，在学届独树一帜，被称为康泽恩学派（Conzenian school）。康泽恩学派对城市形态分析的目的是厘清城市发展中来自社会、政治和经济的各种力量如何作用到城市物质空间上，导致了城市物质形态的变化。换句话说，通过城市空间现状和遗存，如何推论和认知当时的社会经济状况和政策手段，从而确认社会、政治和经济发展与城市形态特征的关联性。历史地理学研究的主要手段是将城市形态分为通过对城市形态构成要素进行系统的考证与分析，其主要手段是基于考证绘制阶段性地图，基于地图的演变论证城市形态的发展规律，也就是说通过展现随时间而发展的事实来解释城市形态地理结构和特征[28]。

3）诠释性　诠释性研究也试图表述城市形态的一项物质特征，它与描述性研究不同的是它是在研究者主观意识的指引下，有目的地揭示城市物质空间的某种物质特征。诠释性研究通常以设计问题为导向，通过分析图示出城市物质空间的特征。

诺里（Nolli）地图就是诠释性研究的典范[29]。著名的意大利建筑师兼测量师詹巴蒂斯塔·诺里（Giambattista Nolli）受罗马教皇本笃十四世的正式委托，于1736开始绘制罗马城市空间地图。他对城市空间进行了详尽的调查，最终在1748年完成了长176cm，宽208cm的罗马城市空间地图。该地图不仅清晰地表达了城市的街道结构和街廓，而且还采用建筑制图的手法，将重要公共空间的各个柱廊（圣彼得广场和万神庙等）涂黑而空间留白，将城市空间延伸到室内，勾勒出罗马城市当时城市真实的公共空间（图2-38）。

上述三类对城市形态的研究分别从形态特征、生成机理和空间状态三个方面对城市形态进行剖析和解读。这些解读能够帮助设计者科学地认知城市形态，然而，对城市形态的认知并不能直接转化为城市设计方法。随着对城市形态认知的深入，学界开始关注城市形态的认知理论到设计方法论的转化。从事城市设计的建筑师和城市设计师在城市形态实践方面结合设计案例作了许多探索性研究，在此称为：转译性研究。

转译性研究可以理解为城市设计的构型方法研究，是城市设计工作者的设计策略。转译性研究虽然还没有成熟的解析与建构的方法，但可以肯定的是它与设计者对个案的认知紧密相关。在此，我们以两个案例说明转译性研究。

图2-38　诺里地图局部。图中表现的地点位于罗马城中心台伯河和纳沃纳广场之间

范例之一：荷兰阿尔梅勒城市更新设计[30]。阿尔梅勒（Almered）距荷兰首都阿姆斯特丹 25km。该城与荷兰的许多城市一样由围海造田起家，而后再开发为城市。1960 年定位为阿姆斯特丹的卫星城。1972 年完成总体规划，1974 年开始建设，1975 年便迎来了首批居民，目前已经有 20 多万人口，是欧洲发展最快的城市之一。然而，作为卫星城的阿尔梅斯的后续发展并不尽人意，由于城市功能并不独立，居民生活方式也趋于单调，城市决定再次更新，通过增加城市公共活动中心吸引外来人流，创造城市热点空间，为城市创造新的增长动力。这项城市设计任务由雷姆·库哈斯的大都会事务所（OMA）承接并完成（图 2-39）。该项目的性质是为阿尔梅勒城创造一个有吸引力和持续活力的城市中心，为此，该中心即需要引入富有多样公共活动的项目，有需要有一定的常住人口即住宅区。库哈斯在此项目中运用了他一向倡导的复合城市街区和立体城市（图 2-40）的主张，并以此为基础提高城市公共空间的数量、品种与密度。他研究了欧洲传统城市街巷肌理的特征，以此为形态目标，作为新城城市中心的高密度多样化的形态特征。

库哈斯对欧洲大陆传统小镇街巷肌理的研究可以称之为转译性研究（图 2-41）。库哈斯研究了欧洲大陆传统小镇的街巷肌理特征，这些让世界各地旅游者向往的欧洲小镇都有着优雅而迷人的城市公共空间，街边布满

图 2-39　阿尔梅勒城市更新设计平面

图 2-41　库哈斯对欧洲传统小城的城市肌理形态的多样性的分析与诠释

图 2-40　城市设计模型试图表达多重空间类型的复合

了各类可供消费的商店、饮品、参观和艺术画廊。这些空间是由蜿蜒、狭窄且宽窄多变的街巷和形状各异且大小不等的广场交织在一起，组合成为丰富多变的城市公共空间。因此，蜿蜒、狭窄、形状多变与交织方式多样作为欧洲小镇空间特色的基本语汇，在同一地块中转译出了十种肌理不一样的肌理特征。转译的过程成为设计过程的一个重要组成部分，既包含了对传统街道空间特色的理解，也包含了设计者的目标导向（图 2-42）。

范例之二：福建长汀水东街传统街区更新设计[31]。福建的长汀县城是我国历史文化名城，该城的水东街即是历史文化名城中的历史保护街区，也是当代长汀县城百姓生活的重要街区，街区中除了多处文保建筑之外还存有许多传统院落。多年来，除了街区中的文保建筑得到修缮保存之

图 2-42　阿尔梅勒建成街巷景观

外，大量的传统院落逐渐衰败，基础设施落后，街区中百姓的生活质量
比较差，商业效益不高。为此，地方政府启动了历史街区的更新工程，
力求在保持历史街区风貌的条件下为街区注入新的活力。然而，历史街
区更新困难是一个普遍问题，除了社会和经济问题之外，构成历史街区
基本风貌特征的传统院落已经不能适应当代生活方式和需要，风貌保护
和功能更新之间存在着尖锐的矛盾。

　　显然，通过再造传统院落的方式并不适合于城市发展的需求，探索
风貌和功能相结合的设计方法才能解决问题。承接水东街更新工程的项
目组深入研究了长汀古城历史街巷的形态特征，发现了长汀古城传统院
落的组合方式造就了街巷结构独特的形态特征。为此，设计中首先对长
汀传统院落式建筑类型进行转译，形成具有传统院落形态特征的、可拼
接、可组合的公共建筑类型（图 2-43）。其次，通过院落组合总结了街巷
界面的 5 个要素：凸凹度、街廓结构、街廓节点、孔洞率和破碎度（图
2-44），设计团队通过要素组构获得传统街区风貌和空间的形态特征，满
足历史街区保护的要求（图 2-45）。

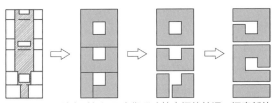

图 2-43　设计者对长汀历史街区建筑空间的转译，探索新的
设计类型

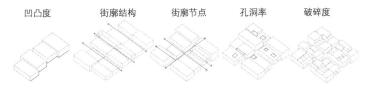

图 2-44　长汀历史街区肌理形态特征研究
注：孔洞率和该街区院落的组织方式相关，破碎度和该街区建筑单体体积尺度的基
本规律相关

图 2-45　长汀历史街区鸟瞰图

推荐读物

1. 董鉴泓. 中国城市建设史 [M]. 北京：中国建筑工业出版社，2004.

2. （美）埃德蒙・N・培根. 城市设计 [M]. 黄富厢，朱琦译. 北京：中国建筑工业出版社，2003.

3. MORRIS A E J. History of Urban Form: Prehistory to the Renaissance [M]. New Jersey：John Wiley & Sons，1974.

参考文献

1. 刘叙杰. 中国古代建筑史. 第 1 卷 [M]. 北京：中国建筑工业出版社，2009.

2. 傅熹年. 中国古代建筑史. 第 2 卷 [M]. 北京：中国建筑工业出版社，2009.

3. 潘谷西. 中国古代建筑史. 第 4 卷 [M]. 北京：中国建筑工业出版社，2009.

4. 孙大章. 中国古代建筑史. 第 5 卷 [M]. 北京：中国建筑工业出版社，2009.

5. POUNDS N J G. The medieval city [M]. New York：Greenwood Press，2005.

6. MORRIS A E J. History of Urban Form: Prehistory to Urban Form [M]. 3rd ed. New York：Routledge，1994.

7. KOSTOF S. The City Shaped [M]. New York：Bulfinch Press，1991.

8. KRIEGER A，SAUNDERS W S. Urban design [M]. Minneapolis：University of Minnesota Press，2009.

9. PANERAI P，CASTEX J，DEPAULE J C，SAMUELS I. Urban forms: the death and life of the urban block [M]. New York：Routledge，2004.

10. AIBAR E，BIJKER W E. Constructing a city: the Cerda plan for the extension of Barcelona [J]. Science, technology, & Human Values，1997，22（1）：3-30.

11. 阿姆斯特丹城市变迁研究 – 南京大学建筑研究所城市形态发展史研究报告，指导教师：丁沃沃，研究生：何炽立、孔锐、刘慧杰、刘俊、王志强、尤伟、张映迪、郑雪霆，2006.

12. BACON E N. Design of Cities [M]. London：Thames and Hudson，1976.

13. BUSQUETS J. Manhattan: Rectangular grid for ordering an island [M]. New York：Applied research and design publishing，2017.

14. BUSQUETS J. Chicago: Two grids between lake and river [M]. New York：Applied research and design publishing，2017.

15. EL–KHOURY R，ROBBINS E. Shaping the City: Studies in History, Theory and Urban Design [M]. New York：Routledge，2015.

16. COLLINS G R，SITTE C，Collins C C. Camillo Sitte: The Birth of Modern City Planning [M]. Massachusetts：Courier Corporation，2006.

17. 郑时龄. 中文版序 1：设计城市的和谐 [M]// （美）亚历克斯・克里格，（美）威廉・S・桑德斯. 城市设计. 王伟强，王启泓译. 上海：同济大学出版社，2016：10-11.

18. BARNETT J. Urban design as public policy: Practical methods for improving cities [M]. New York：Architectural record books，1974.

19. ROSSI A, EISENMAN P. The Architecture of the City [M]. Massachusetts：The MIT

Press，1982.

20. 王建国. 城市设计 [M]. 南京：东南大学出版社，2011.

21. 王建国. 城市设计 [M]. 北京：中国建筑工业出版社，2009.

22. CARMONA M. Place value: place quality and its impact on health, social, economic and environmental outcomes [J]. Journal of Urban Design，2019，24（1）：1–48.

23. CARMONA M，TIESDELL S. The urban design reader [M]. New York：Routledge，2007.

24. CARMONA M. The formal and informal tools of design governance [J]. Journal of Urban Design，2017，22（1）：1–36.

25. 韩冬青. 设计城市——从形态理解到形态设计 [J]. 建筑师，2013，（4）：60–65.

26. MARTIN L，MARCH L. Urban Space and Structures [M]. London: Cambridge University Press，1972.

27. VAN DER HOEVEN F，ROSEMANN J. Urbanism Laboratory for Cities and Regions: Progress of Research Issues in Urbanism 2007 [M]. Amsterdam：IOS Press，2007.

28. KROPF K S. Urban tissue and the character of towns [J]. Urban Design International，1996，1（3）：247–263.

29. AURIGEMMA G. Giovan Battista Nolli [J]. Architectural Design，1979，（49）：27–29.

30. EL Croquis. 1987–1998 OMA/Rem Koolhas [J]. 1998，53+79. Madrid: EL Croquis，1998.

31. 南京大学建筑与城市规划学院. 长汀县汀州镇水东街—汀江地块保护与提升项目前期研究文本 [R]，2017.

图片来源

扉页图（上） 刘敦桢. 中国古代建筑史（第二版）. 北京：中国建筑工业出版社，1984：36.

扉页图（下） A.E.J Morris. History of Urban Form: Prehistory to the Renaissance. George Godwin Limited，1972：117.

图 2-1 刘叙杰. 中国古代建筑史第 1 卷. 北京：中国建筑工业出版社，2009：234.

图 2-2、图 2-3 傅熹年. 中国古代建筑史第 2 卷. 北京：中国建筑工业出版社，2009：336．340.

图 2-4 刘敦桢. 中国古代建筑史. 北京：中国建筑工业出版社，1984：290.

图 2-5 潘谷西. 中国古代建筑史（第 4 版）. 北京：中国建筑工业出版社，2001，70.

图 2-6、图 2-7 A.E.J. Morris. History of Urban Form: Before the Industrial Revolutions. Essex: George Godwin，1979：27、55.

图 2-8 Norman Pounds. The medieval city. Greenwood Publishing Group，2005：33.

图 2-9、图 2-10、图 2-12a、图 2-19、图 2-22、图 2-27 Spiro Kostof. The City Shaped：Urban Patterns and Meanings Through History. Bullfinch Press，1991：186、161、112、137、120、122.

图 2-12b Google Earth.

图 2-13、图 2-14、图 2-15 图 2-16 Ivor Samuels, Phillippe Panerai, Jean Castex, Jean Charles Depaule, Urban Forms: The Death and Life of the Urban Block. London: Routledge, 2004：12、13、15、20、21.

图 2-17 Eduardo Aibar and Wiebe E. Bijker, Constructing a City: The Cerda Plan for the Extension of Barcelona. Science, technology, & human values, 1997, 22（1）: 3-30.

图 2-18 Wynn M. Barcelona: planning and change 1854-1977. Town Planning Review, 1979, 50（2）: 190.

图 2-20、图 2-21 https://nl.wikipedia.org/wiki/Plan_Zuid

图 2-23 https://commons.wikimedia.org/wiki/File:1752_（_1850_）_Scull_%5E_Heap_Map_of_Philadelphia_%5E_Environs_（first_view_of_Phillidelphia_State_House）_-_Geographicus_-_Philadelphia-sculllobach-1850.jpg

图 2-24、图 2-25、图 2-26 Edmund N. Bacon. Design of cities. London: Thames and Hudson, 1974：302、297、280.

图 2-28a、图 2-28b、图 2-28c、图 2-28d Joan Busquets. Manhattan: Rectangular grid for ordering an island. Applied research and design publishing, 2017：32、33.

图 2-29a, b Joan Busquets. Chicago: Two grids between lake and river. Applied research and design publishing, 2017：30.

图 2-30 Edward Robbins and Rodolphe EL-Khoury（ed.）, Shaping the City:Studies in History, Theory and Urban Design. New York: Routledge, 2004：60.

图 2-31 洛克菲勒掌心下沉广场 https://en.wikipedia.org/wiki/Rockefeller_Center#/media/File:Rockefeller-ice.jpg

图 2-32（上）Joan Busquets. Manhattan: Rectangular grid for ordering an island. Applied research and design publishing, 2017：67. 引自：www.thehighline.org

图 2-33a、图 2-33b、图 2-33c Carmona M. The formal and informal tools of design governance[J]. Journal of Urban Design, 2017, 22（1）: 1-36. 作者重绘.

图 2-35 南京大学窦平平绘.

图 2-36 Leslie Martian and Lionel March. Urban space and structures. Cambridge University Press, 1972：36.

图 2-37 Hoeven F. D., Rosemann H. J., Pont M. B., et al（Ed.）. Urbanism Laboratory for Cities and Regions: Progress of Research Issues in Urbanism 2007. IOS Press, 2007：16.

图 2-38 1987-1998 OMA/Rem Koolhas[J].EL Cropuis, 1998（53+79）：388.

图 2-40 城市设计模型试图表达多重空间类型的复合 1987-1998 OMA/Rem Koolhas[J]. EL Cropuis, 1998（53+79）：396.

图 2-41 1987-1998 OMA/Rem Koolhas[J]. EL Cropuis, 1998（53+79）：389.

图 2-42、图 2-32（下） 作者自拍.

图 2-11、图 2-34、图 2-43、图 2-44、图 2-45 作者自绘.

第 3 章

城市设计的
物质要素

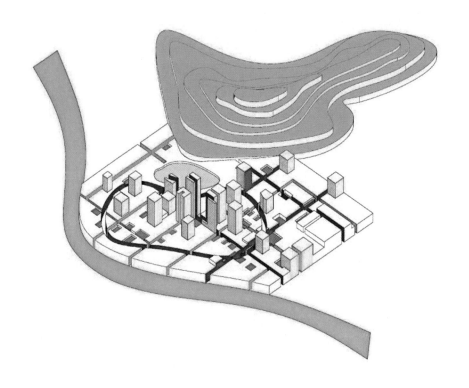

　　城市的物质形态（physical forms）是城市设计工作的主要对象与内容。对城市物质形态进行系统的了解与学习，是城市设计必要的知识基础。在现实中，城市物质形态要素错综复杂，紧密关联，相互联结为一个巨大的物质系统。为了便于学习与教学，本章采取要素解析的形式展开讲解。首先将引介城市空间—形态的基础理论，这是城市设计认知城市物质形态的基础。在此基础上，分别讲授路网要素、肌理要素、公共空间系统要素。以上三者构成了城市物质系统的主体。最后，对当代城市不断涌现的新要素，进行选择性介绍，以拓展城市物质系统传统内容，呼应当代城市的新发展。

3.1 城市空间与形态

城市空间包含社会空间与物质空间两个维度或层面。在城市设计中，主要指物质空间层面的含义。狭义的、其更确切的含义指城市建筑物体量之间的，公共可达的空间、城市的公共空间。城市形态往往用于一个大尺度宏观语境中，城市物质的总和，即指二维城市地表上的物质形态空间总称。从一定意义上，可以认为城市形态包含着城市空间。此外，形态与空间，还隐含着二维、三维的问题、观察视角的问题。这点我们下面再展开。在中文日常或专业话语中，更常见的情形是空间与形态的联合使用，即城市空间形态。这时并不严格区分上述空间与形态的意义差异，而是泛指城市物质形式（urban physical forms）。

3.1.1 城市空间与形态的基础理论

城市空间形态的基础理论是城市设计专业实践、理论话语赖以展开的基础。这个基础，从比较哲学的角度，就是人如何认知城市空间形态这个客体对象，即城市空间形态的认识论。通过其进行了解，我们将看到人们认知城市物质对象的基本方式。再联系本章后半部分内容，还有助于我们思考，这个基本方式如何影响了城市设计，即它的局限，以及如何克服此局限。

认知的两个尺度：城市对于人而言，具有真实的尺度与研究尺度两个尺度。真实的尺度，个人以自身身体的尺度游历其间、丈量城市，这是一种经验性的城市认知。具体感性，但难以全面。对于城市这样的庞然大物，我们一般采用比例缩放，将其缩小到适当的大小，以便于研究、设计等更复杂的心智活动的展开，这个缩小的尺度，是它的研究尺度（我们姑且这么称呼）。上述两个尺度，构成了我们认知城市的基本维度。大比例时，城市主要呈现为整体形态，我们对其结构、轮廓、整体形态较为容易把握；小比例时，则更有利于我们认知城市体量之间的空间，物质形态的细部特征。城市设计会用到不同的比例，以认知、讨论城市物质的不同方面，形态或空间。

认知的两个视角：在这样两种比例尺转换的背后，则是我们常在城市设计中所说的两种视角——宏观、鸟瞰、理性视角；微观、人眼透视的、经验的视角。对于宏观的视角，城市形态以大比例尺呈现，我们容易认知到其中整体的、潜在的结构。从微观层面，则我们看到城市具体、细腻的城市空间。但是，它们都是同一对象的不同视角呈现。这就进一步导致，在我们所说的城市结构形态与城市空间之间，具有内在的联系。作为城市设计专业人员，一个基本的职业技能就是要在宏观形态与微观空间体验之间建立的联系（图 3-1）。

尺度与视角的综合：尺度与视角存在对应关系，如表 3-1。大比例尺度对应的是一种全局式的、或鸟瞰的视角，相应的城市物质呈现为形态、结构特质；当我们以 1:1 的尺度游走城市之间时，我们采取的是一种人眼的、局部的视角，我们感知到的是城市的三维空间。

宏观、微观；全局与局部，这是一种认知的方式导致的二元性，无法避免。我们总是以上述两种方式同时认知同一客体对象——城市。这有其合理性，即经验、理性的综合，从而形成全民综合的认知。同时我们也要警惕其局限性，即二者的脱节。我们常常诟病的各种宏大蓝图式的城市设计，行走其间苦不堪言，就是这种认知分裂的典型症候。对于认知的局限性，作为设计者要不断提高专业技能和设计经验，予以克服，就是对两种视角、两种尺度进行综合，形成对形态空间的完整综合的认知，与统一协调的设计，实现空间与形态的协调与综合。则要专业人员不断地往返与比例世界和真实世界中。说得简单点，就是要建立其图上 1cm 对应真实世界 1m、10m、100m、1km 的身体经验。这方面，埃德蒙德·培根为我们作出了示范，在他对古典范例的分析中，总是同时利用总平面图、透视图来形成综合的阐释（图 3-2）。

本章中对物质要素的讲解，将始终贯穿着上述城市认知的二元性，并尽力建构认知的综合。

表 3-1　城市空间形态认知尺度与视角的综合

	城市形态、结构	城市空间
尺度	大比例	小比例
视角	鸟瞰、全局式、平面投形的、理性的、工具性的	人眼透视、局部式、三维投形的、感性的、身体的、体验的

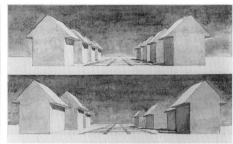

图 3-1　城市空间认知的宏观与微观视角。左图为古典欧洲理想城市，在宏观视角下呈现为完美的几何形，右图在人眼视角下，城市呈现为具有空间细节和身体尺度的城市空间

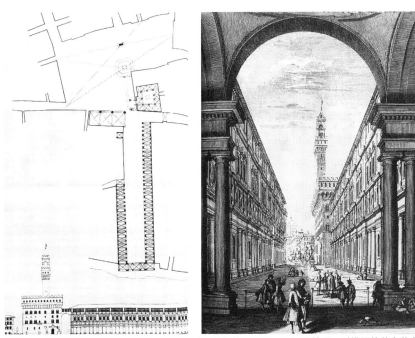

图 3-2　城市空间认知视角的综合。埃德蒙德·培根将平面图、透视图并置，对佛罗伦萨乌菲齐宫展开分析研究，以形成对城市空间形态的综合认知（右图）

本章中对物质要素的讲解，将始终贯穿着上述城市认知的二元性，并尽力建构认知的综合。

3.1.2　城市物质形态的要素组成

城市物质形态由数量众多的要素组成。每个城市正是由于要素的特质与多样，才显示出迷人的丰富性。尽管城市的要素是多样的，并且每个要素都是具体的，我们仍然可以从最普遍的情况，概括归纳出如下一些类别：路网、肌理、公共空间以及当代城市涌现出一些新要素。

每个城市，或大或小，都可以抽象概括为上述的一些普遍要素，所不同在于每个城市要素的多寡、形态，以及要素的组合方式存在差异。由此贡献了每个城市的独特性。

3.2　城市路网

城市路网是城市物质形态中最稳定与持久的一种要素，它的形态奠定了城市形态的基本格局。

3.2.1　街道、路径、交通

图 3-3　承载公共生活的城市街道

街道、路径、交通是与城市路网相关的三个概念（图 3-3~ 图 3-5）。彼此有相近之处，都是基于城市路网形成的概念；更多的则是它们彼此的差异，以此描述路网的不同侧面的属性与内容。

街道——城市路网最为主要的一种类型，也是历史上城市道路的唯一类型。随着现代交通的发展，城市道路类型逐渐多样化，街道类型成为其中之一。城市街道，具有双重属性，作为交通的空间与作为城市的空间。在城市设计语境中，更侧重于城市道路上所容纳的社会活动与社会交往公共空间（如商业街、生活性街道、历史街道等）。街道空间，更强调路网的可步行、可参与方面的、与人相关的空间属性。它并不关注地点之间的可达性、或通行能力，而强调道路的物质与社会空间属性。

路径——表示地点之间的连接通路，侧重于城市路网的通达性、便捷性。路径比街道抽象，比交通要具体，它描述的地点间的连接通路，以及通路行进中的序列属性（先如何、接着如何、再如何……）。涉及通路的一定程度的空间属性、交通属性，但其最核心的内涵是联通属性。

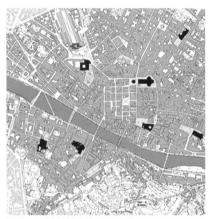

图 3-4　连接城市地标的路径

交通——城市路网所承载的城市职能。现代城市交通，从通行量、通行速度、通行距离等方面考察城市路网的交通属性。它不涉及道路的空间属性，而侧重于道路的抽象的通行承载属性。

城市设计采取综合的视角看待城市路网的上述 3 个相关方面。城市设计在考虑路径的通达性同时，考虑道路的交通运输能力，更兼顾进行中的三维空间感受。

3.2.2　城市路网类型

1）城市道路分类

对单条道路，依据其交通连接、承载能力，及其在道路网络中的地位，进行分类。我国城市道路规范将城市道路分为快速路、主干道、次干路和城市支路。

快速路：城市中大量、长距离、快速交通服务。快速路对向车行道之间应设中间分车带，其进出口应采用全控制或部分控制。快速路两侧不应设置吸引大量车流、人流的公共建筑物的进出口。两侧一般建筑物的进出口应加以控制。

主干路：应为连接城市各主要分区的干路，以交通功能为主。自行车交通量大时，宜采用机动车与非机动车分隔形式，如三幅路或四幅路。主干路两侧不宜设置吸引大量车流、人流的公共建筑物的进出口。

次干路：次干路应与主干路结合组成道路网，起集散交通的作用，

图 3-5　反应交通的城市道路系统

兼有服务功能。

支路：支路应为次干路与街坊路的连接线，解决局部地区交通，以服务功能为主。

2）基于结构—形态分类

对单条城市道路的分类，并不能指代由许多条道路交织而成的网络，即城市路网。对城市路网的分类，除了对交通承载力方面的考量，更重要的是从形态结构角度。这方面，英国剑桥大学的马歇尔教授（Stephen Marshall）在《街道的模式》（*Streets Patterns*）中，进行了较为全面的论述。

要对路网从形态角度进行描述与分类，首先应掌握两个基本概念：形态几何与结构形态。几何形态（composition，图 3-6）：指具有绝对尺寸的几何形状，以带比例的图纸予以呈现，反映对象的绝对的位置关系、尺寸、面积、朝向等。结构形态（configuration，图 3-7）：指对象的拓扑形态，以抽象的图解予以表达，反映对象连通、节点、层级、邻近等结构树形。

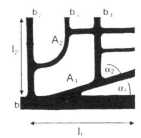

图 3-6　城市路网的几何形态

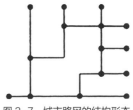

图 3-7　城市路网的结构形态

在城市设计中，需要综合考虑路网的上述两种属性。保持对几何形态的敏感，才能进入到路网所形成的三维空间；保持对结构形态的认知，才能从抽象的层面，把握路网结构的要领。

根据马歇尔，从形态结构角度，一般欧美城市路网大致可以分为 4 种类型：老城区（altstadt）路网，格网（grid）路网，连接的（conjoint）路网，分支式的（distributory）路网（图 3-8）。这四种类型绝少尤其单独构成一个城市的全部路网，相反，它们往往彼此连接、交织，共同构成一个典型西方城市，从历史中心逐渐向外到 18、19 世纪城市扩展区域，再到 20 世纪出现的郊区化区域的路网形态及其演变。四种路网类型，存在着几何和结构属性上的差异。

我国城市路网具有不同于西方城市的发展历史和形态特点，马歇尔给出的分类并不完全适用，但其分类的方法或理论，是普适的。梁江与

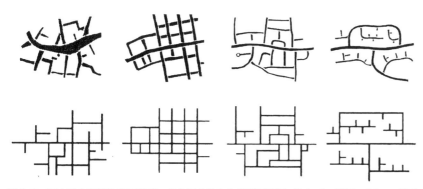

图 3-8　西方城市典型的路网类型。从左至右依次为老城区路网 altstadt，格网 gridion，联合式 conjoint，分配式路网 distributory

孙辉在《模式与动因》一书中，对中国城市的路网形态进行了研究，指出我国城市路网一般具有如下特点：我国城市路网往往分为中心城区与新区两个部分组成。中心城区路网，基于历史形成的道路系统，既有历史上封建官方的规划（方格网），也有街坊内自发形成的末端不规则巷道系统。进入近现代，受现代城市规划思想影响，再进一步将方格网改造为大街廓模式的主次干路网格网形态。其道路极差大，格网间距大（500~700m，甚至1km）。

改革开放以来，许多城市建设的新区，在路网类型上，也几乎无一例外地采用现代主义标准的格网类型。特点是支路系统得到显著加强，并参与到街区的划分中，格网的大小多为300~500m。

当然，在每个城市中往往还有一些独特的地段，由于历史原因或特殊功能，采用特殊的路网形态，再作为一个片段，连接到城市格网中去。如殖民时期城市中租界普遍采用的小格网，传统历史街区中，自发形成的具有一定联合模式特点的不规则路网形态。

从更大的角度，我国城市路网，尤其是当代城市建设与交通工程的影响下，普遍形成了一种现代路网交通体系：即上述常规的路网从城市中心部位，分化出若干快速穿越城区的快速路系统，这些快速路往往形成城市的第一个快速交通内环，再进一步通过若干互通立交，向外辐射径向的快速路，在都市中心区外围再次形成绕城高速环路，某些特大城市，往往具有若干个环路。这些高速外环，承担过境交通的任务，由它们连接到区域、甚至全国性的快速交通网络中去。从而实现有层次的、能够满足现代巨大交通量的复杂的都市区交通网络系统（图3-9南京的交通图）。

对于城市设计，需要了解和掌握城市路网以及现代交通的基本知识，以理解现代城市的高速运转，并与交通、规划专业进行有效合作。

图3-9　南京城市总体规划中的交通系统与路网。左图为主城区路网；右图为都市区对外交通网络

3.3　城市肌理

城市肌理是城市物质形态的构成主体，具有量大面广的特点。它们构成了城市的"底"。从一定程度上，城市肌理的性质奠定了一座城市的气质。

3.3.1　肌理的概念

城市肌理是一个在城市设计中常用的术语，也是一个概念相对宽泛、内涵丰富的概念。一般情况下，城市设计可以是对中观尺度（街区尺度）与分辨率下的城市形态的泛指。在较严格的意义上，则指在中观尺度上，具有一定程度内在一致性（功能、形式的）的城市形态区域。换言之，就是由类似的建筑类型，按照一定的组合方式，形成的一片具有一定整体风貌的城市形态片段。

在上述对肌理的概念中，有两个重点。一是作为肌理，一定是整体层面具有某种统一整体的空间形态特征，这意味着作为一个城市要素，它能够被识别和感知。其二，这个整体层面的特征，来自于建筑单体相同或接近的类型，以及它们的组合方式。这就是所谓的内在一致性。即，肌理之所以呈现整体感，并不是总体层面人为的强制、刻意的设计，而是来自于肌理的组成元素层面的一致性，是一种内在的、内生的一致性。更进一步，由于是接近的建筑类型，意味着类似的建筑功能以及接近的生活形态，因而肌理更隐含的意义，实际上是我们所说的社会空间属性维度。一片肌理，暗示着某种特定的城市职能与生活形态。比如我国传统的历史街区中，传统的合院民居类型，以及完全不同于现代住区中的生活方式；一片高层商务区中接近的办公摩天楼建筑类型，及其承担的商务中心城市职能。

3.3.2　肌理的构成与演化

尽管城市肌理是一个在建筑、规划学科中经常使用的词汇，但似乎并没有发展出一个对其进行精确刻画的工具，这阻碍了我们对其构成要素的深刻理解。此处，我们引进来自城市形态学中有关理论，对肌理的构成展开解析。

3 个尺度层次——根据城市形态学，城市肌理有三个构成要素或尺度，即街区、地块、建筑。随之而来的是持久性的逐渐降低。街区是城市肌理的结构性层次；建筑则是城市肌理的外在形式表现；地块是介于二者之间的隐含层次，却又是容易被忽略，但是却起着承上启下、对建筑外在表现有很大限制作用的层次（图 3-10）。

图3-10　城市肌理构成的3个层次：街区、地块、建筑

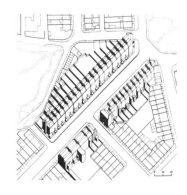

图 3-11　两个不同形成机制产生的城市肌理片段比较

上述三个构成层次的解析，为我们有效地理解、解析、比较真实城市中复杂多样的城市肌理，提供了有力的工具。

如图 3-11 中两个城市肌理片段。在街区层面，二者是类似的。但是，在地块、建筑层面，二者显示出了明显的差异。究其原因，是因为人们的空间实践的方式的差异造成的。第一种是自上而下的，经济规模大，一次成型；第二种是自下而上的，经济规模小，缓慢成长变化。这个例子说明，城市的每个肌理片段，都有其形成机制，不同机制作用于街区、地块和建筑层面，从而形成不同的肌理的空间形态。对城市肌理的构成层次、演化机制进行较为深刻的理解，为我们在城市设计中进行与肌理有关的工作，提供了知识和洞见。

新街口的城市肌理演化（图 3-12）。南京主城区的中心地段，新街口区域，还原了其近一百多年来的演化，从中我们可以清晰地看到肌理的变迁。或更准确地说，肌理在街区、地块、建筑类型层面的缓慢演变，导致了城市形态的巨大的变迁。这个例子说明，城市肌理除了具有构成层面的空间维度外，还具有历史演化的时间维度。对城市肌理的空间、时间两个维度形成理解，才能综合全面地理解一个城市肌理片段，进而开展有效的、建立在深入肌理基础上的城市设计工作。

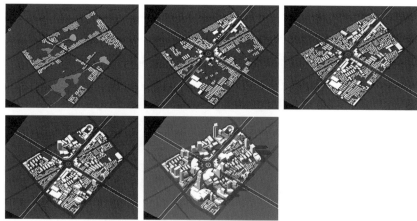

图 3-12　南京新街口地区在一个世纪中发生的城市肌理演化，依次为 1929，1945，1976，1991，2000 年

3.3.3　城市肌理类型

1）欧洲城市中心历史肌理　大多数欧洲城市，都有一个引以为傲的历史中心。大多形成于中世纪，在进入现代社会历史阶段之前，已经成型。其特点是：总体上紧凑、致密。由自发形成的不规则街巷分隔出小、不规则的街区，其中的地块多以长条形的面街地块为主。建

筑主要是满布地块的，尤其是面宽的传统商住混合的历史建筑类型（图 3-13）。

2）均质街区肌理　由格网状路网形成基本骨架。这些格网多形成于 19 世纪西方城市的快速扩展时期。与今天的格网比，特点是街区的划分严格一致，地块划分也具有模数，几何形状规整。导致在其上以接近的建筑类型进行城市建设后，形成了大规模的、非常统一的均质城市肌理（图 3-14）。

3）巴洛克城市肌理　巴洛克城市肌理的特征主要体现在街区形态上。由于不规则的多岔路网络对城市平面的切割，导致大量不规则的多边形、三角形街区的出现。在这些街区内，可能是穿透的欧洲周边式住宅，也可能是一些机构性建筑，但总的来说，由于街区层面鲜明的特征，我们还是可以很轻易地识别出这种独具魅力的城市肌理（图 3-15）。

4）高层高密度街区肌理　主要分布于城市的中心商务区，是当代城市最典型的城市肌理类型之一。其街区尺度普遍较小，路网密集，以有效疏解高密度建筑带来的巨大交通量。地块规模接近，开发强度极高，容积率达到 10 以上是常态。建筑的类型，几乎无一例外的都是超高层商务办公楼类型。一种夸张的说法，是将地块平面向上复制几十次，就是建筑形态（图 3-16）。

5）郊区低密度居住肌理　西方国家，尤其美国的大都市蔓延区（urban sprawl），由快速路、高速路分隔形成大街块（500~1000m），城市道路间距大，密度低。其实，街区的概念已经不再有效，这里更多的是一种邻里社区（neighborhood），而非一个具有明确边界的城市单元。领域的形态变化多端，地块布局也比较有机和灵活。但是建筑层面却相对单一，全部是低层的独立住宅。导致的是城市空间的消亡，成为单一的都市蔓延区（图 3-17）。

6）中国历史城区肌理　对于中国古代城市街区内部肌理的了解，主要来自明清城市的旧貌。这个历史时期，坊的封闭性已经逐渐消解（在居住区有所保留，合院式的住宅。在商业区段，沿街面已经开放为店铺，形成前店后宅、下店上宅，前店后坊等模式混合居住形态）。地块的特点是小地块，面宽小，进深较大。面宽 1~2 间（3~6m），大一点的 3~4 间，约为 7~13m。进深多为 20~25m，也有的深达 40m 以上。

地块小，这是由于基本生产生活单位为家庭，缺乏公共设施。家庭人口规模有限，经济能力有限，不可能进行更大规模的空间生产。建筑层面，则都是传统院落宅院类型。江南地区主要是粉墙黛瓦的建筑风格，秀丽清雅，北方地区则多青砖外墙，厚重质朴（图 3-18）。

7）当代中国城市现代居住肌理的多样性　城市中居住用地占据最大份额，居住肌理构成了当代我国城市的主体。与西方城市较为多元的居

图 3-13　意大利城市锡耶纳城市肌理

图 3-14　西班牙城市巴塞罗那城市肌理

图 3-15　法国城市巴黎城市肌理

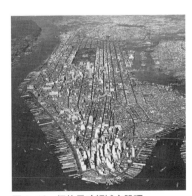
图 3-16　纽约曼哈顿城市肌理

图 3-17　美国洛杉矶郊区低密度城市肌理

图 3-18　苏州老城区历史建筑肌理

图 3-19　中国城市现代居住肌理

住形态相比，总的来说，我国城市的居住形态较为单一，以高密度的现代公寓式住宅为主要类型，布局上采取住区组团的居住邻里形式，成为功能单纯的居住肌理。这种肌理，其特点主要在于建筑类型及其组合层面，由于居住地块普遍较大，住宅单体按照某种组合原则，以类似模式填充（hatching）的方式，适应形态多变的居住地块。居住肌理的多样性，来自居住建筑层面的类型多样性和组合多样性。建筑类型有低层、多层、小高层、高层等；组合样式则有行列、错动、围合、半围合、点式矩阵、点板组合灯多种模式（图 3-19）。

对于城市设计，城市肌理的相关知识与理论，一方面有助于我们理解城市；同时也是一种设计工具，帮助设计者快速的产生大面积的具有某种肌理特征的城市形态（图 3-20）。

3.4　城市公共空间

城市公共空间，尽管在数量和规模上，与其他要素相比，并不占优。但由于其重要性和显著性，它们是一个城市的主干，是城市物质形态诸要素中最为重要的一个。甚至，从某种程度上，城市设计就是关于公共空间的设计。它们的品质奠定了一个城市的灵魂。

3.4.1　公共空间系统

公共空间——向所有人群开放与可达的社会空间。它包括街道、广场、公园、公共设施等。首先，公共空间服务于全体市民，是城市公平的为全体市民提供的一种公共服务产品和城市福利。这种产品具有非排他性，即并不因为他人的使用，而影响个人的使用。另一方面，公共空间是社会空间。意味着，它与自然空间相对，是人造的，为社会服务的空间。作为城市空间的公共空间，具有社会、物质两个层面属性。其社会属性是首要的，一个缺乏公众广泛参与的空间，形式上再优美或气派，

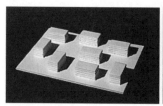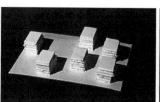

图 3-20　同一容积率、覆盖率，不同建筑肌理的设计练习（TU 代尔夫特大学，2004 学生作业）

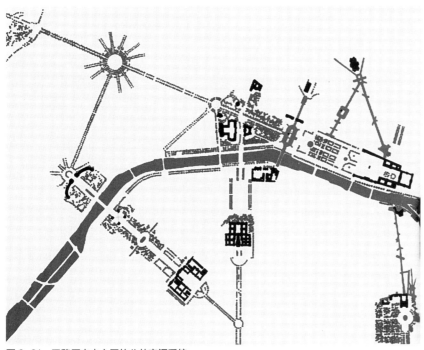

图 3-21　巴黎历史中心区的公共空间系统

也难以被看作真正的公共空间。但是，城市设计并不直接操作公共空间
社会属性的一面，相反，空间的物质形态始终是城市设计工作的层面。
城市设计通过操作物质空间形态，为城市全体市民贡献具有社会公共属
性的空间与场所。

　　公共空间系统——是各种公共空间要素在城市或区域内构成的集合。
这些要素相互连接，形成网络系统，承载并激发出市民连续的公共生活
行为（图 3-21）。

　　公共空间系统应具有公平、连续可达、结构清晰的基本品质。
①公共空间是一种公共设施与市民福利，公平性是首要的。即，全体市
民应该平等地享有使用公共空间的权利。公共空间在总体分布上要大体
平均。②要促成健康而富于活力的公共生活，公共空间要素的可达，以
及彼此间相互联系至关重要。③从认知的角度，公共空间系统的结构清
晰性，有助于人们在头脑中形成清晰的认知地图，从而形成共同的公共
生活。

3.4.2　街道

　　街道是城市物质环境中最为常见的要素，是最为普遍同时也重要的
一种公共空间形态。

1）日常街道

普通的街道，既是城市路网的组成部分，也是公共空间系统的重要组成。街道不同于单纯的道路、马路，街道除了承担一定的交通功能，还是社会交往发生的重要场所。街道上的社交是由于交通而引起的，以非正式的社交活动为主，如街头寒暄、打招呼，甚至是目光接触。这是人类社会不可或缺的一种生活形态，日常生活的世界。

对街道的再发现——街道的日常性，导致我们容易忽视其社会公共职能。现代主义时期，在柯布西耶鼓吹的城市规划与现代建筑设计思想影响下，城市街道退化，是现代主义城市被后人批判的主要症结之一。在经历了1950—1960年代以史密森夫妇为代表的TEAM10对街道的生活的再次发现与重视后，到了1970年代，日常街道已经成为城市规划、城市设计领域的重要基础词汇。代表人物是雅各布斯，通过对纽约的观察，提出了街道具有活力的若干原则。这些原则背后隐含着一条普遍的价值判断：人文主义的价值观，营造有活力的街道。而达到它的途径是"多样性"和"近人尺度"。

在当代城市中，街道的交通、交往职能存在一定的冲突矛盾。现代城市巨大的交通出行量，使得我们不可能回到古代城市细密而狭窄的街道网络。城市道路由于需要承载巨大交通量，不得已需要增加车道数，因而失去人行的尺度。同时，早期现代主义的城市建设又表明，城市中不能全是马路，街道是不可或缺的城市要素。一个解决的办法是所谓的生活性街道概念的提出。即，将城市路网中某些道路，主要是支路，尽量恢复其作为日常街道的城市职能。控制、缩小其街道尺度、沿街鼓励零售小型商业、设置人性化的街道家具和宜人的街道景观，增加街道的活力。

2）特色步行街道

几乎每个当代城市中，我们都能找到一些具有城市名片效应的特色步行街道。比如上海的南京路、南京的夫子庙商业街。这些街道大多源自日常街道，由于具有独特的价值（区位、历史风貌、商业文化等），被划定为单纯的步行区域，成为城市中最具人气与活力的地段。

拱廊街（arcade），是一类特殊的步行街。起源于19世纪欧洲，是一种介于购物街（market street）与步行摩尔（pedestrian mall）之间的商业空间类型。拱廊街利用相邻街区建筑完整的街墙，覆盖以玻璃顶棚，而成为一个具有舒适逛街购物环境的步行商业街道。其魅力在于既内又外的城市空间氛围（图3-22）。

3）步行系统

步行系统的出现，是现代城市面对日益增加的机动车交通所作出的应对。将人行交通与机动车分离开来。然而，仅仅在路面上通过人行道

图3-22　维托里奥·伊曼纽尔二世拱廊街（Galleria Vittorio Emanuele II），米兰，意大利，建于1867年

划分仍然难以解决二者在路口的交叉问题，当该矛盾到达不可调和（极大的交通量＋大量的步行人流，中心商业区），立体式的步行系统出现了。这是街道空间类型的一次具有里程碑意义的进化。

史密森夫妇（Pete Smithson and Allan Smithson）步行系统的提出者——针对现代主义城市中街道的退化，十人小组，认识到街道是城市基本的组成之一，提出重回街道生活的理念。在 1952 年金巷竞赛与 1958 年柏林竞赛中，首次提出了空中步行系统的构想。1958 年柏林竞赛。然而，这些适当的显得超前的构想在欧洲大陆并未完全实现（图 3-23）。

真正步行系统构想实现并建成的，是高密度的摩天楼城市，比如北美许多城市的 CBD，以及以香港为代表的亚洲超高密度城市。与史密森在其方案中展现的一次规划成型的步行系统不同，香港最初的步行系统，源自地产商为了连接道路两侧被车流分隔的两处物业而修建的天桥。这种立体化的步行组织策略，在拥有大量车流、人流，超高密度的中环区域被证明是有效的交通组织策略，随被效仿与复制，逐渐在中环的商务区域形成一个连接各栋楼宇的复杂步行网络。从某种意义上，这个步行系统是非规划、自下而上产生的。今天香港中环区域的步行系统，已经极度发达，根据美国学者所罗门（Jonathan D.Solomon）的研究显示，在港铁与码头汇集的环球金融中心区域，步行系统从地下直到商业裙房的屋面，多达 7 层，形成了名副其实的立体城市（图 3-24）。

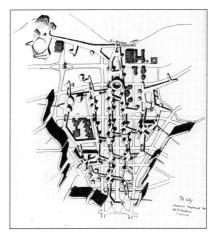

图 3-23　柏林大市区竞赛方案，史密森夫妇，1958

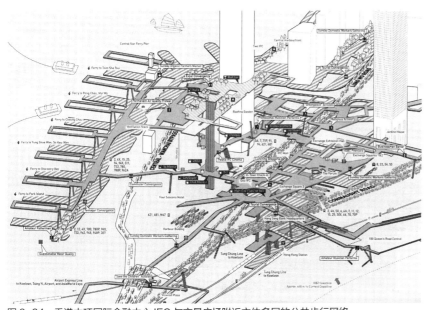

图 3-24　香港中环国际金融中心 IFC 与交易广场附近立体多层的公共步行网络

图 3-25　米兰主教堂广场.（Piazza del Duomo，14-19 世纪中叶）。广场约 1.7ha，东侧是米兰主教堂，北侧通过维托里奥·伊曼纽尔二世拱廊街，与另一个小广场相连

3.4.3　广场

广场是城市中重要的聚集性质的空间，从大的城市结构形态视角，它是城市公共空间系统中的节点；从其自身的形态看，它是一种块面状的城市空间。

1）古典广场

西方前现代社会时期的各种广场，如古罗马广场（forum）与中世纪广场（piazza），以及各种文艺复兴、巴洛克的广场，我们统称古典广场，是现代广场的原型，是欧洲历史城市中公共空间的最为主要的要素。古典广场一般都位于城市重要地段，如城市中心、城市门户等，其周围有重要的历史公共建筑（town hall，church）。广场为公共建筑以及各种节庆提供集会、集散的空间。

由于经过较长的历史阶段，古典广场一般都已经和周边的城市机体较好的融合，体现在交通的组织、功能的分布等方面。古典广场宜人的尺度、围合感强烈的界面以及作为城市生活的舞台，是所有现代城市所值的学习的公共空间的典范。延伸阅读：著名的卡米罗·西特的《艺术原则》中，对古典广场展开了深入的研究（图 3-25）。

2）现代城市广场

现代城市同样需要为市民提供集会、集散、休闲的开放场地，并且相比于古典城市，现代城市人口更多，聚集疏散的过程更迅速，这就催生出了现代城市广场。现代城市广场，是古典广场的现代版本，为了适应现代城市生活的需求，变得规模更大，功能更加复合甚至立体。与此同时，现代城市广场也呈现出一定的类型化趋势，出现了如下几种常见的类型化广场。类型化广场并不仅承担某种单一的功能，而是某种职能是其产生的主要原因，因而也是其承担的主要职能。

公共集会广场，是市民开展公共集会的主要场所。由于要容纳较多的人群，展现对公共权力的需求，集会广场一般都具有较大的尺度、规则的形态（对称与轴线是其偏爱），以某种具有纪念性的形式呈现。大量人群的集散与纪念性的表达，是这类广场设计需要重点解决的问题。北京天安门广场是这类广场的杰出代表。

商业广场，顾名思义，主要承担商业功能，为商业建筑人流集散和分流，为购物休闲的市民提供开放的、公共的停留、集散场所。现代商业广场受西方中世纪广场影响很大，希望在广场上营造出西方古典广场的"生活感"和活力，而不是纪念性广场的庄严。商业广场设计，需要综合考虑各类交通动线的组织、与商业建筑主要出入口的关系、商业形象与广告的表达等。

市民广场是近年来在城市兴建的一种广场类型（图 3-26）。其本质上，是现代城市的"piazza"，即城市为市民提供的公共场所，其功能主旨是

图 3-26　澳大利亚墨尔本联邦广场

为全体市民服务。市民广场多与绿地相伴，规模不大，约 4~10 公顷，绿化覆盖率高，具有景观元素，是市民开展日常休闲活动的主要场所。市民广场周围多布置公共文化建筑，如文化中心、图书馆、剧院等。在此基础上，有时也会延伸出一些休闲、商业功能。市民广场承担这些大型公建的人流集散功能，为市民提供休闲、集会的去处。通过景观的、文化的、休闲的要素与活动，市民广场为当代城市贡献了一个活力中心。

3）广场的常见形态

现代城市广场无法再回复到令人向往的古典广场的形态，及其与周边城市机体紧密的关系。由于现代交通、土地划分的需求，现代城市广场具有一些自身的形态特征。概括起来，具有如下几种与城市的关系，或常见形态。

街道围合，建筑和开放空间的关系是相互独立，是看和被看的关系。

地块围合，建筑和开放空间的关系是半独立，建筑成为界面，尤其建筑底层的活动影响开放空间的质量，并参与到其中。

广场中的建筑，建筑成为景观的一部分，开放空间与建筑是互融合和支配的关系。

建筑围合广场，广场成为从属地位，成为建筑的庭院或广场空间（图3-27）。

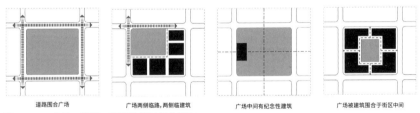

道路围合广场　　　　广场两侧临路，两侧临建筑　　　　广场中间有纪念性建筑　　　　广场被建筑围合于街区中间

图 3-27　广场、街道、建筑的常见组合形态

3.4.4　绿地景观

城市中除了上述偏于硬质的公共空间要素外，还有一类以软质、绿色为特征的要素，这就是绿地景观要素，或公共景观要素。在我国城市规划体系中，城市绿地景观是作为绿地系统将以全盘考虑的，从城市总体规划的角度，对城市全域范围内的各类绿地（生产、防护、生态、休闲类型绿地）要素进行统筹安排。城市设计中讲的绿地景观，主要指绿地系统中的休闲类型绿地，即各类城市公园、街头社区绿地等。这类绿地，涉及风景园林、城乡规划与城市设计专业。对城市设计而言，一方面需要从城市公共空间系统的宏观结构角度，对绿地景观要素加以把握，理解其在系统中的位置，关注其与邻近要素的联系，要从系统的角度，将

其理解为整体的一环节，而不是孤立的一个片段。同时，也需要深入到绿地景观内部，对景观元素界定的开放空间形态，开放空间氛围、与活动等细节，做出全面考虑。这里主要对两种常见的绿地景观进行讲解。

1）滨水景观　是城市中临近水体的景观空间，是城市中人们不可多得的具有多元景观要素的场地。这些要素包括水体、绿植、建筑、驳岸等。在滨水景观中，最基本的关系，是景观与水体，以及景观与城市的关系。这三者关系的组合变化，演化出多样的滨水景观形态。常见的有：水—景观—道路—建筑；水—景观—建筑—道路；水—建筑—道路等。

滨水景观中，首先需要注意的是水体的性质。如果水体是大江大河等无法人为控制水位的灾害性河流，则景观的防护性功能是第一位的，景观功能应建立在防护基础上；如果是具有人为控制性的内河水体，则景观的亲水性尤为重要。景观要为人们提供亲水的可能性与安全形式。

岸线（waterfront）是滨水景观中的一个关键词。现代城市景观发展出多种岸线类型，丰富了城市与水体的接触形态。如自然生态岸线、硬质亲水岸线等（图 3-28）。

2）公园绿地　是城市中绿色景观的主要组成。公园最初兴起于17、18 世纪的英美城市，是为了增进市民健康，为其提供休闲娱乐的户外场所兴建。随后，这种应现代城市生活需求而生的公共空间类型受到不同地域、历史的城市的欢迎，成为现代城市中最为重要的公共空间要素之一。

根据我国城市规划体系中，对公园绿地的分类，我国城市公园一般分为市级公园、区级公园、社区绿地以及专门化公园。不同的公园有其不同的服务半径和相应的规模。作为绿地系统规划重要的一个方面，城市公园绿地的分布要尽量做到全覆盖和均匀分布（图 3-29）。

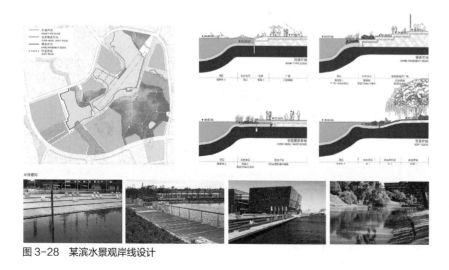

图 3-28　某滨水景观岸线设计

图 3-29　南京江北新区中心区绿地系统规划图

3.4.5　公共建筑节点

公共建筑是城市公共空间系统的重要组成部分。著名的诺里地图（Nolli Map）清晰地反映出古典城市由广场、街道与公共建筑构成的公共空间体系。在城市设计的语境中谈公共建筑，重点不在于单体建筑的建筑学意义，而在于从公共空间体系的角度，去衡量、选址、定位该建筑。也即，公共建筑作为一个节点存在于公共空间系统中的意义与价值，以及其作为一个元素，与其他元素间的相互关系。

1）公共建筑节点

在许多历史城市中，公共建筑作为节点存在，与普通匀质的城市肌理形成二元关系。这是西方城市的传统，也是公共建筑的作为公众汇集地的本性使然。作为历史上最有力与辉煌的公共空间系统设计技术，巴洛克城市设计范式为现代城市设计提供了可资借鉴的经验与技巧。巴洛克的城市设计往往以公共建筑为节点展开，通过在节点之间建立线性的连接，在西方城市稠密的历史肌理上，叠加上一套清晰网络状公共空间系统。这套系统以高效而较低的成本，在城市中开辟出一套壮丽的公共秩序，彰显了城市的公权力与财富，又为城市营造了令人印象深刻种种纪念性场景。作为节点的公共建筑，往往表现为极强的象征性、纪念性以及恢宏的尺度。在视觉上，多作为强烈的一点透视状街景（vista）的对景与高潮出现。

图 3-30 中的纪念性公共建筑，典型地体现了在古典城市中，纪念物对城市空间所起的引领作用。大量而致密的城市肌理以连续的街墙围合出纵深感强烈的街道线性空间，导向端部以纪念物形式存在的公共建筑。肌理、线性空间、纪念物共同合奏出一首美妙的城市交响曲。

2）公共建筑集群

在现代城市中，另一类公共建筑的分布方式，采取集群的方式，由若干重要的公共建筑共同形成一个建筑群和公共区域，而服务于城市。这类建筑在功能上，以博物馆、美术馆、展览馆等文化建筑为多。对于公共建筑体系而言，这种集群化的公共建筑群，不再以单一节点的形式

图 3-30　公共建筑节点，左图为芬兰哈米纳镇中心的市政厅；右图为班汉姆（Daniel Burnham，1909）的芝加哥规划，正中放置的公共建筑为市政厅

图 3-31　柏林博物馆岛总平面图（红色区域）

存在，而是作为一个特定功能区域，或放大的节点。这其实也是因为当代城市的发展，巨大的尺度以及人群的移动能力增强，使得公共建筑群利用聚集效应，而具有了单独建筑难以比拟的吸引力，成为一个普遍的发展形式。

柏林博物馆岛位于市中心施普雷河分叉形成的一座小岛的北段，面积约 8.5ha，包含 5 座博物馆，以及圣索菲亚大教堂。博物馆建筑在 1830–1930 年间陆续修建完成，其中有著名建筑师辛克尔设计的老博物馆。博物馆岛在第二次世界大战期间损毁严重，1990 年代启动修复工作，并以现代城市对大型公共建筑集群的要求，对总体布局进行了优化，最大化地发挥了建筑群的集聚效益，吸纳了络绎不绝的游客，成为柏林最受欢迎的一处公共场所（图 3-31）。

博物馆岛作为一个大型的公共建筑群，它与城市周边形成了非常恰当的空间关系，是其大获成功的基础。概括起来，就是既分又合，分而不离。首先，由于其所处场所是河中岛屿，四周以水面与城市自然形成分隔，确保了博物馆岛作为一个独特场所，在功能、视觉、观念上的可识别性。但如果仅仅是分隔，则容易成为主题公园式的景区，由固定的入口过关进入。博物馆岛将河道两侧的城市路网延伸与连接，在长约 600m 的区域内，建立了多达 8 处人车混行或纯步行桥梁联系岛内与周边城市。由此人们获得如城市其他区域般的连续运动的可能，博物馆岛也与城市建立密切的联系。一种既分又合的空间关系，使得人们可以非常方便地抵达该区域，甚至成为日常生活的一部分；同时又使其可以被从周边普通的城市肌理中识别出来，形成独特的场所感。

博物馆岛另一点值得注意之处是它与其东南侧菩提树下大街的关系。而后者，是柏林最为重要的空间轴线。博物馆岛与轴线相接，但轴线并未从正中穿过博物馆岛，形成常见的纪念性对称格局。而是避开主要建筑群，从博物馆岛区域的东南侧经过。避免了将区域一分为二，又使得博物馆岛被有效地接入更大尺度的城市公共空间系统，成为其中重要的一环。

作为建筑集群，其单体间关系至关重要。在建博物馆岛上，历史形成的建筑群空间关系，尽管有许多来自于古典建筑原则的精妙考量，但有松散不成体系之嫌。在 20 世纪 90 年代进行的总体设计与优化中，设计者通过设置一些连廊、加建（如由建筑师 David Chipperfield 设计的西蒙画廊补齐国家新博物馆西南角的缺角）等细微但精确的动作，有意识的强化了单体群落的图底关系，形成了一个较为完整的空间体系。在此之外，还规划了一条称为"考古步道"的建筑内部公共廊道，将原本分散的建筑，串联为一体。单体布局层面的操作与优化，在保持原有建筑的独立性和多样性基础上，将其聚合为一个有机的、超越单体建筑尺度的公共建筑集群（图 3-32、图 3-33）。

图 3-32　柏林博物馆岛总体规划中，通过连廊、加建等手段将单体建筑物连接为一个建筑集群

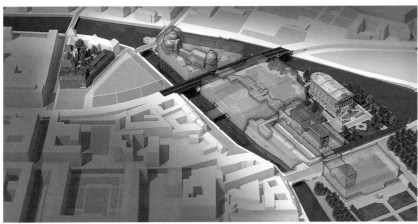

图 3-33　柏林博物馆岛规划设计的考古步道，通过一条类似街道的公共空间结构将单体建筑连接为建筑集群

深圳福田中心区区域，在从莲花山向南延伸的中轴上放置标志性的市民中心；后陆续在其北部、中轴两侧建成图书馆、博物馆、规划展览馆，在轴线南端建成尺度巨大的会展中心等大型公共建筑。这些公共建筑承担展览、政务、文化教育等公共职能，与市民广场一同形成了市民公共活动的中心。这种将多个大型文化类公共建筑集于一处，以巨大的轴线、景观、广场将其组织为一体的模式，是国内许多城市可见的一种公共建筑集群模式，往往冠以奥体中心（文体建筑集群）、文化中心、城市客厅等名。尽管在尺度上有过于宏大之嫌，但无疑为市民提供了心理与活动意义上的城市中心公共空间（图 3-34）。

对于城市设计，公共空间要素是其最为主要的设计对象。为城市创造公平、开放、有活力的城市公共空间，是城市设计的主要任务之一。城市设计需要掌握常见的公共空间要素类型及其特征，并从公共空间系统的角度对其进行构思和设计。

3.5　当代城市新要素

当代许多城市的发展速度与规模，已经完全超出了传统城市（city）的概念，而成为都市区（metropolitan）。甚至在某些发达的都市地带，比如我国的长三角、珠三角、美国的东海岸、日本的东京－横滨走廊，城市的都市区逐渐扩展而融为一体，形成了蔓延在广袤地表上的城市群。

在尺度巨大的都市区中，各种新的城市要素层出不穷，使得传统的城市设计理论不断被突破。新的要素需要被发现，新的理论需要被建立，从长远的角度，使得城市设计的理论知识体能跟上城市的快速演变。

对于不断涌现的新要素、新现象，在有限的篇幅内不可能穷尽。借

图 3-34　深圳福田中心区围绕城市中轴展开的公共建筑集群

鉴著名城市设计学者约翰·兰在《城市设计》（Jon Lang, Urban Design, a Typology of Procedures and Products [M]）一书中的相关内容，本教材选择部分较为典型的要素对象予以介绍，以拓展对城市物质形态空间的认知。

3.5.1　斑块（patches）

斑块是城市中那些特殊肌理区域的统称。约翰·兰用了另一个词"辖区"（princent）来描述该类对象。为了区别中文里辖区所含有的行政管理意味，本文中使用斑块一词，而不是"辖区"（图 3-35）。

斑块并没有严格的定义，可以认为是都市圈内一种独特的构造、片段、小片区域。其功能可能侧重于商业、办公、居住或文化等，也可能是非常复合的，成为一种城市中的城市（city within the city）。斑块的规模也可能差异巨大，从几公顷到几平方公里不等。在都市的外缘区域，斑块与新城、边缘城容易混淆，二者本质性的区别在于，新城是一个自给自足的真正的城市，而斑块则必须依附于城市母体，不能完全独立运转。

斑块之所以能被从都市区内或城市内部区别出来，成为一个城市设计的对象，是因为它相对城市普通地段，较为独特的城市形态、城市职能，以及或清晰或模糊的边界——可能是河流、水体形成的天然边界，也可能是铁路、高架路形成的人为分割，还可能是一般的街道、异质的城市肌理所形成的模糊的过渡性边缘。也许很多斑块属于没有明确边界的类型，但斑块或多或少的都具有一些中心场所以及区域内部的公共空间系统，将斑块的区域整合组织为一个整体。

斑块依据其主要的职能，有多种类型。常见的有城市更新单元、居住区、巨大的商业综合体、历史街区、各色园区等。它们构成了城市设计的主要工作对象，一种地段性的城市设计（参见 7.1 节）。

3.5.2　园区（campus）

园区是一种特殊的斑块类型。其特征是区域内有一套较为完整的建筑群落，场所环境公园化，以及用明确的方式（围墙、道路、空白地带等）将自身与周边的环境（都市区内的自然区域、农地或城市内部的普通区域）分隔开来。园区的起源有多种说法，部分学者追溯到工业革命时期郊外的工业镇，有的认为来源于大学校园，尤其是美式校园的建设。美式校园不同于欧洲大陆许多古老的大学与城市融为一体，而是选择在郊区，依靠优美的环境、低廉的地价以及适合教育与学术的封闭性来获得优势。第二次世界大战后，许多西方国家在城市郊区依照美式校园的样本建设了许多新学校、新校区。而我国则于 20 世纪 90 年代以来，建设了

图 3-35　由大量异质斑块构成的都市区地景

数量空前、规模巨大的郊区化的高校园区，带动了城市化向都市区扩张的进程。

美式校园作为一种城市要素具有普适性，非常适合当代城市职能的专业化、聚集化的特性，被广泛地运用于其他类型的机构中，如医疗机构、办公园区、科技园区、物流园区等（图 3-36）。同样受到美国高科技园区的影响，近年来，在我国大城市周边的都市区内，各种高科技园区、软件园、互联网总部园区等如雨后春笋般破土而出（图 3-37）。

图 3-36　美国苹果公司总部园区 Apple Park

3.5.3　居住点（settlement）

居民点也是一种常见的斑块类型。在中文的语境中，一般称为住区、小区。这里的居民点，指位于城市外缘都市区内的住区，它含有一种'择地而居'的意思。西方国家，19 世纪以来，普遍城市化进程加速，城市人口激增。而在第二次世界大战后，人口的恢复，更是催生了居住的郊区化现象。从源头上讲，郊区化的居住点有两个来源。一是英美国家的花园城传统，崇尚一种田园牧歌般的郊区生活，低密度的独栋或联立住宅是其代表。另一个源头，是包豪斯现代主义传统。由著名的现代主义城市规划师路德维希·希尔伯斯海默（Luwig Hilbersheimer）提出的板式现代公寓楼居住形态，经由柯布西耶发扬光大，成为席卷欧洲第二次世界大战后新城建设主导范式。20 世纪 70 年代以来，东亚国家继续采取这种方式，在都市区内安置、容纳城市化、生育高峰带来的新增人口。尽管在空间形态上，其正统的现代主义血统以及被过度地商业地产化，招致批判，但毫无疑问，它以集约的土地利用、高密度同时较好的居住环境、质量，解决了大量人口的住房问题。而这是英美的低密度花园住宅无法胜任的。

图 3-37　北京中关村软件园

居民点规模不等。小到几排住宅楼，大到几百万平方米。后者往往成为名副其实的新城，一座迷你的小城市（图 3-38）。而我国大多数郊区居民点，规模在前述二者之间，它们尚不足以配备完整的城市职能，从而自给自足。还需要依靠城市母体在就业、福利、公共服务等方面的支持。因而，需要有交通设施连接主城。导致其选点一般靠近都市区的主要交通要道、轨道交通线路。另一方面，具有一定规模的居住点，都需要配备一定的生活服务设施（商业、医疗、教育等），这是日常生活得以在相对孤立的都市区外缘得以成立的保证。

图 3-38　新加坡裕廊东地区，一个在城市外围区域围绕公共中心展开的居住点

推荐读物

1. 梁江，孙晖. 模式与动因：中国城市中心区的形态演变 [M]. 北京：中国建筑工业出版社，2007.

2. Philippe Panerai, and et.al. Urban Forms, the Death and Life of the Urban Block[M]. Oxford: Architectural Press, 2004.

3. Spiro Kostof. The City Shaped: Urban Patterns and Meaning through History[M]. London: Thames and Hudson Ltd,1991.

参考文献

1. Spiro Kostof. The City Shaped: Urban Patterns and Meaning through History[M]. London: Thames and Hudson Ltd,1991.

2. Philippe Panerai, and et.al. Urban Forms, the Death and Life of the Urban Block[M]. Oxford: Architectural Press, 2004.

3. Jon Lang. Urban Design, a Typology of Procedures and Products[M]. Oxford：Architectural Press, 2005.

4. Stephen Marshall. Streets Patterns[M]. London: Spon Press, 2005.

5. Rodolphe El–Khoury and Edward Robbisns ed. Shaping the City[M]. 2nd edition. London: Routledge, 2013.

6. Meta Berghauser Pont, and Per Haupt. Spacematrix, Space, Denstiy and Urban Form[M]. Rotterdam: Nai Publishers, 2010.

7. 梁江，孙晖. 模式与动因：中国城市中心区的形态演变 [M]. 北京：中国建筑工业出版社，2007.

8. 埃德蒙德·培根. 城市设计 [M]. 黄富厢 等译. 北京：中国建筑工业出版社，2003.

图片来源

图 3-1、图 3-10、图 3-30   Spiro Kostof. The City Shaped: Urban Patterns and Meaning through History. London:Thames and Hudson Ltd，1991: 45，161，26，191，234.

图 3-2、图 3-4、图 3-21   埃德蒙德·培根 著. 黄富厢 等译. 城市设计（修订版）. 中国建筑工业出版社，2003：110，113，106，192，193.

图 3-6、图 3-7、图 3-8   Stephen Marshall. Steets Patterns. Spon Press，2005: 86，89.

图 3-9   南京总体规划 1991-2010.南京市规划局 编制.

图 3-11   Philippe Panerai，and et.al.. Urban Forms，the Death and Life of the Urban Block. Architectural Press，2004: 160，161.

图 3-13、图 3-14、图 3-15、图 3-17、图 3-18、图 3-19、图 3-35   Google Earth.

图 3-17   Thomas J.Campanella. City from the Sky，an Aerial Portait of America. Princeton Architectural Press，2001:30.

图 3-20   Meta Berghauser Pont，and Per Haupt. Spacematrix，Space，Denstiy and Urban Form. Nai Publishers，2010:177.

图 3-22、图 3-25、图 3-36   维基百科相关词条.

图 3-23   http://www.team10online.org/team10/projects/hauptstadt.htm.

图 3-24   Jonathan D.Solomon，Hong Kong–Afomal Urbanism, in Rodolphe El–Khoury and Edward Robbisns ed.，Shaping the City，2nd edition. Routlege，2013:111.

图 3–26　https://urbis.com.au/projects/valuing–federation–square–land/.

图 3–28　南京大学建筑规划设计研究院，程向阳工作室，2010.

图 3–29　南京江北新区中心区控制性详细规划（2015）. 南京市规划局、江北新区管委会规划国土部、南京市城市规划编制研究中心 编制 .

图 3–31、图 3–32、图 3–33　柏林博物馆岛官方网站. https://www.museumsinsel–berlin.de/

图 3–34　深圳市城市规划设计研究院 官方网站. https://www.upr.cn/product–available–product–i_19263.htm

图 3–37　百度地图 .

图 3–38　Jurong East draft master plan，2019. Urban Redeveleopement Authority，Singapore.

扉页图、图 3–3、图 3–5、图 3–12、图 3–27　作者提供 .

第4章

城市的功能与密度

  一般说来城市建设几乎与城市文明的历史同样悠久，任何城市建设的背后都有城市设计或相关设计支撑，其主要任务是满足城市功能需求和促进城市发展的需要，因此，和城市规划一样，城市功能和地块的承载能力也是城市设计需要研究的重要问题。和城市规划不同的是，城市设计研究的地块承载能力需要涉及具体的建设内容和组构方式，如建设容量、覆盖率、路网密度、运行功能以及构型方式等，都需要研究建设物体的地理位置和几何属性，甚至形象与风貌。本章首先介绍了城市区位和城市交通对功能和建设容量的影响，阐明了区位和交通两要素对城市设计决策的具体指导意义；其次，梳理了文化因素对城市功能和建设容量的影响，阐明了居住文化和社会组织方式对城市形态的干预。最后，综合各类影响因素，着重探讨了城市地块的容量问题，并基于城市设计立体思维的概念，并引发对提高城市承载力的思考。

4.1　地块的区位与功能

　　城市设计的首要任务是落实城市空间发展意向，为城市发展提供必要的物质条件；其次是解决因城市经济发展带来的场所和环境问题，为生活在城市中的人们创造出良好、公平的场所环境，同时也支持和促进由活动带来的社会效益与经济效益。在城市中，任何一处场所都不是孤立存在的，城市设计地块的功能和容量不仅受到交通环境的影响，也受到它区位条件的制约。同样的功能、路网格局，所处的区位不同，它所能承受的容量则不同。因此，城市设计首先需要研究的是设计地块、地段或区域所在城市的性质、所处城市的区位以及周边地块的功能特色。区位条件是城市设计的重要资源，区位优势与否取决于该区位可以利用和获取城市整体空间资源能力的大小。对于城市设计来说，一个地区的区位优势主要就是由城市的地理位置、自然资源、功能要素和交通条件等决定。当然，区位优势也是相对的，它会随着城市性质和周边条件的变化而变化。

4.1.1　区位功能要素

　　现代城市的运行本质上是一项经济活动，因此，区位的功能要素具有首位性。由于城市化的空间集聚效应，现代城市不仅规模越来越大，出现超大规模的城市甚至城市群，而且城市功能非常复杂而多元。针对这些问题，1928 年国际现代建筑协会（CIAM）的第一次会议已经意识到城市化的实质是一种功能秩序，对土地使用和土地分配的政策要求有根本性的变革[1]。为了解决工业化产业给城市生活空间所带来的问题，城市不得不转变原本城市功能混合的状态。1933 年国际现代建筑协会第四次会议（雅典会议）确立了现代城市居住、工作、游憩和交通四大功能，并将不同的功能通过规划分配到不同的城市地理空间上去，形成城市空间的功能分区，从而使得城市的区位之间形成了差异。

　　现代城市的"工作"功能主要是指：工业、服务业以及和市民生活相关的教育、医疗卫生和城市管理等几大门类。为提高工业生产效率和降低综合治污成本，现代城市集中安排以制造业为主的工业项目，形成了空间较为独立的工业园区。城市中的产业主要以服务业为主，也就是我们通常说的第三产业。城市中第三产业比较集中的地区或地段就是城市商业中心、金融中心、商贸中心、娱乐与艺术中心等。现代城市的居住方式较传统城市有了很大的转变，居住与工作分离，形成了规模较大、功能单一的居住社区。居住社区的优势是环境安静、干扰少。现代城市的休闲功能最初主要是指城市公园和城郊自然风景区、大型影视中心、大型文体中心，以及利用历史资源的老城旅游休闲中心。现代城市的另一个重要功能就是城市内部功能区之间的连接性交通和城市与城市之间的联系性交通。交通的复杂性导致城市出现了特殊的区位功能——交通枢纽地段和城市门户地段。作为建筑学的初学者，必须了解不同的城市区位和功能对城市设计的影响，建立城市功能和城市空间设计之间的关系。本节主要梳理与城市的"工作""居住"和"休闲"三大功能直接相关的区位要素，交通功能将作为独立小节专门论述。

城市中心区： 1923年，美国城市社会学家伯吉斯在其创立的"同心圆模式"中首次提出了CBD（中央商务区）的概念，认为城市中心是商业零售业和服务业会聚之处。随着经济的发展，CBD的职能进一步扩展，城市中心具有多样化的功能，涵盖了金融保险、贸易、信息咨询、会展、公寓及配套的商业文化、市政、交通服务设施等多种职能和活动[2]。典型的城市中心区，承担着城市中心商务的功能，通常包括商务办公、金融、专业服务、会议及展览、贸易等功能，高度发达的城市中心区更加具有综合服务的能力。著名的纽约曼哈顿区、巴黎拉德芳斯两个城市中心区分别形成于20世纪70年代，和20世纪80年代，代表了美国和欧洲最具影响力与辐射力的城市商务中心区。

1）纽约——曼哈顿中心商务区 曼哈顿区总面积87.5km²，其中土地面积为59.5km²，约占总面积68%。曼哈顿岛分上城、中城和下城三个城区，上城区以居住为主，著名的中央公园则位于上城区的南端，中心商务区主要分布在中城和下城。中城区位于第40大街到59大街之间，以世界商业文化中心著称。这里集聚了纽约的主要商业与文化设施，是曼哈顿岛最拥挤、最繁华的地区，也是世界上摩天大楼密度最高的地区。有洛克菲勒中心、无线电广播城以及帝国大厦等世界知名的办公大楼；时代广场和第五大道集结着大量的零售商店；现代艺术博物馆、圣派翠克教堂、纽约公共图书馆、卡内基音乐厅和百老汇等著名的文化与艺术设施吸引了来自全世界的游客集聚此地；因此，此地也拥有大量豪华饭店和高级豪宅等服务设施。这些设施和功能可容纳超过300万人在这里的办公楼、酒店和零售店铺工作。这里的大中央车站、宾夕法尼亚车站、纽新航港局客运总站等重要的交通枢纽为大量人流往来提供重要支撑。下城区位于第十四大街以南，是世界金融中心的所在地。在曼哈顿下城有一条长仅1.54km，面积不足1km²的华尔街金融区，集中了几十家大银行、保险公司、交易所以及上百家大公司总部。高110层的著名的世贸双子大厦1970年代曾坐落于此，当时仅此大厦每天访客高达8万人次。整个金融区容纳了几十万的就业人口，成为世界上就业密度最高的地区，是世界级的金融中心。

2）巴黎——拉德芳斯新城中心 第二次世界大战以后，由于欧洲经济逐渐向好，城市开始新一轮的扩张与更新。作为欧洲文化中心的巴黎，也面临着城市发展的需求。1960年代巴黎开始了新一轮城市规划，在西郊的拉德芳斯区建设了一个欧洲大陆最大的国际商务办公区以应对城市发展的需求。由巴黎老城中心卢浮宫的轴线沿着香舍丽榭大街向西，经过凯旋门广场延伸至拉德芳斯新型商务区，形成了商务区与原有市中心区在城市商务空间格局上的双中心趋势。拉德芳斯区为不同性质、不同规模的公司度身定造不同类型的办公空间，聚集了近 200 家跨国公司总部和区域总部，还有 1000 余家从事咨询、培训、市场调查等服务行业的中小型公司。为满足企业会议展览需要，配备了接待各类活动人流的宾馆客房，形成了由 30 余幢办公楼和 350 万 m² 组成的高密度建筑群。拉德芳斯的营造传承了巴黎的传统，注重文化建设和城市景观环境。IMAX 剧院、CNIT 会议中心、德芳斯宫（The Defense Palace）、新凯旋门屋顶展厅等空间为举办大型展览、艺术表演、音乐会等文化活动提供了条件。最具标志性的建筑——新凯旋门（The Grande Arche）建于 1989 年，集办公、展览、观光、餐饮等多种功能为一身。大量雕塑与喷泉结合的绿地、公园、园林、广场和林荫道错落有致地布置在汽车通道与人行道之间，营造出和谐、舒适的城市环境。除此之外，拉德芳斯区内建有完善的配套服务设施，为区内各类企业及居民服务。在地铁站周围建成了小型的购物中心。各小区内还设有小型食品店、便利超市、邮局、旅行社、出租车公司、快递公司、餐厅等各种服务设施，1980 年代时配备了当时欧洲最大的购物中心，总面积达 10 万 m²。世界级的商务文旅中心加社区服务网络使得拉德芳斯区真正成为一个以商务办公功能为主，集居住、购物、会展、旅游等多种功能为一体的配套齐备的城市中心区。

　　在我国，虽然没有赋予城市中心区明确的定义，然而经过多年运行，可以看出我国城市中心区具有以下特征：它是城市政治、经济、文化活动的核心区域，也是第三产业的集中地，城市主要的经济活动区；还是城市人口最密集、活动最频繁的地区，也是城市公共建筑的密集区。城市中心具有自身的集聚功能，也具备规模效益和集聚效益。城市中的地价通常最高，是城市内部交通的聚会点，具有较高的通达性。城市中心的市政设施配备完善，具有高质量的服务品质。城市中心同时还是城市特色与风貌重要表达区。

　　1）上海南京路商圈　　上海南京路商圈位于上海浦西城市中心，它包括南京东路和南京西路两个部分，其中南京东路的步行街是整个商圈中最为繁华的地段。南京东路主要是平价商业区和旅游区，也是上海的传统商业中心，其主要腹地覆盖 330km²、910 万人。从上海开埠一百多年来，南京东路一直都被称作"中华第一商街"，1949 年前曾为全球三大顶级商业街，街道两旁遍布着各种上海老字号商店及商城，其中风格迥异的中外建筑群[3]。商业和文化娱乐活动相互促进是上海南京路商圈的特色，五光十色的商品和流派纷呈的文化，形成了上海城市风貌的一道独特的风景线（图 4-1）。后续发展的南京西路及周边静安寺地区则是中国商铺

图 4-1　上海南京路商业街夜景

租金最高也是全上海最奢华的时尚商业街区，以奢侈品和高端个性消费为主，东西两段功能互补，加强了现代城市中心的活力。南京路向东可以直抵著名的景点外滩，可看黄浦江外滩全景、钟楼和东方明珠、金茂大厦、国际环球金融中心等，扩展的感知领域和便利的交通设施使得南京路能从更大范围吸引游憩活动。

2）上海浦东陆家嘴金融中心　20 世纪末，以国际化大都市为发展目标的上海需拓展城市发展空间，向东跨越黄浦江开发开放浦东成为最佳选择，其中陆家嘴金融贸易区成为浦东开发开放的重点区域，占地面积约 1.7km²。地处上海的陆家嘴金融中心其发展定位则是将长三角地区紧密地联系在一起，具有集聚金融机构和资本市场的优势，为国际化大都市奠定基础。陆家嘴金融中心集聚了各类金融、房地产、批发零售业，逐步形成了以金融产业为龙头的现代服务业产业链（图 4-2），成为高速发展的长三角区域的金融核心功能区。发展至今，相比纽约、伦敦、巴黎、东京、新加坡等国际大都市，未来陆家嘴 CBD 建设还需要围绕金融产业着力打造现代服务业全产业链[4]。

城市中心区是城市最具经济活力的地段，是城市经济发展的重要动力。城市中心区具有经济活动的辐射力，可以带动周边地区的发展。从上述案例可以看出，城市中心区的功能主要是三产类的金融和办公，其次是商业消费和文化消费，还有像巴黎拉德芳斯那样综合的社区功能。从城市中心区发展的脉络来看，具有综合功能并融入居住生活的城市中心具有发展的可持续性。如 20 世纪 70 年代末美国曼哈顿中心区商务办公饱和，无法容纳人们需要的娱乐、休闲、高档零售和生活服务，造成了老城的"空洞化"。1980 年代纽约政府对老城实施改造，扩展其功能，使得曼哈顿重新成为世界上最富有活力的城市中心之一。

居住区：居住是城市的主要功能，城市居住区一般称居住区，泛指

图 4-2　上海浦东陆家嘴全景

不同居住人口规模的居住生活聚居地，一般说来城市用地的 25%~40% 是居住用地。现代城市居住区大致有三种类型，城市居住区、城郊居住区以及附属于大城市的以居住为主的卫星城。现代城市规划的功能分区原则使得城市形成了大量单一居住功能的住区，然而居住区并不只承担居住功能，必须根据日常生活的需求配建一整套较完善的生活配套设施满足该区居民需求，远离城市中心的居住区在满足物质需求之外，还需配备文化生活所需的公共服务设施。居住区的质量取决于居住区自身的配套设施的完善程度和居住区对外交通的便捷程度。

居住区的组成要素主要有住宅、公共服务设施、道路和绿地。其中公共服务设施是居住区配套建设设施的总称，包括 8 类（表 4-1）。

表 4-1　居住区配套建设公共服务设施分类表

居住区公共服务设施	教育	托儿所、幼儿园、小学、中学
	医疗卫生	医院、门诊所、卫生站、护理院
	文化体育	文化活动中心（站）、居民运动场馆、居民健身设施
	商业服务	综合食品店、综合百货店、餐饮店、中西药店、书店、市场、便民店等
	金融邮电	银行、储蓄所、电信支局、邮电所
	社区服务	社区服务中心、托老所、治安联防站、居委会、物业管理等
	市政公用	供热站或热交换站、变电室、开闭所、路灯配电室、燃气调压站、高压水泵房、公共厕所、垃圾转运站、垃圾收集点、居民停车场（库）、消防站、燃料供应站等
	行政管理及其他	街道办事处、市政管理机构（所）、派出所、防空地下室等

随着人口不断向城市集聚，居住区随着城市规模的扩大也不断扩张，生活在城市各个住区人们的日常通勤活动成为城市交通首先要面对的问题，构建居住区和城市其他功能区之间的交通网络是现代城市规划的一项重要任务。居住区的交通环境和通勤能力是考量居住区质量的又一重要指标，往往也会成为决定居住区房价的重要因素。现代城市功能分区导致了职住分离，使得人们的生活不得不依赖各类机动车交通，过长的通勤距离耗费人们大量的时间和精力，反而严重影响了人们的生活质量。自 20 世纪 50 年代起，对功能主义城市的理念和功能分区的规划原则开始反思，特别是针对住宅区。

20 世纪 50~60 年代开始，欧美大量战后重建的现代城市居住区逐渐显现出它的问题。如：严格的功能分区违背了人们日常工作与生活的基本规律，加重了城市的交通问题；新建居住区的居民集聚在一起的原则是对房屋价格的认可，他们之间不存在同事、朋友或亲情关系，居民之间非常陌生，没有传统社区内部那样的有机联系；新建居住空间的同质化造成了人们对自己居住的环境难以识别，引发了居住区的认知问题等。为此，欧美各国从不同的角度开始强调居住区的社区感和适宜居住性，试图寻找物质环境的社会意义，逐渐引发了城市混合居住区概念的发展。美国新城市主义倡导社区功能混合，使各种功能活动达到均衡混合——居住、购物、工作、教育、娱乐等，改变了以往郊区住宅模式，使社区回归都市生活，同时，强调公共领域的重要性，邻里空间开放，社区设施向公众、向城市开放；德国的城市再生运动强调居住环境应具有相对较高的城市密度，形成网络的公共空间、混合多样的功能和建筑；英国提倡内城的复兴、社区功能的多元交织以及社区建设的可持续化发展；日本对功能主义日照理论限制下产生的单调的行列式住宅感到乏味，开始怀念城市街区多样性的生活，把集合住宅区设计作为"街区建设"的居住环境开发建设，"街区住宅"某种程度上是欧洲城市住宅街区模式的翻版。

20世纪90年代以前，我国由于城市居住分配制度的特殊性，城市居住空间和工作空间有一定的关联性。1990年代以后，尤其是进入21世纪以来，我国在城市规划方面采用了现代主义城市功能分区的基本原则，单一的用地性质导致了功能单一的新型居住小区。另一方面，住宅的商品化与市场化使得西方在20世纪50年代开始反思的问题也都出现在我国的新建住宅区。由于我国的城市发展经历了不同的历史时期，跨越了不同的社会制度和土地制度，所以我国城市中的居住区按建构类型可以分为旧居住区、单位居住区和新居住区三大类[5]。

我国居住区通常按居住户数或人数规模，分为居住区、居住小区、居住组团三级。居住区的规划布局形式有三级结构、二级结构等多种类型，如，居住区—小区—组团、居住区—组团、小区—组团、独立式组团。

和欧美各国相类似，随着城市建设逐渐成熟，现代主义城市有关功能分区的理论不再能满足我国城市的发展需求，需要更合理的居住形式来保持城市的宜居性。基于功能复合理念的大型居住片区成为应对大城市人口激增的一种有效居住形式。混合居住区营造的尝试，包括在城市居住区的开发中去除围墙，以组团代替小区，使区内的公共设施更多地承担城市功能，同时将城市公共设施引入居住区内部，使之成为一个有机体，健康运作；以阶层混合策略防止出现社会阶层的隔离与分异，维护社会稳定，和谐发展。

产业区：现代城市功能分区的另一个重要内容是从节约土地、综合治污、利用产业群体竞争优势和提高集聚规模效应等几个方面出发，将原本和城市融为一体的产业移出城区，聚集在城郊形成产业群落。城市的工业园区是现代城市规划的一个重要组成部分，产业区的产业构成伴随着城市化推进过程会不断更新、演化和升级。产业群落的内容、规模和位置都和城市中心和城市住区有极其重要的关联性，产业区的产业类型决定了产业区与城市中心的相对位置，而且产业区的功能与结构演变也决定了城市整体功能与结构。

进入 21 世纪以来，人们不但对原本定性为服务型产业的第三产业有了全新认知，而且对产业的内涵也有了更加多元的认识。创意产业成为知识经济时代的新兴产业，创意产业的效率远高于传统产业，将给城市创造大量知识型就业岗位并带来大量财富。创意产业的发展有力推动了大都市产业结构升级、社会文化转型和城市空间重构，所以，创意产业发展的规模与水平正在成为衡量一个城市或国家的创新能力与国际综合竞争力的重要标志。创意产业和传统产业另一个不同点是它既是劳动密集型产业，又是无污染的产业。它给城市带来具有高知识和技能的人群，这些人群在城市中的生活消费又给城市带来更多的高消费，从而形成良性循环。创意产业由于无污染，所以一般都和城市融为一体，其灵活使用城市空间的特性使的创意产业在城市复兴和更新的过程中发挥出极大的作用。利用旧工业厂区空间的创意产业园，不但保留了城市历史的记忆，而且提升了城市空间的经济效益。如，20 世纪 70 年代的美国纽约曼哈顿形成的苏荷（SOHO）艺术区、80 代的英国的谢菲尔德（Sheffield）创意产业园区以及 90 年代之后的德国鲁尔区（Ruhr）的转型与更新。因此，20 世纪末至 21 世纪初以来，全球发达国家和地区甚至后起的大都市形成创意产业发展的新趋势，以创意产业集聚区为载体，重组大都市产业空间、文化与社会空间。

休闲区：休闲区应对的是《雅典宪章》提出的城市四大功能之一的游憩功能。城市游憩功能分两大类：一类主要面向本城居民的休闲活动，另一类除了面向本城居民之外还要接待来自外地游客的游憩活动。按游憩空间的规模和内容又可以分为：城郊旅游景区、城市公园及园林、城市大型绿地、城市滨水区域、道路及街边绿地；城市文体中心、城市文博教育中心、城市步道、大型城市商业游憩综合体、城市历史街区等。

当城市进入成熟期，休闲区对于城市来说不仅是市民休闲放松之处，而且成为城市发展的活力区，休闲活动成为新的城市经济增长点。许多城市发展了不同类型和特色的休闲经济区，在这个理念的带动下，许多城市开始集中城市周边的自然环境资源，深挖城市自身的历史资源，休闲区也演化成为城市的第三产业，如成都的锦里—宽窄巷子美食休闲区、杭州西湖休闲旅游示范区、西安曲江文化产业示范区、北京 798 时尚艺术文化休闲区、南京老门东历史街区。休闲区的运作方式首先是服务，为城市居民提供免费的游憩健身空间。它的运作模式是以服务吸引人群，以人流规模吸引商家来此做配套性经营。由于休闲区往往成为人流汇集的区域，休闲区的交通组织也成为城市交通网络中的一个重要节点。

综上所述，城市中心区、产业园和创意园区、游憩休闲区等在现代城市的运作中都成为城市的重要的经济活动区，而这些经济活动都依赖人流的集聚效应，对城市设计而言，了解现代城市功能和运作机制，才能理解城市的功能和高容量是紧密关联在一起的两个要素，而城市设计首先要能够为提升城市容量作出贡献。

4.1.2 区位地理要素

经历了城市化的现代城市，其边界完全打破了自然地理条件的束缚，将自然地理环境融入其中。这里强调的区位地理要素是指城市功能区所在地的地理条件以及周边的地理条件。地理条件包括了自然地理与人文地理两方面的条件，自然地理条件如地质、地貌、气候、水文、土壤、植被等状况，这些因素都是城市设计必须掌握的重要因素；而人文地理条件则包括了人口、民族、聚落、政治、社团、经济、交通、军事和社会行为等条件，其中与城市设计关系最为密切的是人口、民族、聚落、经济、交通与社会行为。

地质与地貌： 自然地貌和地质环境是一个有机的整体，尽管现代城市的规模已经跨越了自然限定，然而已经被城市所包围的原有自然山、水、植被依然是城市的宝贵财富。城市内自然山水、天然植被及其地质条件的保护不仅对城市的健康环境至关重要，而且已经成为城市可持续发展的重要资源。

在城市发展的历程中，自然地貌是记录和表达城市特征的主要因素。然而，现代城市中的楼宇大厦正在逐渐取代自然地貌而成为城市的地标，因地貌而形成的城市地方特征逐渐消失。城市设计的任务就是要协调城市建设环境与自然地貌的关系，和保护城市原有地貌的特征。城市的地方自然地貌特征具有唯一性，它将是城市发展竞争力的重要组成部分。其次，城市自然水体具备其天然的排涝结构，是可以利用的"海绵体"。保留城市水体的自然结构不仅可以减缓暴雨期间的径流速度、调节雨洪，而且还能成为城市内的滨水游憩之处。城市的地质条件是城市地貌特征的生存基础，现代城市规划与开发需要充分尊重城市的地质结构，在充分了解地质结构的基础上做城市地下空间的开发。

气候与微气候： 城市气候是城市环境的重要组成要素，它的属性和特征决定着人居环境的舒适与否，成为评价城市宜居性的重要标准之一。城市化进入成熟期，城市成为人们主要的栖息地，城市环境的宜居性将成为考量城市质量的重要目标，也是人们选择城市作为居住地的重要条件之一。

论及城市气候可以分两个层次，城市气候与城市内部局地小气候（城市微气候）。城市的气候和城市所在的气候区直接相关，如我国分为 7 个主气候区。城市局地小气候则是在气候区总体控制下的局地气候条件，和地貌条件直接相关。现代城市建成环境主要是以钢筋混凝土楼宇构成，这种城市物质空间形态完全改变了自然地貌条件，产生了有别于自然气候的城市微气候。近年来，世界范围内结合微气候环境优化的城市规划专项研究逐步成为城市规划研究领域的前沿课题，对于城市设计来说，应该首先关注城市所处的气候区，探明城市形态与局地小气候的关系，通过优化建筑组合方式，探索适宜性城市地貌特征[6]。

历史与文化： 城市的历史与文化是城市地理因素中与城市设计关联性最直接的两个重要因素。20 世纪中期，现代城市的问题逐渐显现，第二次世界大战以后，人们开始认识到城市历史和文化是城市人居环境中不可或缺的重要组成部分。

为保护城市的历史价值，《威尼斯宪章》（1964）、《马丘比丘宪章》（1977）与《华盛顿宪章》（1987）均分别阐述了城市保护的意义和作用并对城市的定义、原则、目标、方法及手段。在城市化进程领先的欧洲，自 1970 年代起各国政府对历史城市保护的意识逐渐增强，根据自身的条件针对老城保护的相关法律法规逐渐成熟，老城保护成为城市共识。事实上，老城保护也给城市带来了知名度和影响力，保护完好的城市历史街区往往都成为城市的旅游景点，继而给城市带来了经济效益。

我国于 1982 年正式提出了"历史文化名城"的概念，公布了北京、西安等个首批国家历史文化名城，1986 年正式提出了保护历史街区的概念，为正在发展中的城市的历史遗产给予政策上的支持。随着我国经济实力的增强，城市对历史街区、地段和建筑的保护力度逐渐加强，城市设计在其中扮演了重要的角色。城市历史和城市文化能够满足人们对城市环境精神上的追求，它们的魅力可以给城市带来活力。

4.1.3　城市事件与策划

城市聚集了世界上大部分的人口和主要的经济活动，在全球化的时代，资本的流动使得全球城市之间的竞争不断加剧。在市场的作用下，城市不得不学会如何营销自己，"城市营销"也成为城市领导者不得不学会的一项技能。城市发展史上不乏善于利用重大节事带动城市再发展的典范，如组织有广泛影响的国际性节事或启动公众认可的大型项目，重新编制城市规划，改善城市交通和基础设施，提升投资环境和公共空间品质，同时借助强有力的城市营销手段吸引外来投资等一系列措施，已经被证实可以成为城市发展的催化剂。随着我国经济实力的提升，各级地方政府也开始认识到事件对城市发展所能起到的推动作用，并积极参与重大节事的申办。

城市事件的利用一般可以分为三种类型：国际大型赛事或博览会、人造度假胜地和故事题材主题景点。第一类可以因事件吸引投资，启动城市新一轮的建设，通过改善城市环境提高城市的知名度。第二类和第三类则是通过特定的环境设计和建造，打造人流聚集地。三类事件的策划方式和打造方式有所不同，目标基本一致，即通过事件提高城市的吸引力，打造人流的集聚地。

大型赛事与城市更新——巴塞罗那：西班牙加泰罗尼亚地区首府巴塞罗那是善于利用重大节事推动地区再发展的典范，在1929、1992和2004年分别组织了国际展览、奥林匹克和世界论坛，从不同的角度根据城市的需求对城市空间做一系列的改造，使得城市持续得到更新的动力。1929年，作为西班牙制造业中心的巴塞罗那把即将举办的世界博览会主题定为"未来的巴塞罗那计划"。基于该"未来计划"对巴塞罗那的整个外围区域进行了系统的规划，为整个城市公共空间的发展打下了基础。当巴塞罗那获得1992年奥运会举办权，再次结合城市发展，制定了《蒙特尤克体育设施发展计划》，开创了奥运会举办的新模式。该计划指导思想是如何在奥运之后利用奥运场馆和设施为城市全民运动服务，将奥运投资和城市的基础设施建设直接联系起来。充分利用散落在城市各处的体育设施，使多处体育场馆得到了重新修缮。为连接多个场馆，大量的投资用于城市交通系统的建设，包括链接体育场馆的城市区域间快速连线和环道，提升了整体城市交通运行能力。基于前几次的经验，巴塞罗那于2004年又发起组织了另一个国际盛会——世界文化论坛（Forum 2004），与前几次事件不同的是，这次策划将重点聚焦到各国社会精英和公众人物。用长达五个月的论坛集聚来自世界各国的政要、宗教领袖、社团组织和公众人物，进行对话与交流。巴塞罗那基于"世界文化论坛"提出了"转型巴塞罗那"的主张，再次提升城市对外开放的形象，向世人展示了古城的现代气息。为此将城市中心向海边延伸，变基础设施用地为大型滨海公共空间，促进了城市工业区的顺利转型。

人造度假之城——迪拜：迪拜是阿拉伯联合酋长国的第二大酋长国，也是人口最多的一个城市。地处沙漠，资源匮乏。20世纪60年代，石油的开采给这个酋长国带来了很多财富，推动了迪拜经济和城市基础建设的更快发展。然而，迪拜的石油储量在七个酋长国中排在倒数，并不能作为持续发展的支柱，从1980年开始大力推进多元化产业类型的经济政策，力图将迪拜打造成中东的金融中心和观光城市，摆脱对石油的依靠。20 世纪末随着外国资本与外国企业的进入，迪拜初步形成了"人"与"物"的聚集地，为转型世界级金融与观光度假胜地奠定了基础。为了吸引世界富豪集聚迪拜，建造了大量造型独特、功能完善的旅游设施，如：阿拉伯塔酒店（迪拜帆船酒店）和室内滑雪场。基于优美的海岸资源，迪拜极具创意的开启了"棕榈岛工程"。形似一组棕榈叶的人工岛由一个"树干"、17 根"枝条"和一圈防波堤组成，不但大大增加了海岸线的长度，而且使得坐落在"枝条"上的别墅都拥有了自己的专属海滩。由形同世界各国版图的小岛组合而成的"世界岛"是迪拜王储穆罕默德·本拉希德·马克吐姆的一个创意，吸引世界资本来此"瓜分"世界。"棕榈岛工程" 2001 年开始启动，在世人的瞩目下，棕榈岛变成现实，2006 年完工交付使用。迪拜在贫瘠干燥的沙漠里硬生生堆出一座人间天堂，再次赢得了世人的瞩目，迪拜棕榈岛被誉为"世界第八大奇迹"。迪拜进入世界一线城市的行列，世界资本、富豪和度假人群集聚于此，完成了由资源型城市到消费性城市的成功转型。

影视基地与城市旅游： 影视的影响力可以引发的旅游现象称为影视旅游，是一种现代社会新兴的文化旅游活动，而影视城（影视基地）是影视旅游最主要的对象之一。本质上看，影视城是主题公园的一种特殊形式，最早的影视类主题公园是美国的迪斯尼乐园，由迪斯尼公司根据其影视作品而建造的乐园，吸引了众多的旅游者，形成城市的招牌地。20 世纪 80 年代，我国开始尝试由影视基地转换成为旅游地。1980 年代《红楼梦》开拍，在北京南郊建造了一个"大观园"，拍摄结束之后作为园林开放游览，观众可以亲身体验电影里的每一个场景，而基地也获得不菲的收入。由于影视基地可以带来后续经济效益，许多城市开始兴建各类主题的影视基地，尤其是缺乏旅游资源的城市。1996 开始建造的位于浙江省东阳市横店镇的横店影视城是我国影视城中的典范，内容非常综合。景观形态不但涵盖了中国各个历史时期（秦汉唐宋，明清民国），而且类型齐全（皇宫官府、民居街肆、香港街）。使得原先名不见经传的横店，成为中国的影视名城。

4.2　城市地块与人文因素

城市地块开发的另一个重要因素是城市的居住文化，这一点曾经被早期现代城市理念与规划方法所忽略，但很快也有了反思。这就是 1977 年"马丘比丘宪章"对 1933 年"雅典宪章"最重要的反思，城市的历史和城市的人居文化将是决定城市空间形态最重要的基因，也是城市设计的依据。本节梳理我国的城市历史街区和带有我国居住文化特征的功能区构成案例，理解符合我国城市生活需求的建构方式。

4.2.1　传统街区及其生活方式

城市的历史街区和传统风貌区已经成为城市的资源，该资源是城市历史积淀的结果，蕴含了丰富的城市文化和生活内容，所以，在城市更新设计中仅仅了解城市肌理的几何特征和类型是远远不够的，应该理解形态肌理的文化属性。

城市历史街区的街巷结构是历史街区的基本骨架，街巷结构不仅反映了人们城市生活的运行路径。我国传统城市中的街巷网络则受到政治制度、行政结构、防御体系的规制与制约，同时遵循自然地理因素、气候因素和社会礼制限制，体现了地域条件下的城市人文特征，如北方的封闭式胡同和南方开放式街面无一不映射了地方气候和文化习俗的差异。

传统院落住宅组团源于中国传统的聚居文化，一组院落就是一个聚居单元。院落形式上是一个单座建筑结合院子或厢房沿着中轴线布置，形成一个基本的院落单元，即合院的基本类型。院落以主干家庭为核心，根据家庭的人员构成、代际多寡和经济实力，院落多沿着中轴线纵向地串联布置，将生活有序地组织起来。通常说的深宅大院的"深"就是指中轴线上串联的院落数量较多。以江南五进宅院为例，第一进为门厅，第二进为轿厅，第三进为客厅，第四进为内厅，第五进为卧厅，其中客厅的功用是接待外来客人，而内厅这是家庭内部成员聚会的场所，尤其是针对家庭成员中的女性（图4-3）。

此外，院落的规模还受制于它所在的街巷规模和所能拥有用地。土地的权属是家庭财产的重要部分，地界是家庭财产的边界，地界界定了每户家庭的土地边界，也界定了建造在土地上的房屋。"间"是合院的基本单元，地界的宽窄是决定"间"的尺寸的重要因素，因此我们看到了类型统一而尺寸各异、进深不同的合院。

传统合院的建造规则和方式也是决定院落基本单元尺度的另一个重要因素，其中"间"与"架"是营造的两个重要单元。如果说"间"与"间"的数量决定了合院的宽度，那么由立柱、横梁、顺檩等主要构件而组成的梁"架"选型就决定了房屋的进深。传统建筑的结构框架的变化，主要表现为开间（间）、步架（架）与步架数的变化。传统合院的营建方式因地区、气候和取材的不同形成差异，所以一个城市的历史街区和传统风貌区的城市肌理也是营建文化的体现。

4.2.2　封闭式住区与居住方式

在各国的城市中，居住区在建设量和占地面积两方面都是主角。由于我国居住习惯有自己的特色，经历城市化进程的中国现代城市居住小

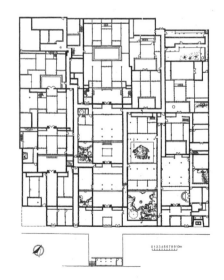

图4-3　苏州传统民居铁瓶巷顾宅首层平面图

区已经形成了独特的形态。

我国居住建筑以板式集合住宅为主。第一个五年计划时期（1953—1957 年）引进了苏联的标准设计方法：按照标准构件和模数设计的几户住宅共用一个楼梯，形成基本居住单元，数个居住单元组合成一栋住宅建筑（图 4-4）。就经济性而言，集合住宅在用地效率和建造成本上远优于传统的院落住宅，所以在国力尚弱的 1950 年代，全国各地普遍接受了板式集合住宅作为城市住宅的基本类型。由于国情差异，直接引进的类型并不合乎我国居民的生活习惯，"一五"末期，住宅设计开始了本土化的趋势，出现了小户型、外廊式等探索，以保证住宅功能完整性和居住舒适性（图 4-5）。

新的居住形式对城市住区的布局提出新要求。和住宅一样，城市住区规划照搬了苏联周边式街坊的格局：住宅沿地块周边围合式布置，采取严格轴线对称的构图，地块中央布置服务设施，形成了一种社会主义国家的住区形象，如北京夕照寺住区（图 4-6）。然而，由于住宅单元及其组织方式和我国居民的使用差异较大，所以，我国住宅区布局很快放弃了苏联住宅区的组织格局，转而接受了欧洲现代主义小区规划的理念，如 1950 年代初上海按照"邻里单元"原则规划的曹阳新村，奠定了我国联排式住宅的基本格局（图 4-7）。

住宅区的布局与房屋的供给制度、分配制度也有密切的关系。改革开放之前，我国城市住宅多以分配为主。城市居民的主体都是城市生产、消费、文教和管理等各个功能部门（单位）的成员，俗称"单位职工"，单位职工的住房由单位供给，采用的是单位分配制度，标准各单位不一。很多规模比较大的单位都会有城市划拨的土地使用范围，用墙围合，设门进出。围墙之内，建有该工作或生产用房，同时还建有职工住宅区，形成了我国特有的城市中的工作和生活一体化封闭式组团，这是封闭式住区的雏形。在职工人数庞大的单位里为了方便生活，单位还为职工配置了自己的幼儿园、医院、影院和菜场等一系列服务设施。

改革开放之后，我国住宅制度完成了由分配制向市场化转型，住宅称为商品，和工作单位分离的居住区逐渐成为城市住宅区的主体。最初，

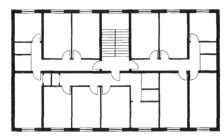

图 4-4 1952 年引进苏联标准设计的华北 301 住宅

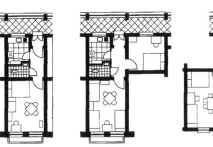

图 4-5 北京幸福村街坊小面积住宅，1957 年

图 4-6　按照小区原则设计的北京夕照寺住区，1957 年

图 4-7　按照邻里单元原则规划的上海曹阳新村，1951 年

城市集中建设的住宅区是开放式的，如南京的瑞金新村、如意里小区等。开放式居住区内部道路虽然不是城市道路，但向城市开放，可以成为步行者借道行走的空间；居住区的基础设施也成为周边设施系统的一个组成部分。然而，由于配合开放式住区的城市管理政策缺失，导致各地城市开放小区出现了安全、卫生和物业管理等各类问题，使得开放式住区的居住品质低下。当住宅作为商品进入市场以后，开发商和居民都趋向封闭式管理的居住小区，逐渐形成我国城市住宅区的特色（图 4-8）。

纵观中国城市居住文化，经历了唐代的里坊、宋以后的四合院、殖民时期的里弄和改革开放之前的单位大院等多种居住形式，可以看出内向和封闭是居民较为习惯的一种居住模式。内向的居住形态带来了环境的私密感，而封闭式管理则带来了安全感，二者合一为构筑熟人社会开启了通道，为创造归属感提供了可能性。然而，当封闭式居住小区规模加大时，显出诸多劣势，如大型封闭式住区所在的街区没有城市支路，增加了城市主干交通负担；封闭范围过大时，内部居民的出行也不方便。

规划设计层面一直在探索如何弥补封闭式居住小区带来的城市问题，如采用小街区的格局来缩小封闭式小区的规模，增加城市支路。采用门禁式管理，在不增加管理成本的基础上增加小区出入口等。近年来功能分区的规划思想逐渐被放弃，商住混合用地的小区逐渐增加（图 4-9）。

4.2.3　商业综合体与城市生活

商业建筑和商业街区是城市公共活动空间的重要场所，我国城市商业中心形成的形态特征是我国城市居民消费文化和方式的产物。我国城市传统商业街，主要结构呈鱼骨状，即一条主街串联了诸多街巷，四通

（a）联排式

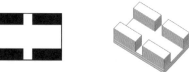

（b）联排式 + 满铺底商

（c）联排式 + 沿街底商

（d）商住综合体

图 4-8　封闭居住小区与城市功能关系的四种类型

图 4-9　镇江句容新建商住综合住区，小区底层为菜场，沿街为商铺，二层以上为居住楼宇和楼宇间的绿地

发达。商业沿街展开，个体商业规模不大，沿街购物，街道成为主要城市公共活动的空间。进入现代城市初期，街巷式购物方式依然不能满足消费需求，同时公有制为主体的百货公司成为城市商业活动的主体，造成商业街区的形态开始变化，大体量的百货公司和公共建筑沿城市主要道路展开，主要商业活动由外转内，街道的人行空间成了步行交通通道，承担了从一个商业建筑转向另一个商业建筑的通道。

　　30 多年来在城市化的推动下，城市规模激增，加之城市职、住功能分离，小汽车成为许多家庭的代步工具，再次引发了城市商业活动空间的变化。城市中出现了占地面积很大的两类商业中心，一类是购物中心（mall/shopping mall），另一类是大卖场，也就是超市（Supermarket）。这两种类型的原型均诞生于美国，与城市高速公路相连接的近郊集中分布商业中心（在 1960 年代初期，欧美城市郊区的综合体建筑开始与商业步行街相结合，实现人车分流，甚至出现了不受气候影响的室内步行街）。然而引入我国后，则根据我国居民的消费习惯取代了传统大型百货公司的模式，变成了城市中的热点。当这两类商业活动模式引入城市以后，一方面以往的城市外部空间活动基本转为内部，另一方面建筑设计发生了根本性变革，内部空间街道化，中庭空间广场化，并力求将自然光线引入内部。各品牌的零售业主都将原用于沿街商铺的门面设计方式来装饰自己店面，建筑内部已然成为加了顶棚的步行商业街。人们驾车来此，按中国人的习惯逛店、吃饭和娱乐，然后回家。如此，商业中心设计已经成为城市公共活动空间的设计。

　　尽管近年来小轿车已经成为许多家庭的代步工具，但是公交出行一直是各地政府一直在努力推进的目标，公交系统越来越成为市民的首选，

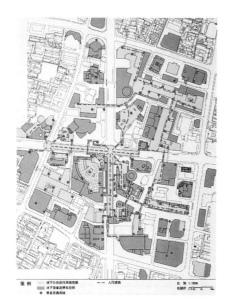

图例
□ 地下公共步行系统范围　　— — 人行通线　　比　例 1:1500
■ 地下设备及停车空间　　● 垂直交通系统

图4-10　南京新街口交通枢纽地下步行系统与商业空间

所以，城市大型商业综合体也开始结合城市公共交通系统发展，优化和提升了城市中心的功能。地铁线路的换乘方式和地面交通不同，需要有一定的步行距离，商家利用这个短途的步行空间发展出地下商业空间，如南京新街口商业中心（图4-10），该商业中心结合地铁出入口和线路的换乘，将原先分布在四个不同街区的各个商业体连接在一起，成为地上地下一体化的综合中心。地上物业的商业人流得益于地下通道出入口的必经过境人流，而交通人流又因途经丰富的商业和餐饮街顺便完成了购物任务，行走成为有趣的活动。因此，城市商业综合体的设计，不仅是城市设计，而且包括了交通组织设计。

近年来城市商业综合体的内容日趋丰富，在增加影院城的基础上又增加了游乐场的功能，如儿童乐园和内外景观结合的小公园。这种配置使得大型综合商业体从购物中心完全转向了游乐、休闲、文化消费中心，成为城市名副其实的公共活动中心。此外，为了平衡城市人流的分布，在可能的情况下，商业综合体上又增加写字楼、旅馆和住宅，这样可以在时间和空间上综合考虑人流的分布。事实上，城市商业综合体的设计早已超越了传统建筑的范畴，成为城市设计；换句话说，城市设计并不只是传统理解的外部空间设计，而是内部、外部、地上、地下一体化的综合城市空间设计。

4.2.4　社区组织与生活配套

在我国，按居住人口规模的大小需配建不同等级和内容的居民物质与文化生活所需的公共服务设施，俗称住区配套或社区配套。由于生活方式的特色，我国社区的生活配套有自己的内容，且各地也会有自己的地方特色，这也是城市设计在社区地块功能中应该充分考虑的因素。

社区组织和住区生活配套包括社区商业配套、教育配套、体育配套、卫生设施、交通设施和应急设施。为了节省配套设施用地，出现了社区配套设施综合体，教育设施与社区公共停车综合设施等新的城市综合体及其城市布局和设计。

（1）社区中心是离市民日常生活最近的城市公共活动中心，近年来我国配合城市居住区的建设，按规划指标配备了相应的生活基础设施。社区级的生活配套设施包括商业设施：菜场和超市、餐饮店、美容美发店、洗染店；医疗设施：社区医院；文体设施：健身馆；餐饮服务：咖啡馆、酒吧和餐馆；学前教育；邮电和电信类；还包括社区管理设施和社区安全保障如派出所等。

（2）中、小学和幼儿园配套

中、小学和幼儿园是日常城市生活的基础设施，在我国该类设施根据城市和乡村住区人口的规模大小有着不同的配套标准，且随着社会的发展该类设施的配套标准也在逐渐提高，以满足城乡居民的生活需求以及适应人口结构的变化。依据现行国家标准《城市居住区规划设计规范》GB 50180-93（2016 年版）的规定，中学的服务半径不宜大于 1000m，小学的服务半径不宜大于 500m，幼儿园的服务半径不宜大于 300m。对与城市设计而言，教育设施的场地安排除了适应建筑功能的需求外，还应在城市空间方面提供便利的功能空间，如：幼儿园和小学入口附近应该考虑方便家长的临时停车空间，中小学学生上下学穿越城市道路的安全措施等。

4.3　城市地块与交通组织

城市地块的功能布局中一个更为重要的因素是容量，即不仅需要对功能属性进行决策，而且需要对布局的数量进行决策，这就是城市地块的容量问题。牵制城市地块容量的主要因素有两大类：第一类是前面已经提到的地理因素中的环境，第二类就是交通容量。前者的目标是保证地块内的生活质量，而后者则是保证地块的运转能力，因而，城市交通称为城市生存和运转的必备设施。

就功能而言，城市交通分为两类：城市对外交通和城市内部交通。城市对外交通承担了城市之间的人流和物流的交往功能，其交通方式主要采用铁路、公路、水运和空运等方式，所以铁路客（货）运站点、高速公路和城市路网的互通、水运码头和城市空港等设施的所在地都将是人流、物流和车流的集聚点，它们在城市中的布局直接影响了城市的运行效率。城市内部交通主要承担了市民日常出行功能，其交通方式主要有公共交通（地铁和公交）、驾车（自驾和打车）、骑行和步行等方式，无论哪种方式都依赖于城市道路或线路。以城市路网为主的城市交通网络的效率和它所服务的范围与地块功能及容量直接相关，与对外交通的连接方式也有着密不可分的联系。本节主要讨论与城市街区、地块相关的城市路网构架问题。

4.3.1　城市规模与交通组织

城市交通的组织方式决定了城市路网的基本构架，而城市交通的组织方式则取决于城市的规模。到目前为止，以城区常住人口作为统计口径，我国将城市规模划分为五类七档，这五类分别为小城市、中等城市、大城市、特大城市和超大城市 [7]（表 4-2）。就城市设计而言，城市路网的构架分为几个层次：道路功能、路网形态和组构方式。

表 4-2　我国城市规模的五类七档

城市规模		城区常住人口数量
小城市	Ⅱ型小城市	20 万以下
	Ⅰ型小城市	20 万以上 50 万以下
中等城市		50 万以上 100 万以下
大城市	Ⅱ型大城市	100 万以上 300 万以下
	Ⅰ型大城市	300 万以上 500 万以下
特大城市		500 万以上 1000 万以下
超大城市		1000 万以上

　　城市道路按其功能可分为交通性道路和生活性道路。交通性道路是以交通运输为主要功能的道路，其特点为车速快且道路线型要符合快速行驶的要求，交通性道路又可分为：城市快速路、主干路、次干路和支路。

　　快速路是大城市、特大城市交通运输的主要动脉，也是城市与高速公路的联系通道。在大城市和特大城市中往往以快速路划分城市区域，快速路的构架决定了大城市的主要形态格局。

　　主干路是全市性的常速交通道路，主要为城市组团间和组团内的主要中、长距离的交通服务，也是与城市对外交通枢纽联系的主要通道。主干路是城市的骨架，在大城市中主干路以交通功能为主，也可成为城市的景观大道。在中、小规模的城市中，主干路兼有为沿线服务的功能。

　　次干路：次干路是城市各组团内的主要道路，主要为组团内的中、短距离交通服务，在交通上担负集散交通的作用；由于次干路沿路常布置公共建筑和住宅，又兼具生活服务性功能。次干路联系各主干路，并与主干路组成城市干路网。

　　支路：支路是城市地段内根据用地细部安排所产生的交通需求而划定的道路，在交通上起汇集地方交通的作用，直接服务于地块内的生活性交通。支路在主干路或快速路分割的城市区域组团内部构成支路路网，而在城市组团和整个城区中不可能成网。如何设置城市支路路网是城市设计中的一项重要工作。

　　生活性道路是以满足城市生活性交通要求为主要功能的道路，主要为城市居民购物，社交、游憩等活动服务。生活性道路空间内可以有多种交通方式，并按机动车、非机动车和步行在空间上进行分隔，且机动车车速受到限制。由于设置了步行专用道路，所以路旁多布置为生活服务的公共建筑、商业建筑和居住建筑。

　　交通组织方式除了决定道路形式之外，还要决定路网形态。常见的城市道路网形态可归纳为四种类型：方格网式路网形态、环形放射式路网形态、不规则式路网形态和混合式路网形态。不同城市规模、性质及城市用地状况和面积决定了不同的城市道路网络规模和分布形态，路网形态的组织设计将要在第 7 章中作重点介绍。

4.3.2　城市容量与交通环境

城市容量是指在一定城市空间范围内所能容纳的最大人口负荷量、城市的生物容量、资源土地容量、大气环境容量、交通建筑容量和基础设施等。城市容量考量城市合理发展的限度，需结合城市所在地域的特定环境，考虑自然资源、经济、社会、文化等因素的作用来确定。就城市设计而言，需要关注设计地块内的容量和活动内容，配置合理的交通容量，才能赋予设计地块优质的交通环境和活动质量。

一般说来，高容量的城市区域或地块聚集着高密度的人群，活动频繁且通勤量大，因此地块的交通环境的优劣对地块的设计容量有直接影响。通常我们在高密度地块中试图增加容量较大的项目时，都需要做交通环境评估。其次，城市的交通容量在城市的发展过程中一直处于变化状态，城市开发或更新中的新增商业、娱乐和居住，甚至是新增周边的产业，都会增加城市地块的容量，并引发大量的出行活动。为此，城市设计中往往需要通过重新调整路网提高交通承载力能力，即城市设计重要组成部分 – 路网组织和停车设施的组织。

设计案例：位于南京主城西南门户地段的"鱼嘴"地区城市设计是一个很好的案例。鱼嘴地区因其独特的区位和自然环境条件，被赋予南京河西新城最具开放性的 CBD 旗舰地区之愿景（图 4–11），其核心商务组团用地 40.9ha，预计开发总量近 200 万 m²。交通承载力成为该地区能否实现高强度开发的关键。城市设计提出一系列系统应对措施：其一，依据交通发生吸引量分布和用地条件，确立"扇形 + 放射"小街区密路网地面道路形态，奠定了街区空间形态的基本结构（图 4–12）；其二，在地段地下二层增设全长约 2.1km 的地下车行环路，并与各地下车库联合开发单

图 4-11　南京河西鱼嘴地区鸟瞰图

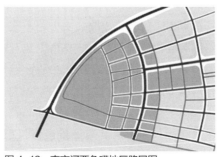

图 4-12　南京河西鱼嘴地区路网图

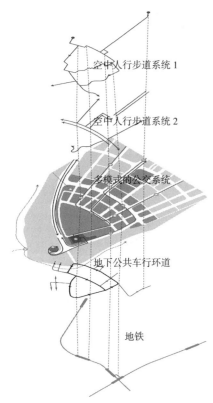

空中人行步道系统1

空中人行步道系统2

多模式的公交系统

地下公共车行环道

地铁

图 4-13　南京河西鱼嘴地区综合交通轴测图

元直接连通；其三，引入两条地铁线，站点落位于商务组团与城市公园之间；其四，引入区域有轨电车线路，加强与附近地区的公交通勤联系；其五，结合地面上下部交通换乘节点，建立地下、地面和空中全互通的立体化公共步行体系（图 4-13）。综合交通处理措施为提高土地使用效率提供了保障。

同等容量的地块因承载的功能不同对交通环境的要求也会不同。如，高密度的商业区域，全天都会拥有大量的活动人流；在夜市比较热闹的地区，人流活动会持续到很晚，滞留时间也会比较长，因此仅仅从道路设计、出入口设置和停车配备等方面考虑是不够的，必须结合城市公共交通系统和步行系统才能支撑。又如，高密度住宅区的人流问题主要集中于早晚上下班的两个时段，往往会看到一条连接城市大型住宅区和城市中心功能区的干路上，车流呈单向拥挤的状态，早晚各占一边，这都是城市规划中功能分区所带来的问题。近年来人们对现代城市规划中功能分区的原则开始反思，从交通容量的角度看，功能混杂的区域可以利用不同功能不同时段的现象，通过时间换来交通空间。城市设计中考虑地块的功能配置，应该充分利用活动的时段考虑交通的需求。

另一方面，城市设计不仅需要为设计区域或地块配备适宜的交通设施，而且也可以通过改善路网形态和交通设施提高地块的交通容量，继而达到提高区域和地块开发容量的目的。

4.3.3　城市功能与路网密度

路网密度是道路长度与对应建成区面积的比值，单位为"km/km^2"。路网密度与地块功能和交通容量都直接相关，增加路网密度意味着提高道路通达性，然而，路网密度较高的地区意味着被路网分割的地块数量多但面积小，直接影响到地块的使用效率，因此，路网密度是城市设计的重要内容和考量因素。

我国目前的路网密度规划指标执行的是《城市综合交通体系规划标准》GB/T 51328–2018。该标准建议大城市快速路、主干路、次干路的合计路网密度为 $2.3~3.1km/km^2$，三者的路网密度比约为 1 : 2 : 3；支路与支路以上（包括快速路、主干路、次干路）路网密度的比为 1 : 0.8~1 : 1。路网与容积率的关系是，在市区建筑容积率大于 4 的地区，支路网密度应为规范建议数值的 2 倍；市中心区建筑容积率达到 8 时，支路网密度宜为 $12~16km/km^2$，即大城市支路网建议密度 $3~4km/km^2$ 的 4 倍；一般商业密集地区支路网密度宜为 $10~12km/km^2$。[8]

不同的出行方式对路网的密度要求相差比较大，一般说来，步行区域或地块要求高密度路网，可以实现以最短距离到达目的地。相反，城市的主干路由于车速的要求则需要降低路网密度，减少道路交叉口即减少了车辆在交叉口的停歇，提高了平均行车速度和通行能力。然而，低密度、大间距路网往往具有较高的机动车转向比率，使得交通运行效率降低，也无端增加了路面机动车数量。由于道路的机动车数量大幅增加，许多城市采用机动车单行道的方式解决车流量的问题，大大提高了通勤效率，缓解了交通拥堵，然而，这个策略对大间距路网并不适用。因此，现在不少专家建议城市应该采用小街区、密路网的格局。

路网密度与街区尺度。路网间距要兼顾街区功能与规模，不同功能对街区规模要求差异较大。澳大利亚学者希克斯纳（A. Siksna）对澳大利亚和美国 12 个典型城市 150~250 年城市形态演变的研究发现，50 ~ 70m 的步行商业街街区最有利于聚集行人活动，80 ~ 110m 是能够同时兼顾步行和机动车交通的街区尺度。另外，单一的街区尺度不能适应现代城市的功能需求，应根据街区功能适当调整路网间距。

不同功能对路网密度的要求也不相同，甚至差异非常大。居住用地在城市中占有很大的比例，城市地块的功能大多都是居住功能。我国的居住用地由于居住文化和开发方式导致出现了许多封闭式大组团的居住区，也造成了居住区所处街区面积普遍较大，路网密度较小。加之封闭式的住区管理导致各类围墙环绕，步行空间极其乏味，导致人们即便不远的距离也乐于开车出行。事实上，中国传统商住一体的居住文化和封闭式住区并不矛盾，有沿街商业的商住混合小街区既满足了居住要求，又能为日常生活提供方便。

4.3.4 立体交通策略

早在 19 世纪末就立体交通的图景就出现在美国画家威廉·罗宾逊·雷（William Robinson Leigh）（本章扉页）的作品中，标志着最新交通工具小汽车和火车被架在空中，穿梭于林立的高楼之间 [9]。1926 年德国艺术家弗里茨·朗（Fritz Lang）再次用电影蒙太奇的手法，以影像的方式让人们体验了立体交通的场景（图 4-14）。显然，人们早已知道平面交通网络是有极限的，随着城市密度的加大，三维交通网络必然取代二维网络而成为城市的主要交通方式。20 世纪 30 年代，在现代城市规划理念中被柯布西耶（Le Corbusier）正式提了出来。柯布西耶认为一个城市的密度愈高，交通行程就愈短。此外，城市的集聚度越高，城市的运行效率也就越高。

柯布西耶在现代城市规划中提出了网格状、立体式的交通。城市道路形成模数化的网格分布，每隔 400m 就有一条道路，24 栋摩天大楼就分布在这样的道路网格中。城市中心的中央车站被分为了四层，保证不同

图 4-14 弗里茨·朗的未来城市

的交通方式在这里汇集，开创了立体化的交通体系（图4-15）。

立体交通的概念由欧洲提出，然而立体交通的优秀实践案例却在亚洲，是人口的密度和城市商业文化的需要。亚当·弗兰普顿（Adam Frampton）等三位学者以香港为对象，用实地记录和图绘的方式记录了香港如何通过立体和多元的交通方式运转城市。以可视化的方式展示了立体交通的建构方式和立体交通的设施配置，展示了人们如何基于立体交通而获得方便的生活，商家如何基于丰富而立体的步行交通获得盈利。

香港九龙城：香港九龙城以位于东涌线上的九龙站为核心，整合机场快速干线以及巴士等城市公共交通，并结合多层次立体化功能复合的公共空间系统，与其上盖综合发展项目联合广场（Union Square）连成一体，最终建设成了一个"超级交通城"。

在九龙城里"地面"未必是传统城市的正负零平面，而是许多不同的标高相互交织，不同层面上有不同的功能。主要车行交通安置在传统意义的地面层，方便和城市街道对接。商业街道和步行便道设置为空中廊桥伸入架空商业街的步行路和附近街区，且所有相关车辆和行人可以直接进入所有高层塔楼[10]。在裙房的屋顶上是所有高层塔楼的共享一个平台，该平台像传统的地面层一样成为周边塔楼居民的室外社区空间。平台下面是建筑内部公共活动空间，与立体化的公共步行系统进行有机整合。该综合体集购物，餐饮、娱乐、交通设施以及社区服务设施于一体，形成了多层次立体化功能复合的公共空间基面（图4-16）。

我国山城重庆的城市交通体系更是立体交通的典范。特殊的地貌和高密度的人居环境是城市立体交通形成的动因和基础，重庆轨道交通李子坝站节点堪称立体交通与城市空间相结合的典范。该交通节点南倚鹅岭公园，北面嘉陵江，周边分布着住区、公园及学校。李子坝站采用了住宅与站点直接叠合的策略，站体与轨道贯穿楼体组成一个整体。该综合体共包含3个基本功能：1~5层为办公，6~8层为轨道交通站体，9~19层为住宅。作为交通站点，李子坝站共有两个出入口，二者高差达20余

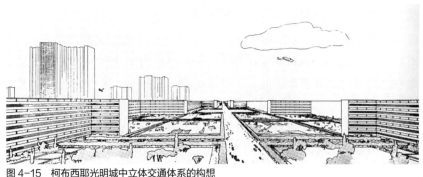

图4-15　柯布西耶光明城中立体交通体系的构想

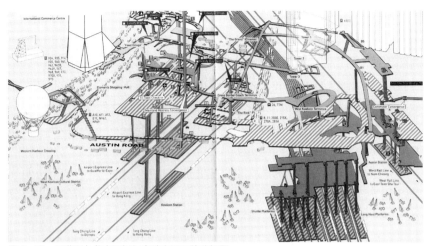

图 4-16 香港西九龙交通枢纽多种交通系统分析图

图 4-17 重庆轨道交通李子坝站空间分析图

米[11]。该节点不仅处理了山城特殊地段的交通问题，而且提高了土地使用
效率，运行以来还成为山城重庆的一个靓丽风景线（图 4-17）。

4.4 城市地块的密度与建筑容量

建筑容量是地块的重要指标之一，一般情况之下是城市设计的前置条
件。然而，随着城市密度的增长，在城市更新的过程中通过城市设计提
高地块的容量往往称为城市设计的重要任务。

1980 年代之前我国一直沿用苏联的规划模式，用"建筑密度"代表
建设容量。改革开放后，随着房地产市场的兴起，我国借鉴西方国家的
开发强度调控方式，用"容积率"取代"建筑密度"作为开发强度指标。
容积率是以美国为代表的西方国家从 20 世纪初推行城市土地区划管理制

度（Zoning）中所采用的一项重要指标，美日等国家称为 Floor Area Ratio，缩写为 FAR。它最早于 1957 年在芝加哥提出和采用，最初目的是以地块内建筑规模的控制代替单纯建筑高度和体量控制，为建筑设计提供灵活性。在我国，《中国大百科全书》中对容积率的定义为："建筑总面积与建筑用地面积的比，是反映城市土地利用情况及其经济性的技术经济指标。"《城市规划基本术语标准》GB/T 50280–98 中定义"容积率（Plot Ratio，Floor Area Ratio）为一定地块内，总建筑面积与建筑用地面积的比值。"

容积率是表述土地开发强度的一项重要指标，在一定的城市空间环境条件下，容积率越大，表示地块开发强度越大，土地利用率越高；反之，容积率越小，表示地块开发强度越小，土地利用率越低。市场经济下，容积率作为控制性详细规划中规定性指标的核心，对于城市开发建设有着非常重要的作用。城市地块的建筑容量受到多方面、多层次因素的影响，地块的容量与地块所承载的功能和交通环境直接相关，而且不同的功能有各自适宜的容量标准。在实际应用中，容积率的计算方法各国也有区别。

4.4.1　单一功能地块容量

在城市的不同功能地块中，不同具体功能承担的建筑容量并不相同。本章就以住宅、商业、办公功能为主的地块，从城市设计的角度看地块的容量。

1）住宅地块　住宅地块容积率的决定因素与所在城市的等级、地理位置、交通状况、日照间距、安全规范和生活习惯直接相关。在我国，日照标准成为限定住宅地块容积率的一个重要因素，随着城市的纬度不同，由北到南容积率逐渐增高（图 4–18）。对城市设计来说主要是协调容积率与日照间距和楼宇形体之间的关系，力图提高居住小区的环境均好率。我国的居住小区以条形单元式公寓为主，所以，条形住宅公寓的高度和住宅小区的容积率成正比，即楼层越多，容积率越高。另一方面，公寓楼宇的高度还受到垂直交通的规范的制约（详见《住宅设计规范》GB 50096–2001），因此，容积率和居住建筑的层数呈现出明显的阶梯状规律（表 4–3）。

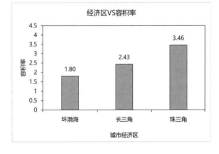

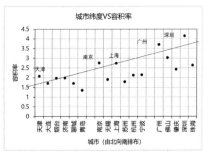

图 4–18　由南到北，因太阳高度角的变化导致居住地块容积率的变化

表 4–3　住宅平均容积率与住宅层数配置的阶梯状规律（以南京为例）

建筑层数	≤ 6 层	7~11 层	12~18 层
建筑高度	≤ 16m	$16 < H \leq 33$m	$33 < H \leq 54$m
容积率平均值	1.3	1.8	2.5

2）商业地块　与住宅地块不同，商业地块不受日照小时数的限定，且商业建筑的体量也可以比较大，所以商业地块的覆盖率通常也都比较大，因而总体上商业地块的容积率高于住宅地块。商业地块的设计应该以城市公共利益为目标，服务城市的经济文化活动；而就商业地块自身的运作而言，需主要考虑商业地块在城市中的地理位置和交通环境，二者结合起来看，商业地块对人流量的需求和市民购物的需求是一致的，有着共同的需求：便捷的可达性、适宜的停车空间、优质的购物空间、特色的休闲空间和安全的疏散通道等。此外地面层的商业空间是效益最大的空间，一般说来经营者都力图扩大地面层的商业面积；同时地块内的地面交通组织也需要足够的空间，因此地面交通组织限定了建筑的覆盖率。从购物人流的习惯来说，通常商业空间很难超过 5 层。地块的建筑覆盖率和有效的经营层数决定了商业地块的容积率。

3）商务办公地块　商务办公用地和商业用地同属一个大类，但使用方式不一样。商业办公用地主要是以写字楼为主，包括金融业、保险业、总部经济、科技办公、研发创意产业和各类技术服务等综合性办公，该类用地特征是可容纳高密度的、同时性人群。为了节省用地、节省投资和方便管理，写字楼一般都以高层建筑出现，所以在商务办公地块会出现高层楼宇集群，容积率可达 10。商业办公地块的出勤人流比较集中，尽管高层写字楼地块都会按规范配建停车设施，但是上下班高峰时段办公地块集中进出的车流会给地块周边的城市交通带来很大的干扰，造成交通拥堵。因而，有高密度写字楼集群的地块，通常都尽量控制地块的覆盖率，留出地面空间组织地块内交通，尽量减少对城市的干扰。

4.4.2　复合功能地块容量

从人的生活、工作、学习和出行的活动轨迹可以看出，人一天的活动包括了各种功能，所以在地块的开发中不应单纯地将地块简单划分为商业、居住等割裂的功能区，这样会给生活中带来许多不便，也增加了交通成本。1970 年代以后，西方国家在社会经济方面发生了深刻的转型。面对新问题，当代西方城市区域发展规划提出了一系列针对性的策略。在城市功能组织方面，最突出的策略是提倡一种混合功能的发展模式。我国由于城市化起步较晚，在经历了 40 年城市化历程的今天，也开始对按功能划分地块的做法开始反思和改变，开始强调职住混合。

在现实地块的开发中，已经出现不少标注为混合用地的地块，如商住混合、商办混合和商、办和住混合。在核心商业区，也可以植入少量高档特殊居住板块，增加核心区夜间人群集聚度；在居住区内也可以植入小型便捷酒店和小型无污染的创意和设计型企业，适当增加区内就近

图 4-19　铜锣湾的城市中心区土地高效利用

图 4-20　香港沙田中心街区立体步行街

就业岗位，减小对城市核心区的依赖程度，形成居住、商业、办公、娱乐等用地均衡的混合。

复合功能地块的另一个优势是可以在不影响使用功能和质量的基础上提高建筑容量。如：商业功能最看好的是和人行空间直接相连，地面空间的商业效益最高，大型商场最多上升至 5 层，如到 6 层多半也是安排影视空间或餐饮空间。另一方面，住宅的标准则相反，楼层越高居住条件相对更好，所以售价也越高。商住结合在空间分配上可以各取所需，零售业为住户日常生活提供便利，住户为零售业提供了固定消费人群。事实上一个地块内的功能混合使用是城市空间活动的常态，即便按功能分区建造的新区，经过数年的使用，每一个地块的功能已经开始呈混合状态。

中国香港铜锣湾地区是香港商业和居住的密集区，其地理位置和公共交通状况使得该区成为人群高密度集聚区。铜锣湾地区的建设充分利用了城市不同功能在空间上的分配规律，并且在区内实行多地块整体联动，整个街区层面形成了下层商铺，上层写字楼、居住、旅馆等复合功能。高效的土地使用效率，带来的是商业繁荣和生活便利，进一步支撑了该地区的区位优势（图 4-19）。立体交通与商住混合已经成为香港土地高效利用的重要手段，不仅高密度的港岛如此，密度略低的沙田地区也是如此。沙田中心区利用高铁站点和快速交通建构了及交通换乘、购物、娱乐和大型住宅社区为一体的高度混合街区。不仅底层有沿街购物商店，结合过街天桥组织了 3 层外廊式购物街，为普通香港市民提供了方便的生活设施和充分的户外空间（图 4-20）。

4.4.3　立体城市与城市更新的潜力

随着世界城市人口以前所未有的速度增长，有研究报告预计到 2050 年，世界人口的 75% 以上生活在城市地区。城市将需要新的住宅、商业和办公空间，以容纳数百万人生活在城市中。

近年来，世界各地的城市规划师和建筑师都在思考如何应对经济集聚效应的挑战，垂直城市和立体城市已经成为一个非常流行的概念。实际上，立体城市并不能简单地理解为垂直城市，立体城市需要空间规划和空间布局，需要有相应的管理机制和强大的立体交通支撑。鉴于立体城市的实践还处在探索阶段，本节将介绍一些与垂直城市理念相关的城市设计和建设案。

案例之一：日本东京六本木新城（六本木ヒルズ），位于东京闹区，由森大厦株式会社（森ビル）主导开发。该项目总占地面积约为 $11.6hm^2$，针对大城市土地资源紧缺、交通拥堵、公共活动空间匮乏和绿地空间不足等大城市的通病，提出将职、住、娱、商、学、休憩、文化、交流等多项城市功能在纵向上叠加，建造一座"城市中的城市"的理念[12]。其目的是，将以往职住分离型的城市构造转变为职住结合型，从而实现"城市空间倍增""自由时间倍增""选择范围倍增""安全性倍增"和"绿化倍增"。通过整体设计规划，再将被细化分割的土地整合起来提高容积率。

森大厦株式会社创造了一个"垂直"的都市的范本，城市生活流动线由横向改为横竖交错，改变了人们的传统生活习惯。为此，项目在规划时就充分考虑了利用城市地铁公共交通系统，新城的整体交通系统有水平和垂直两类东线交织构成。这所"城中城"包括了地下 6 层、高 238m 的六本木森大厦、凯悦大酒店、高端办公楼、地上地下构成的影城，以及 4 栋塔楼组合而成的集中住宅区，街区环道路两侧布置密集的购物商铺。立体的策略街区绿化，并由此前的 14.2% 上升为 25%（图 4-21）。

图 4-21　日本六本木新城

案例之二：荷兰阿尔梅勒城（Almere）这个距离阿姆斯特丹 25km 的城市全部由海水和淤泥开垦改造而成，最初的填海工程是为了用作农业土地。20 世纪 60 年代荷兰人口剧增，为缓解首都阿姆斯特丹的压力，阿尔梅勒因其合适的地理位置成为阿姆斯特丹的卫星城。然而，很快人们就厌倦了这里的生活，尤其是年轻人认为阿尔梅勒根本就不是一座城市，只是一片由农业区和区围绕着的大型住宅区。不少年轻人选择离开阿尔梅勒去阿姆斯特丹寻求更多更新的工作类型和丰富多彩的娱乐生活。

1994 年，库哈斯的 OMA 事务所接受了一项复兴阿尔梅勒的城市计划，目的在于把阿尔梅勒从卫星城的角色转变为一座充满活力富有城市气息的地方 [13]。库哈斯认为密度是塑造城市活力的重要动力，他一改常规城市设计疏解密度的做法，提出一个复合中心的设计概念。新建的城市中心共有商业设施 4 万 m²、娱乐设施 1.2 万 m²、各种类型的居住户型将近 1000 套户，其中包括公寓、联排式住宅、独立式住宅和大平层高档公寓和约 2000 个停车位。库哈斯首先立体城市的策略，将人流与建筑叠加于快速路线之上，其下部作为汽车通路和停车场。除了联通城市主干道路之外，还设置了专用的交环路输送大量人流（图 4-22）。

其次采用高密度的立体城市的策略，将城市的泊车、交通、商业、文化和居住在垂直方向上进行叠加创造了地下停车，地面商业街，屋顶花园和高档居住区的立体城市格局（图 4-23a）。此外，库哈斯还注重城市空间的可识别性，在叠加的立体结构中再注入欧洲传统城市街巷结构（图 4-23b、c），创造出具有现代城市空间品质和宜人的传统商业步行购物街。

该项目为低密度的阿尔梅勒创造了一个充满密集性活动的活力都市中心——一个真正意义上的现代都市中心，并赋予了一道美丽的天际线。设在购物中心上面的居住区既能享受到都市的繁华，又有自己独立安静的绿地和湖泊风光。这个 1976 年才建市的阿尔梅勒城，目前已经拥有 20 多万人口，是欧洲发展最快的城市之一，成为荷兰第七大城市（图 4-24）。

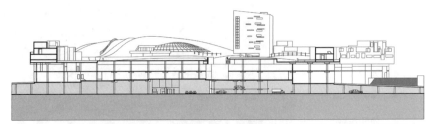

图 4-22　阿尔梅勒城市中心区剖面，新的城市中心地面层架空在原城市地面层的 2 层标高之上。保留了原有的城市交通线路不变，又为新城增加了"地下"停车空间

（a）多层功能叠加组合　　　（b）（c）过街楼和曲折界面丰富了街道空间层次

图 4-23　高密度立体城市

图 4-24　荷兰阿尔梅勒中心区

推荐读物

1. 全国城市规划执业制度管理委员会. 城市规划原理 [M]. 北京：中国计划出版社，2011.

2. Serge Salat. 城市与形态：关于可持续城市化的研究 [M]. 北京：中国建筑工业出版社，2012.

3. ALEX LEHNERER, Grand urban rules [M]. Rotterdam: Nai101 Publishers, 2013.

参考文献

1. 王宝君. 从《雅典宪章》到《马丘比丘宪章》看城市规划理念的发展 [J]. 中国科技信息，2005（8）：204，212.

2. 张开琳. 巴黎拉德芳斯 Sub-CBD 建设及其经验借鉴 [J]. 城市开发，2004（12）：60-62.

3. 丁亮，钮心毅，宋小冬. 上海中心城区商业中心空间特征研究 [J]. 城市规划学刊，2017（1）：63-70.

4. 包晓雯，唐琦. 面向长三角经济一体化的陆家嘴 CBD 发展研究 [J]. 上海经济研究，2016（12）：28-35.

5. MBA 智库・百科・城市居住区：https://wiki.mbalib.com/wiki/ 城市居住区 .

6. 丁沃沃，胡友培，窦平平. 城市形态与城市微气候的关联性研究 [J]. 建筑学报，2012（7）：16-21.

7. 国务院关于调整城市规划分标准的通知（国发［2014］51 号）：http://www.gov.cn/zhengce/content/2014-11/20/content_9225.htm#

8. 李美玲，张亚倩，张筱. 地块容积率对路网密度指标的影响 [J]. 科学技术与工程，2017（12）：314-319.

9. ALEXANDER R. CUTHBERT, The form of cities: political economy and urban design [M]. USA: Blackwell Publishing Ltd，2006.

10. 薛求理，翟海林，陈贝盈. 地铁站上的漂浮城岛——香港九龙站发展案例研究 [J]. 建筑学报，2010（7）：82-86.

11. 褚冬竹. 无理重庆 [J]. 住区，2017（02）：6-17.

12. 施瑛，费兰. 城市综合体中公共空间设计的分析——以日本难波公园、六本木新城为例 [J]. 华中建筑，2014（11）：129-133.

13. EL Croquis. 1987-1998 OMA/Rem Koolhas [J]. 1998（53+79）：386-397. Madrid: EL Croquis，1998.

图片来源

扉页图　Alexander R. Cuthbert，The Form of Cities:Political Economy and Urban Design, Blackwell Publishing，2006：34.

图 4-1　高山拍摄 .

图 4-2　周玲娟拍摄 .

图 4-3　张泉，俞娟，谢鸿权等. 苏州传统民居营造探原. 北京：中国建筑工业出版社，2017：85.

图 4-4　中国建筑学会总主编. 建筑设计资料集（第三版）（第二分册 居住）. 北京：中国建筑工业出版社，2017：1.

图 4-5、图 4-6、图 4-7　中国建筑学会总主编. 建筑设计资料集（第三版）（第二分册 居住）. 北京：中国建筑工业出版社，2017：2.

图 4-8　中国建筑学会总主编. 建筑设计资料集（第三版）（第二分册 居住）. 北京：中国建筑工业出版社，2017：35.

图 4-10　东南大学建筑系 & 南京市规划设计研究城市规划研究所，南京市新街口地区城市设计研究——新街口地区空间一体化发展及其环境优化对策 [R]. 2000.

图 4-11、图 4-12　东南大学韩冬青工作室提供 .

图 4-13　东南大学韩冬青工作室提供，作者重绘 .

图 4-14　Alexander R. Cuthbert，The Form of Cities: Political Economy and Urban Design, Blackwell Publishing，2006：37c

图 4-15　Robert Fishman，Urban Utopias in the Twentieth Century: Ebenezer Howard, Frank Lloyd Wright，and Le Corbusier（Basic Books，New York）. The MIT Press，1977：114-115.

图 4-16　Adam Frampton，Jonathan D Solomon，Clara Wong. Cities Without Ground:

A Hong Kong Guidebook. ORO editions，2012：68–69.

图 4–17　重庆大学褚冬竹团队绘制 .

图 4–18　作者自绘 .

图 4–19　Google Earth.

图 4–21　Goolge Earth Pro，作者重绘 .

图 4–22、图 4–24　https://oma.eu/projects/almere–masterplan

图 4–9、图 4–20、图 4–23　作者自拍 .

表 4–1　中国建筑学会总主编 . 建筑设计资料集（第三版）（第二分册 居住）. 北京：
中国建筑工业出版社，2017：40.

表 4–2　国务院关于调整城市规模划分标准的通知 . 国发 [2014]51 号 .

表 4–3　作者自绘 .

城市空间的
感知与活动

第 5 章

　　早期城市设计基础研究与理论聚焦于人们如何理解城市视觉品质和城市意象（Image），从凯文·林奇（Kevin Lynch）开始，对现有空间要素的感知与认知逐渐被公认为城市设计的理论基础之一。随着对现代城市意象的批判，城市设计越来越关注基于人们实际体验和感受尺度的形态环境的设计和优化工作[1]，城市空间中人的活动即人对空间的使用同时也成为重要的关注对象。这意味着，优质的城市空间不仅是视觉上美观，还要在感知上符合多维度的需求，能够吸引人的活动。为此，本章首先介绍城市空间的意象作为城市设计目标的重要角色；其次，介绍城市空间的感知的多个维度，阐明特定类型的城市空间的感知需求；最后，结合环境行为学的知识，探讨城市空间中的活动类型及相关的物质形态要素。

5.1　城市空间的意象

城市空间的景象经过人的感知、选择、组织并赋予意义，形成城市空间意象。从某种程度来说，城市设计目标之一是塑造具有特定的意象的城市空间环境。这种城市空间意象具有可被感知与认知的一些综合特征。

城市空间意象是人与环境双向作用的结果，有个性也有共性特征。"感知能力取决于空间的形态与品质，但是，观察者自身的文化、性情、心理状况、经验以及目的也有重要的意象。于是对一个特定地方的感受会因人而异。尽管如此，有一些重要而显著的基本感受却能被大多数的人共同接受。"[2] 人类作为城市空间的参与者与观察者，感知城市的同时联系周围的环境、先后次序以及个人先前的经验，形成感知意象。而正是存在人们共同感知的共性，城市意象才变得可以描述与研究。凯文林奇认为构成城市意象五个重要的要素为：道路、边界、区域、节点和标志物。

城市空间意象的塑造不能脱离城市的文化、历史、经济、技术条件等综合背景。不同的城市意象可以理解为在不同文化背景下，不同历史时期城市建设的综合结果。我们理解这些意象不仅仅能够链接意象与城市设计操作对象——具体的物质形式之间的关联，即看到外显的形式本身，更应能理解意象的内在的深层的成因。

城市空间意象不是一个静态图景而是连续体验中的序列图景。比起建筑，城市是一种尺度更大的空间的结构，需要用更长的时间过程去感知；人们不可能只凭几个指定的观测点来获得城市的意象，对城市意象的感知必然是个动态的过程，不同时间的一个或多个序列的视觉图景共同构成城市意象。

城市设计是在社会、经济、文化、健康等前置条件下对能够形成人们美好感知的城市环境的塑造。城市空间意象作为城市设计目标之一，本小节的目的是帮助感知与理解不同的城市空间意象，了解意象是如何形成与构成的。

5.1.1　蜿蜒曲折的"如画"空间

蜿蜒曲折的"如画"的城市空间是中世纪欧洲城镇、也是中国传统街巷的典型空间意象（图 5-1）。阿尔伯蒂（L. B. Alberti）《论建筑》（*De re edificatoria*）中这样描述中世纪弯弯曲曲的街道："在城市的市中心，街道还是不要笔直的好，而要像河流一样，弯弯曲曲，有时向前折，有时向后弯，这样较为美观。因为这样除了能避免街道显得太长外，还可使整个城市显得更加了不起，同样，遇上意外事件或紧急情况时，也是个极大的安

图 5-1　意大利锡耶纳巷道景象，蜿蜒曲折的街道营造了变化多端的视觉场景

全保障。不但如此，弯弯曲曲的街道可以使过路行人每走一步都可看到一处外貌不同的建筑物，每户人家的前门可以直对街道中央；而且，在大城市里甚至太宽广了会不美观，有危险，而在较小的城镇上，街道东转西弯，人们可以一览无余地看到每家人家的景色，这是既愉快又有益于健康的。"[3] 芒福德（Lewis Mumford）认为对于中世纪规划美学上的评价，没有人比阿尔伯蒂上述的评价更为公正："美丽的不规则能够让人愉悦"[4]。

但中世纪的街道蜿蜒曲折，从设计或形态控制上来说不完全是偶然的。当时的交通形式与人口密度并未对街道的形式有严格的要求，这样的形式又顺应了其他方面的需求：有防御的需求，让入侵者不容易辨明方向；也有环境性能上的考虑，避免冬季寒风的侵袭：街道狭窄，冬天的户外活动比较舒适；还有功能的需求，街道两边有连拱廊，商店沿拱廊开设；还有美感控制的结果，以锡耶纳为例，为确保公共空间的完整统一以及哥特式的曲线美感，当时有非常严格的控制条例。

当交通的发展、人口的密集带来城市空间形态的变革，蜿蜒"如画"的空间意象逐渐变为历史时，这一类的空间往往被认为是优质城市空间的楷模被提及，无论是在卡米罗·西特（Camillo Sitte）的《城市建设艺术——遵循艺术原则进行城市建设》中，还是在戈登·库伦（Gordon Cullen）的《简明城镇景观设计》中。西特对城市形式中活跃的不规则元素在视觉上的表现力感兴趣，认为街道与广场应该从三维的、体量的角度来设计，以达到感知的愉悦与视觉的美感。通过深入分析中世纪形成的街道与广场空间，他总结了公共广场的核心观点在于"是建筑集合而不是单独的建筑个体带来视觉的愉悦"[5]，强调是综合的环境、建筑与建筑之间的关系的艺术。

城市设计中，利用上述原则，在当今城市的历史街区中、部分适合人尺度的步行街区中，我们仍然可以创造出这样的空间意象，这样的空间更愿意被探索、也可能更受欢迎。尽管作为生活的空间与商业化的空间，在空间的使用模式上存在显著区别，但"西特的模式在旧城区比在城市郊区更加有用。与此同时，对弯曲的街道、圆润的转角、出人意料的小绿地、不受几何体量干扰的连续沿街面等细腻手法的维护和运用证明，在现代新城区规划中，这种另类的方法要比投机开发商常用的那种以利润为核心的几何方法更具创造力。"[6]

5.1.2　宽敞平直的几何空间

与蜿蜒曲折的城市意象相对应的，是一目了然的、轴线对称的大街，以欧洲文艺复兴及巴洛克时期的城市为典型代表。为了追求视觉上的美学效果，文艺复兴时期的公共空间中，建筑往往沿中轴线对称布置，建筑立面设有拱廊和柱廊，广场周边的建筑遵循相似规律以保证视觉的连续与协调（图 5-2）。

大街是巴洛克城市最重要的象征和主体，街道按直线型发展，马车或汽车交通发挥了关键作用。直线大街带来的速度的体验让人们在城市中也能体会到速度，并带来美的感受：建筑物排列得整整齐齐，建筑物的正面也是端正整齐，飞檐的高度也是均匀的，在同一水平线上一望无际，在飞驰的马车奔向的前方目标共同消失。现代城市建设中，这种意象也常常作为追求的目标，比如很多新城的大街，建筑物被要求退让到同一个位置、高度一致、层线一致。"有秩序的集合形体，伴随着以对称格局为中心放射的结晶形态，是适应文艺复兴早期以个人为中心的世界，表达某一个人在某一瞬间的感受"[7]。

图 5-2　意大利佛罗伦萨街景，街道笔直、建筑檐口整齐划一

除了交通的需求，直线街道更能够体现集权意志，"军事大街"必须是笔直的，笔直的街道更有利于军队保持整齐雄伟的队形，轴线形街道布局，有利于促使庶民们集中注意力于君主，提高他们的威望。强大的中央集权是其能够执行的背景，把形式的统一、美观凌驾于社会、经济、日常生活之上，将所有这些因素都简单化，必然也引发了城市的很多问题，"把城市的其他功能让位于空间、交通和建筑物位置的宏伟气势"[4]对几何图形的纯粹追求造成了对地形的忽视，强调人类理性的大背景，把生活中的很多事实简单化了。用行政命令取得外表上的美观，不允许生长、发展、适应和创造性的更新。

整齐一致的城市空间，是视觉感知引领下的设计，并配合强有力的城市法规实现的结果。先确定或规划主要建筑物和广场，然后设计"直接来往的交通线或大街"，"使整个街道上同时保持视线互相畅通无阻"，沿途景色要令人心旷神怡[4]。建筑上的专制权威，必须用严格的行政管理法规才能保留下来，比如巴黎，几个世纪表面上维持整齐划一的式样。豪斯曼制定了严格的法规规定建筑的位置、高度、线脚形式等。

城市设计中，轴线对称的设计手法操作性强，把"改善城市的交通系统作为理清城市结构的主要手段，使街道的肌理能明确易懂；增强街道和地点的个性，使交叉路口能被理解和认识；或者沿着一些重要通道创造一些生动的空间序列。"[2]但应在尊重地形、尊重城市历史空间结构的基础上进行。

5.1.3　高层林立的垂直空间

当代大都市的典型意象是密集的高层建筑——摩天楼（图 5-3）。19 世纪后 50 年里的一系列技术革新——电梯、钢框架结构、机械通风等——使得高层的建设成为可能。1885 年芝加哥建设的 10 层高的家庭保险大厦首开先例，随后纽约很快成为摩天大厦之都，它于 1929 年建设的

图 5-3　纽约街景，高层林立

77 层克莱斯勒大厦高 241m,两年后 102 层的帝国大厦高 381m,很快超过了它。

摩天楼能够实现,既是城市人口持续增长的结果,也是资本运作的产物,"它是个人利益和资本主义侵略性竞争的纪念碑"[6]。摩天楼越建越高,这种不同于传统结构体的规模与形式的建筑群,给人们的感官带来极大的刺激,也给资本家带来最大化的土地利益。强大的投机动力造就了高密度的城市中心,从聚集着商业和银行业的城市中心发出的财富吸引力推动着无止境的城市扩张[6]。

高层建筑意味着更多的使用人口、建筑密度、建筑面积,也意味着更多的交通需要抵达这栋建筑,同时,也意味着如果发生火灾、地震,更多的人需要疏散。因此,高楼同时对应了直而宽的马路、大量的停车场,在某些国家(比如中国),也意味着更多的退让空间,更大的火灾扑救面。另一方面,高楼的密集,使得传统意义上的公共空间,比如街道、广场等受到了更多阴影的影响,城市微气候环境,如温度、湿度、风速等都产生了变化。因此,高楼的密集带来了街道尺度的改变、交通密度与组织方式的变更,建筑与建筑之间距离过大带来了城市公共空间步行尺度的缺失、街道空间场所感的缺失。

从城市设计的角度,出于土地价值与经济利益的考量,无法回避高层建筑的出现,但仍可以运用城市设计的手段,多维多层级地组织公共交通与公共空间,以缓解高密度带来的人的交通与活动的影响;并对高层建筑的选点、形式、退让方式、裙房街道界面等进行控制与设计,以达到对城市天际线、标志物、街道空间等方面的优化。

5.1.4 霓虹闪耀的符号空间

拉斯维加斯展现了大都市的极度商业化的意象,广告牌的尺度与意象超越了建筑,在车行道路的引导下,占据了人们对城市空间的感知中心。"空间中的符号先于空间中的形式"[8],空间中的景观标志物成为当地的景观建筑物。为了指引,广告牌必须具有空间上的连续性;必须有特点,具有某种特定的风格和形式,必须鲜明,才能在群体中被识别出来。在极度商业化的区域,形色的标牌虽然是建筑的附属物,但却遮盖了建筑,成为空间中的感知主体(图5-4)。如果说广告牌彰显了商业活动的发生,当代城市中,"购物活动已经成为我们体验公共生活的仅存方式之一",公共空间几乎多多少少都被广告牌所"侵入"。"购物活动已经渗透、克隆、甚至重置了现代城市生活的方方面面:从市中心、主要街道、居住社区到飞机场、医院、学校、博物馆等"[9],这些必然影响着人们对城市的体验(图5-5)。

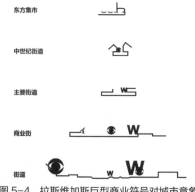

东方集市

中世纪街道

主要街道

商业街

街道

图 5-4 拉斯维加斯巨型商业符号对城市意象的冲击

图 5-5 符号空间,广告牌成为空间的感知主体

经济发展把社会带入到消费时代，几乎每个城市或区域都有大型购物中心，不仅规模巨大，功能也更加齐全；而原来纯粹功能的博物馆、机场、教堂和学校等公共机构由于运作资金等方面的需求，也逐渐变得商业化，在这些功能体周边或内部，也出现了大量的商业空间。库哈斯（Rem Koolhaas）在《哈佛设计学院的购物指南》中指出，购物行为、消费社会正重构着我们城市的公共空间；文化与政治构成商业活动的风格与前提，地块决定消费空间的尺度、形状、边界、边缘地带和变化性，通道连接购物活动，是活动和变化发生的地点[9]。

基于对建筑外墙对于街道空间的积极作用，芦原义信将商业标牌构成的空间轮廓称为"第二次轮廓线"，由于其对建筑产生的"第一次轮廓线"进行的遮蔽而进行批判[10]。文丘里（Venturi）则对当下经济发展下的新的产物"标牌"对建筑学本体从空间到符号的转变进行反思，提出对建筑中的象征主义的角色重新进行评价，并探索新图式手段的可能性，寻找更适宜的方式来描述"城市扩张"都市化，尤其是商业带[8]。

对于城市设计来说，能够以一个客观的态度来认知商业化带来的城市意象的改变，认知城市空间对符号的需求是重要的。这里的符号，不仅是商业符号，也是建筑符号、景观符号。在场所意象的塑造中，城市设计需分清哪些是符号化的表皮，哪些是赋予内涵后的自发呈现，并因此提出相应的设计策略。

5.1.5　喧嚣/安静的匀质空间

城市最主要的功能是居住，居住空间是任何城市占比最大的空间类型，也是城市居民日常停留最多的场所。相对来说，居住空间是匀质的，区域范围内相似的，可以是安静闲适有地域特色的场所，也可能是单一的大量复制的产品。解决一定密度的居住量的同时，人类也在城市空间探索更多居住空间意象的可能性。

作为 17 世纪欧洲历史上最重要的港口之一，阿姆斯特丹在黄金时代形成的运河与临河住宅的模式成为独特的居住空间的典范，塑造了特有的静谧闲适的城市居住空间意象（图 5-6）。"运河宽 80 ~ 88 英尺，呈几何放射状分布，开阔、紧凑、整齐有序。运河边铺设了步行道，道旁有一行行的行道树，往里才是一排建筑物。这些建筑物基地的地块平均宽26 英尺，正面开三扇窗，阳光可以直接照进室内很深的地方。两幢房子之间前后距离至少有 160 英尺。因此，每一地块都有个 26 英尺 × 80 英尺的小花园。建筑地块上最大的覆盖率是 56%。即使住在城市中心，也能够享受到郊区的情趣，有宽阔的空间、树木、小花园。"[4] 同样，在中国，无论是江南水乡还是徽州建筑，也形成了临水而建的带有典型地域特色

图 5-6　阿姆斯特丹沿河住宅，运河与临河住宅构成了独特的居住空间意象

的居住空间意象。

　　城市人口持续增长，居住的问题成为城市不得不面临的持续的问题。在 19 世纪末期，伦敦、巴黎、柏林或是纽约的城市都面临着密度带来的拥挤、安全、卫生等一系列的问题，城市中心区域呈现出的景象成了很多人的梦魇。从 20 世纪初开始，现代主义板楼的大量复制，批量生产的公寓为大众提供居所，柯布西耶称之为"细胞"，这种做法"保持了社会和物质控制的复杂体系，采用协调一致的住房来形成高品质的和谐社区"[11]。所有单元都是统一的，而且都应该拥有同样标准的家具，这种批量化的发展迅速在 1940 年代后期蔓延到了郊区。新型建筑材料、高效能工具、工厂预制的住宅组件以及建造技术的专业化，加速了城市的蔓延与大都市的扩张。

　　居住空间对于城市设计来说，是可操作的匀质肌理。在现行的城市法规体系之下，住宅肌理的类型几乎被限定。但所有空间塑造的初衷，应是在掌握了人们的生活习惯、市场需求、法规保障权益的基础之上，所进行的探索。

5.1.6　闲适静谧的开敞空间

　　城市中除了有大量的建筑，往往还会有供人游览休憩的广场、景观绿地等，作为城市主要的公共空间，形成开敞的城市景观意象。这样的城市意象，往往是由城市广场、绿地的规划以及对它们的精细化设计所最终构筑的。

　　德国汉堡中心的植物园（Planten un Blomen）是一个很大的城市花园，一年四季有各种各样的花朵和植物，有小溪、池塘、喷泉与瀑布，分布有安静的座椅，和小朋友的游戏场所（图 5-7）。城市人群在这里散步、坐下休息、带孩子玩耍、享受"隔离"了城市的大自然时光。由于它位于汉堡城市中心，地铁、公交、汽车都很容易到达，公园内的主路四通八达，连接周边的建筑与地铁站、公交车等人流集散的交通节点。因此公园里不仅能看到安静享受时光的人，也能见到行色匆匆的办公人群穿过。

　　城市绿地不仅给城市居民提供了休憩、舒缓大都市压力的休闲场所，也大大改善了城市的微气候。城市绿地不仅仅在规划上配置，更需要适合人活动的合理的设计，才能真正吸引人的活动。比如设置充足数量的座椅，有景观可看，有活动可参与，并且能够与气候条件所对应，夏天提供庇荫处，冬天能够晒太阳。

　　城市广场是城市人群公共活动的场所之一，自古以来，承担着集会、市场、审判、庆祝、经济、市政、宗教等种种用途。欧洲的广场服务于城市的公共集会的需要，也为城市的公共事务提供服务[12]。同样作为城市

图 5-7　汉堡植物园，城市中心的绿洲

图 5-8　锡耶纳广场，面积 1.1 公顷，周边建筑位置与高度受到严格控制，对广场形成围合

主要的公共空间，与街道不同在于，街道首先用于交通，而广场从出现开始就是明确的"场所""目的地"，为仪式和交往提供"一种具有特殊用途的舞台"。与城市的"私有领域"相对，广场强调所有公众的共同使用。也正是因为其公共性，促使管理机构早早地控制了广场，广场成了政府的象征。欧洲广场的位置、尺寸、形状等是在城市发展的历史进程中逐步确立下来的。空间围合、视觉美感是欧洲传统广场空间显著的特征，与街道一起共同构成人们"如画"的城市体验（图 5-8）。

现代城市的广场同样承担着不同的城市功能，但由于建筑尺度相较传统的大幅度变化，比如高层的产生、大型公共建筑的出现，以及汽车交通带来的道路尺度的变化及停车的问题，广场的尺度与形态也随之发生了巨大的变化。再加上广场具有公共性，自然而然作为政府的象征，也导致了超大尺度广场的出现。在城市体验中，广场的大而不当容易让人失去场所感，失去广场原本所承担的供给人们公共活动与交流的基本功能。因为从城市意象上来说，这一类的广场如果没有其他社会的因素，在视觉上已经相当于"城市中的荒地"，难以形成领域与心理的认同。

研究发现，面积在 0.04~0.1ha 的广场是亲切宜人的，能够形成城市空间的意象。直径在 21.5m 以内的广场的人们会意识到大家联系在一起[13]。大部分欧洲古典广场的尺寸在 0.5~1.5ha 左右，宏伟舒展[14]。

城市设计除了可以根据人口密度、周边功能、规划指标等在场地范围内配置合适的公共绿地、广场的数量、规模之外，也可对这一类绿色空间需解决的与城市的接口位置及数量、服务人群、基础设施、景观风貌等提出建议。

图 5-9　香港多层城市空间，高密度、复杂、垂直、多层

5.1.7　面向未来的立体空间

高密度的城市——无论香港还是纽约，摩天大楼林立，人的超高度集中使它们成为最拥挤的城市之一。香港是典型的密度高、占地少的城市，城市形态呈现出高密度紧凑型形式，700 万人生活在 120km² 的城市中。在城市最密集的区域，比如旺角，最多 4000 人生活 1ha 的土地上。在香港的城市体验中，虽然时刻处在高楼的阴影中，但只花几分钟便可步行到海边或山脚下。正因为香港的这种规模，提供了一种不同的生活方式图景——集中、高密度、复杂、垂直、多层（图 5-9）。

立体化的城市——在东京，这样的景象随处可见：建筑物上有电车或者道路穿梭、汽车可以通过斜坡直达大楼六楼屋顶的停车场、屋顶上的笼状的网球场等；香港同样如此。城市化带来的人与物的集中，造成地价上升，为了土地效率得到充分利用，城市中只要有空白都会被填满，并做合理利用。随着人在城市的不断集聚，人、他们的活动以及他们联系起来的结构和空间的密度越来越大。无论是在平地（比如东京），还是由于地形，建筑物之间的运动和活动，以及以桥、平台、自动扶梯、坡道、隧道和其他工具形式进行的城市多层次之间的运动和活动，在城市有限的空间中进行。这种状况可以称之为"立体的"与分层的。

分层的城市——香港大多数人都选择公共交通出行，它的交通系统提供多样化的不同速度的服务，包括火车、隧道、地下通道、地铁、公共汽车、小巴、渡轮、出租车、有轨电车、自行车等，不同形式的交通之间转换也相当方便。另外，升降梯、电梯等在保持城市流动体系的良好运作也发挥重要的作用。它们综合运作、互补、便利。

随着全球变暖、气候变化、能源危机等世界性环境与生存问题，许多城市和环境专家提倡把提高密度作为城市政策，如果我们的城市能够建设得更紧密一些，可以大大减少对汽车的依赖以及对可再生能源的使用。具有良好交通系统和共享基础设施的高密度城市对环境的人均能源需求比常规城市要少。当然，高密度的城市存在潜在的缺点，比如微气候的变化、热岛效应、空气流通的阻塞等。城市设计运用分层、立体化的空间组织来解决高密度的问题，结合视觉感知、物理性能优化，从而获得好的城市空间意象，是面向未来的可探索的方向。

5.1.8　新旧融合的拼贴空间

理想的城市空间是新旧建筑在历史地表上的不断迭代，在城市建成区，通过城市更新解决城市结构的优化与调整、老旧片区的再开发、衰败区域的再生等问题。城市更新给我们带来了新旧相融的城市意象：崭新现代的社区与传统的历史建筑共存。

在欧洲，由于注重历史脉络与城市更新，城市形态被视为持续更新不断生长的对象，伴随着长时期的城市演变与建筑更新，许多中世纪形成的城市结构和城市景观还是被很好地保留了下来，并不断生长。亚洲城市的城市结构、天际线和城市景观总是不断发生变化，比如东京就是一个很典型的例子。在东京，轨道交通的发展始终引领城市结构的更新；由于土地的私有制，道路路网的更新则相对缓慢；各个阶段的一些重要建设项目反映出东京持续更新的特点，土地也由零碎化往集约化转化，土地利用效率不断提高，逐步形成东京若干超高层建筑聚集区域（城市更新规模大）和大面积建筑高度相对较低区域（城市更新规模小）的显著差别，也呈现出独特的新旧融合的城市意象。

在柯林·罗（Colin Rowe）看来，"拼贴城市"同时面对传统与现代，是一种城市设计的技巧。传统城市是"肌理的城市"，建筑围合空间，那么在现代城市则是"实体的城市"，建筑不再具备围合空间的能力。即所谓"实体的危机"与"肌理的困境"。柯林罗将拼贴理解为"一种根据肌理引入实体或者根据肌理产生实体的方法"[15]。

比起把老建筑及历史街区全部推倒重来的做法，近年来中国的城市建设显然要谨慎得多，重要的历史建筑、传统街区的肌理被要求作为场地的记忆存留下来，作为初始的设计条件；城市设计的任务从塑造好的城市公共空间、制定新区建设的形态导则转而采取创新性的策略推动衰败街区的复兴、发掘城市及区域中废弃地的潜力及其再开发等，未来的城市设计将更多地应对城市更新，解决新旧交融下的城市空间优化问题。

5.2 城市空间的感知质量

5.2.1 感知的维度

1）视觉感知

文艺复兴时期，人体的环境感知被定义为五种类型，这五种感知形成了一个感知等级体系，按重要性排序是视觉感知、听觉感知、嗅觉感知、味觉感知以及触觉感知（图 5-10）。其中视觉感知被认为是最重要的感知类型，视觉的重要性在此时期的城市建设中受到了极大的关注[16]。

人两眼重合视域有 124°，单眼舒适视域为 60°。由于人眼的特征和人体的尺度，使人舒适的外部空间的尺度的数值基本能够确定。比如我们可以从 300～500m 处辨别出人形，从 100m 处看到运动和大致的肢体语言，50～70m 辨识出头发颜色以及有特色的肢体语言，从 22～25m 处辨识出面容，从 14m 处看清他的面部表情，并能从 1～3m 处感知到他与我

视点 150cm

视角 60°

嗅觉

听觉

触觉

速度 5km/h

图 5-10 人的感知维度

们的直接关联[17]。凯文·林奇认为对于外部空间而言，大约 12m 的尺度使人感到亲切，25m 仍然可以算是比较宽松的人的尺度。历史上大多数成功的封闭广场的较短一边的尺度都不超过 140m。超过 1.5km 的长度，很少有好的城市对景，除非展示远景全貌，比如越过水面或居高临下看到的景色[18]。

空间特征随比例和尺度而改变。尺度是一个对象的大小和其他对象大小之间的关系：其他对象包括广阔的天空、周围的景观、观察者自己。人眼根据许多特征判断距离，有些特征可加控制以夸大或缩小明显的纵深，如远处的物体为近处的物体所重叠；配置在纵深的物体从移动中的视点去看，产生视差运动；视线以下的物体以越远越向地平线上升的方式运动；物体越远，尺度越小，质感越细，颜色变淡；或者平行线明显汇集于灭点等[19]。

2）听觉感知

听觉将人对空间的体验与理解连贯起来；声音可以测量空间，进而使人理解空间的尺度；声音还可以帮助形成城市空间的特征。比如教堂的钟声、钟鼓楼的钟声、滨海城市的潮汐声、海港城市轮船的汽笛声、现代都市中嘈杂的人车声、传统城市街巷小贩的叫卖声、碎石路面的沙沙声，这些声响不仅因为适宜的空间尺度被人所感知，帮助人们理解空间，同时也构成了空间特征的一部分。

听觉具有较大的尺度范围。在 7m 以内，耳朵非常灵敏，可以与人交谈；35m 左右，能够听到公园内树林的鸟叫声、市场上商贩的叫卖声、街边人们的聊天声、广场上的喷泉声、街头音乐家的琴声、大声演讲的声音等；1km 或更远，能听到钟声、大炮声或者高空的喷气飞机这样极强的声音。在城市公共开放空间中，人们可以通过声音察觉出声源的距离、速度、移动方向，甚至其尺度和重量。

城市噪声会造成不愉悦的感受。一般来说，超过 60 分贝的噪声，会让人烦躁，比如机动车的声音，同时，这些声响也破坏了环境中其他令人愉悦的声音。

3）嗅觉感知

美国洛克菲勒大学的研究人员发现，人类的嗅觉系统可以识别和记忆超过 1 万亿种不同的气味。然而，嗅觉只能在非常有限的范围内感知到不同的气味。在小于 1m 的距离以内，人们能闻到植物的清香、泥土的气息、从别人头发、皮肤和衣服上散发出来的较弱的气味。在大约 2～5m 的距离以内，能闻到香水、桂花或别的较浓的气味。超过了这个距离，人就只能嗅出很浓烈的气味。

4）触觉与味觉

感官的发展与人类进化史紧密相连，视觉、听觉与嗅觉被认为是"距

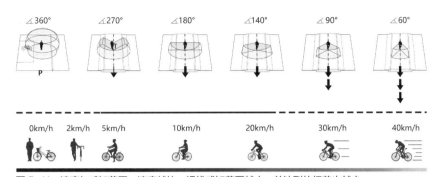

图 5-11 速度与感知范围，速度越快，视线感知范围越小，关注到的细节也越少

离"感官；触觉与味觉被认为是"亲近"感官，这两者与肌肤以及肌肉有关，因此具有感觉冷、热和痛的能力及感知质感、肌理和形状的能力。大部分触觉感知的距离非常有限，指人体的皮肤、能触碰到的范围，即大致在 1 ~ 2m 范围内。

触觉感知依据人在环境中的能动性分为主动的触觉感知和被动的触觉感知。铺地、座椅的材料、树干的肌理、花草叶子、把手、雕塑等能够被触觉感知；和煦的微风、温暖的阳光、绵绵的细雨、纷飞的雪花、刺骨的寒风等都属于触觉感知。

"触觉"空间将观察者与物体分开，而"视觉"空间将物体彼此分开。通过触觉，人们可以感知到构成城市空间物质的温度、软硬、粗细、冷暖、凹凸、干湿等，超越了物质理性，连接了情感与感觉。

5）速度

人的通行速度对视觉感知内容及质量有很大影响。当我们以 4 ~ 5km/h 的平常距离行走时，我们有时间来观察面前发生的一切以及前面的路况，视线范围在 270 ~ 180° 以内。当以 10 ~ 12km/h 的速度奔跑或以 15 ~ 25km/h 的速度骑行时，我们仍能够感知和拥有感觉印象，视线范围在前方 140 ~ 120° 之间；随着速度增加，人们视觉感知的视角不断缩小（图 5-11）。当以 50km/h、80km/h 或 100km/h 的汽车速度前行时，我们将失去捕捉观察细部和看人的机会。在高速行驶下，空间需要是宽阔的稳定可控的，同时所有信号、符号必须加以简化且放大以便于司机们和行人能够获得信息。建筑从远处被看到，并且只有总体概括性的感知，细部和具体化的感觉体验消失了。

5.2.2 感知质量

好的城市意象来源于人的感知，人们进入城市空间，通过视觉、触觉、嗅觉、听觉等的综合体验获得城市意象。"一个场所的感知质量是它的形态与观赏者之间的相互作用。"[18] 不同速度、不同距离下的感知，获得的感知意象不一样。比如鸟瞰或者在江对岸，感知到的是城市的肌理、轮廓或者天际线；坐在汽车里，感知到的是城市轮廓的序列变化；步行在街道中，感知到的是城市更多的细节，比如材料的质感、沿街建筑的连续性等。"设计师塑造形态的目的在于使之在感觉的相互作用中帮助感知者形成连贯的、有意义的、动人的意象。"[18]

Adaptability 适应性	Distinciveness 特殊性	**Intricacy** **复杂性**	Richness 富裕
Ambiguity 多种选择的	Diversity 多样化	Legibility 易读性	Sensuousness 感官美感
Centrality 集中性	Dominance 优势	Linkage 联系	Singularity 奇特
Clarity 清晰	**Enclosure** **围合感**	Meaning 意义	Spaciousness 空旷
Coherence 一致性	Expectancy 期望	Mystery 神秘	Territoriality 领土
Compatibility 通用性，互换性	Focality 焦点	Naturalness 自然	Texture 材质
Comfort 舒适	Formality 礼节	Novelty 新奇	Transparency 渗透性
Complementarity 补足	Human scale 人的 尺度	Openness 空旷	Unity 整体
Complexity 复杂性	Identifiability 可识别性	Ornateness 华丽	Upkeep 保养
Continuity 连续性	**Imageability** **可意象性**	Prospect 前景	Variety 多样
Contrast 对比	Intelligibility 可理解性	Refuge 避难所	**Visibility** **可视性**
Deflection 偏斜	Interest 兴趣	Regularity 整齐	Vividness 生动、鲜艳
Depth 深度	Intimacy 亲密	Rhythm 韵律	

图 5-12 感知质量，包括城市设计、景观建筑、公园规划、环境心理学、视觉感知等领域提出的所有与空间感知质量相关的品质

城市设计追求好的感知质量，城市设计以及建筑、景观建筑、公园规划、环境心理学、视觉感知等领域都提出了城市空间感知质量的具体品质，详见图 5-12。好的空间感知，不仅仅是在视觉上获得的愉悦感，而是与行走、触碰、冷热、干燥 / 潮湿、安静 / 嘈杂、芳香 / 异味的感受紧密联系在一起。城市设计操作具体的物质对象，对于城市空间，尤其是步行感知的空间来说，街道及其沿街建筑的物质属性是重要的操作对象，这些对象与感知质量的某些品质密切相关，如：围合感（Enclosure）、

渗透性（Transparency）、连接性（Linkage）、可视性（Visibility）、可意象性（Imageability）以及复杂性（Intricacy）等。本小节接下来主要就这些感知质量与物质形态的关联展开讨论。与人的活动有关的部分将在第 3 节中详细阐述。

5.2.3　围合感

在城市中，人们更喜欢相对封闭的、有围合感的空间。卡米洛·西特在《遵循艺术原则的城市规划》中指出："空间的封闭性是一切公共广场艺术效果的最基本条件。"中世纪和文艺复兴时期意大利形成的广场，都是由建筑围合出来的封闭空间。并且，每个方向一般只有一条道路进入广场，从广场的任何一个角度看，几乎只能在不太起眼处看到一条道路开口，以保证广场视觉上的完整性。除此之外，拱门、柱廊、门廊也用来加强公共广场的封闭性。正是这种完整性与封闭性的刻意追求，帮助形成了空间的围合感。

围合感是出于人们对领域与方向感的心理需求。对场所感觉体验首先在于空间方面，这是通过空间感知观察者的眼、耳、皮肤以感知周围空气的容积。室外建筑空间，通过光与声而感知，并由围合而限定。[18] 街道空间也是如此，街道的目的之一是通行，所以街道的景观必须让观者知道，他选择的路线是适合他的目的的。这种景观不仅要为空间方向提供实际所需的信息；它也必须有传达街道"感情"的富有表现的性质：畅通感、方向清晰感、通达感等。[20] 为此，街道如果太宽，视觉中心就无法建构，如果视野范围内捕捉不到空间的建筑边界，街道就无法建立起作为"街渠"的矢量中心，将会是"缺乏结构的区域"和"视觉物体"，行人"没有得到他要辨别方向的指引，也不可能充分测量出他到建筑物的距离。"[19]

芦原义信提出用空间的宽度 D 与建筑 H 的高度之比 D/H 来表达空间不同的围合状态。他认为，当 $D/H>1$ 时，比值增大产生远离之感，超过 2 则产生宽阔之感；当 $D/H<1$ 时，比值减小产生接近之感；$D/H=1$ 时，高度与宽度比较匀称，是空间性质的转折点。意大利中世纪城市，街道 D/H 比在 0.5 左右；文艺复兴时期，该比值在 1 左右；巴洛克时期，比值约为 2[10]（图 5-13）。值得注意的是，这个比值是相对值，即使比值一样，由于街道实际宽度与建筑物高度的差别，实际感知也会有所不同，尤其是当代城市，建筑物的高度远超过了人能够感知的尺度。

另外，围合感主要由建筑界面形成，也可以由树木形成。当树干的密度、树冠的形状与尺寸足以构建空间的围合面时，空间也变得有边界与特质。城市设计将实体围合出的空间作为设计对象时，更易于创造出有围合感的空间。

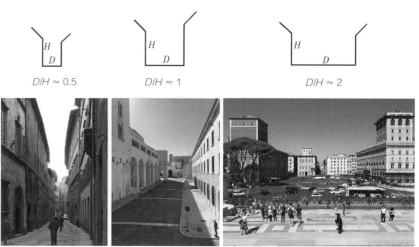

$D/H \approx 0.5$　　　　$D/H \approx 1$　　　　$D/H \approx 2$

图 5-13　不同高宽比围合感示意：意大利中世纪城市街道 D/H 比在 0.5 左右；文艺复兴时期，该比值在 1 左右；巴洛克时期，比值约为 2

5.2.4　渗透性

　　人们在城市空间中时，通过视觉、听觉判断某个区域是否是公共区域，能否随意进入，是否吸引人具有活力，随后才会自然而然进入，受到活动的感染参与其中，最后对这个空间留下深刻的印象。比如人们在街道空间中行走时，人行道是承担交通的基本的公共空间，人行道与临街地块的交接边界处，有篱笆、矮墙、实墙、玻璃、大门等；在步行过程中，人们透过玻璃、隔着篱笆看到街旁或建筑内部的活动，判断该项活动是私密还是公共，如果激发了兴趣就会驻足观望或找寻入口，买杯咖啡，逛会儿书店，这些活动充实了街道的步行体验，人们会觉得有多项活动可以参与的街道空间是有趣的空间。如果街墙是封闭的，看不到内部的活动，或者看到活动也感觉到与自己无关，那么他就会觉得街道空间很乏味。"渗透性"体现的便是公共空间的围合街墙的一种被感知到的属性，这种属性涵盖了建筑是否能够吸引人们的活动，从而拓展公共空间及其活动的可能性（图 5-14）。

　　场地或建筑内部功能的不同，往往需要不同的渗透性。比如商场，需要吸引人的视觉、嗅觉、触觉，通过商品橱窗来招揽顾客。如果是办公，则不希望有外人的打扰。咖啡馆和酒吧这一类人们可以自由进出、并坐下休憩、聊天的场所对于街道空间的活力有很大的作用；除此之外，供孩子们玩耍的场所，供人休息聊天的长椅或者能让人坐下相互观察或者触摸的艺术作品或雕塑都赋予公共空间以生命和活力。

　　凯文·林奇认为的城市空间的渗透性指的是一个人可以直接观察出现在空间环境中的不同技术功能的运行过程、人的活动、社会和自然流

图 5-14　沿街立面的"渗透性"，能够吸引人们驻足、观望、停留、观望、进入的属性

程等的程度。这些细节传递着一种生活感受，"人们可能会想使得建筑物更透明些好看得见里面的活动，使活动和功能更与建筑能表里一致。"[2] "任何转换的空间，特别是门廊，都是停留、谈话的地方。人们可以同时使用两个空间，如果愿意，也可以选择进入其中任何一个空间。"[2]

5.2.5　可视性

在所有的感官体验中，视觉感知是最重要也是最具有引导作用的感知类型，因此，城市空间中，"被看到"往往引导着人的下一步行为。场所、标志物、重要建筑、商业体等的可视性在城市设计过程中被重视，甚至作为设计的主要目标。能够让人愉悦的城市景观，观赏者运动路径的设置是合适的，会停留的关键点比如门户、主要出入口等的视线是丰富的，引人入胜的，并能够从视线上提示下一个目标点或引导人去探索的方向（图 5-15）。

再者，为了很好地看，需要控制观看者与观看对象的距离或高度。赫姆霍兹（Hermannn Helmholtz）在 1887 年指出，一个物体的主要尺度与它到观察者眼睛的距离相等则难以看清它的全貌（D/H=1∶1），当距离增大 1 倍时，物体就能作为一个整体而呈现；当距离增大到 3 倍时，它在视野中仍然是主体，却显示出与其他物体的关系；当距离增大到 4 倍以上时，物体成为全景中的一项要素。因此，室外围合空间的墙高与空间地面宽之比为 1∶2～1∶3 感觉最舒适，如果比值降到 1∶4 以下时，空间就会缺乏封闭感。如果墙高大于地面宽，人们就不会注意天空了（图 5-16）。基于人体解剖学的另一个例子是，在视觉高度有狭窄的障碍物，人的视线会感到模糊，因此在这个敏感的高度，视线应该保持通畅。围墙要么低矮，要么高于人的视线高度。

另外，人们借助视觉感知来形成空间的纵深感。传统城市空间形成过程中，基于视觉感知的特点，常常建立一个参考的图框以便为后部的形式提供尺度和度量，这就是前景效应。希腊人布置神庙入口、中国和日本布置独立的门楼，都能获得相同的意图。如此为建筑创造环境，按纵深尺度建立前景物体，如旗杆、雕塑或台阶，保持比例关系。只要慎重处理好大建筑和小建筑的相互关系，就可以取得良好的效果。[7]

影响人们视觉感知的不仅是客观的物质空间要素的布置，还与人的活动、行为、视觉倾向、视觉特征和视觉观察模式等相关。随着观察者的移动，城市空间在大脑中形成一系列的视觉影像。人的运动速度带来的视点运行的速度也会影响视觉感知，步行活动中可视的空间要素在车行过程中未必可见。在高速运动的视点中，速度会过滤细节，人们关注的是建筑的整体形象或者是建筑局部突出的地方。

图 5-15　佛罗伦萨大教堂在多个巷道可视，引导方向

图 5-16　赫姆霍兹的视线分析

图 5-17　多个选择的路径连接到不同空间

5.2.6　连接性

当人们在城市运动的过程中感知城市空间时，产生的是连续不断的感触和印象。每一个空间只有与其他的空间关联才能被理解。视觉画面的变化只是感觉体验的开始，由明到暗、由热到冷、由闹到静、空间漫溢的气息、脚下地面的触觉性质，所有这些对积累的效果都是重要的。[7]而产生运动与序列体验的根本在于连接（图 5-17）。

我们以不同速率、不同模式的各种运动为基础来感受城市空间，每一种运动系统与其他系统相关联，又对整体感受起到一份作用。除了在一些空间短暂停留，大部分时间，我们通过步履来度量空间，从经验上，我们知道，穿过一个院子需要体力，上下楼梯时看到的景象会引起兴奋的感觉，我们会期待转弯处柳暗花明。其他一些时间，我们骑自行车、乘坐汽车、或乘公共汽车、地铁，用不同的速度掠过城市空间。好的城市空间的体验像听一首旋律优美的乐曲，或阅读一首抑扬顿挫的诗歌，节奏时而舒缓、时而紧凑，互相映衬。"这一点可以用音乐中主题的交织来比拟，随着时间的流逝，一个主题与另一个主题交织。按照这种方式，城市大量建造的分散的景象，经过一段相当长的时间，在一个广大的地区内相互联系起来。"[7]

设计者根据设计目标关注这一过程，关注使用者由地铁转至地面、步行到一个又一个空间节点时获得的城市感知，关注每个过程的空间轮廓、历经时间，关注各个系统之间的连接点进行强调与突出，以及每个空间之间的连接方式。

快速路系统要求道路具有自由流畅的形式和曲线、间隔宽阔的网络划分，以求与快速车辆运动的韵律一致。步行道系统要求路径中趣味性的变化和意想不到的景象，这可以通过在路径中频繁使用视觉焦点或标志来实现，也可以通过组织不同角度的短的路径获得，并在每段路径终点都设定明确的视觉焦点。城市设计面临的问题是同时以不同的运动速度和不同的感知程度，创造各种形式，使坐车游行者和步行者都能同样感到满足。[7]

由于运动方式以及运动轨迹的差异，城市的观光者与当地居民对于同一个城市的体验存在着差异。在一项城市设计任务中，更多地关注观光者还是关注居民，或者两者兼备，设计师必然会有不同的设计策略。

连接另一个层面的意思对应空间结构以及方向。在城市空间的感知过程中，对每个地方的感受是具备方向性的，例如人们习惯性地想知道自己在什么位置，这其实需要了解这个地点与其他地点的关系与区别。在穿越城市空间中，方向感一直伴随其中，构成感知的结构。比如"过了这个红绿灯看到一个塔楼，在塔楼下右拐"。这个过程，就对应了"红绿灯""塔楼"

两处标志物，以及标志物直接的关系及对应的方向。"具有很强方向性的地方空间结构能使我们很容易地了解这个地方的特点以及它们的构成方式。"[7]

5.2.7　复杂性

空间中的人、家具、雕塑、光线、温度、水流、声音等都会改变人对空间的感知。"一个好的地方会调动起人们所有的感知：体会光线的变化、感受风的吹拂、享受触摸、声音、颜色、形状等"[2]，即空间具备复杂性或者丰富性。

复杂性首先体现在沿街建筑的混合使用上。小地块小开间的沿街建筑的混合使用是产生活力的有利条件。雅各布斯和艾伯雷亚德（Jacobs & Appleyard）把理想的区域地图描述为一群彩色图点的组合，一种颜色代表一种功能，在地图的某些区域中，虽然许多颜色并存，但其中一种颜色唱主调。即，在一种主导功能比如餐饮之外，有少量的其他用途，比如小商业等，会使这个城市空间更有趣，更具有"可探索性"。而且，大多数步行舒适的街道中，地块或建筑的开间都不会太大，保证行人能够在很短的步行路径中拥有更多的机会体验不同的内容。比如同样是 100m 长的街道，如果只有一栋建筑和一种单一功能，100m 街道 5 家店铺，行人的乐趣要多得多。

复杂性其次体现在建筑的细节与性格上。通过建造一堵白色的墙，一个空间得以界定，但它是一个没有性格的空间。通过建筑的手段比如增加柱廊、对檐口进行修饰、坡屋顶的形式等则使得空间富有韵律、质地和精神。建筑形式、质感、材料、光影和色彩，组合在一起形成一种清晰地表现空间的品质或精神。城市空间也是如此，而且构成城市空间的要素比纯粹的建筑空间更为丰富，不同建筑的形式、质感、材料、光影和色彩组合在一起，城市的标识附属在建筑上，城市绿植、座椅等共同构成人们感知到的空间的品质或精神（图 5-18）。

空间中独特多样的景观、热闹的小推车、折射阳光的喷泉等都会使空间的感知更为丰富。城市的喷泉，不仅给人观看，更需要人去感受，"当水花四溅，汩汩作声，从四面八方流向我们时，我们真是完全置身其中了。城市也是，或者说必须是这样。设计者的课题并不在于创作建筑的立面和体量，而是要创作一个包罗万象的感受，以促成人们的介入。"[7]

5.2.8　可意象性

凯文·林奇认为，清晰可辨的环境，就是人们能够在头脑中将其构建成一幅精确的图像。有了关于城市的这幅直觉图像，人就能对环境做

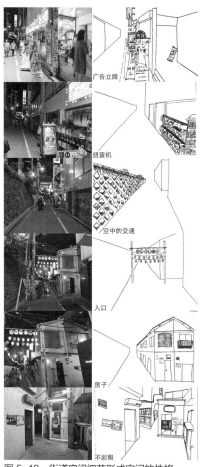

图 5-18　街道空间细节形成空间的性格

出更有效的反应。而"有效的"环境意象需要三个特征。首先是个性，指物体与其他事物的区别，作为一个独立的实体（比如一扇门）；其次是结构，指物体与观察者及其他物体的空间关联（比如门的位置）；最后是意义，指物体对于观察者的意义（使用的和／或情感的，例如门作为出入的洞口）。[21]

凯文·林奇将可意象性定义为一种物质空间的品质，这种品质让观察者产生强烈的图景："形状、颜色或是布局都有助于创造个性生动、结构鲜明、高度实用的环境意象"，这种环境意象不仅仅被看见，而且是清晰、强烈地被感知。"一个高度可意象的城市应该看起来适宜、独特而不寻常，应该能够吸引视觉和听觉的注意与参与。"

可意象性是传统城市的重要特征之一。传统城市"易读"，最高大、最引人注目的往往是最重要的公共建筑或宗教建筑，主要的公共广场和步行街都精心装饰，有喷泉、雕塑、装饰灯等。市内街区划分明确，有独具风格的名字。每个地方都有明确的起始界限，有集会中心和商业展示中心。[22]

可意象性体现在城市认知的不同尺度。从城市尺度来说，提到北京、杭州、南京等，人们脑海中都会反映出一些只属于这个城市的身份认同的图景，既是实体空间又涵盖地方历史与传统，比如故宫、西湖、中山陵。从区域或场地尺度来说，片区也能营造出独特的区域"可意象"的特征，比如1980年代，柏林历史中心区的批判性重建取得了不错的成果，对于市民和游客来说，这里拥有独一无二、充满鲜明特色和认同感的空间：柏林的中心区既能够作为承载城市非凡历史的回忆空间，同时也是一个能够满足当前人们对城市中心要求的未来空间。[23]

凯文·林奇提出五个产生可意象性的关键要素：路径、边界、区域、节点和地标。五个要素都不是孤立的，所有要素结合起来形成全面的意象。

路径：路径是连接城市各处的通道，是人们体验城市的轨迹。林奇认为路径是意象的主导因素，其他因素都沿着它分布，与它相关联。主要路径通常具备显著的特征，整体意象也会清晰。

边界：边界是线性的要素，边界帮助区分不同的区域，如海岸线、围墙、景观边界等，最明显的边界易于认知，在视觉上引人注目。

区域：区域占据城市大部分，人们有"进入"其中的感觉，区域包括一致的有明确形态特征的肌理、空间、形式、细节、象征、用途、居民、维护、地形等。有些区域，形态特征不明显，只对熟悉的人来说可辨认。区域的边界可以是明确的，也可以是模糊的、渐变的。

节点：节点是人们在城市空间移动中可停留的地点，以及进行交通转换的集中地点等，比如公共广场、街边绿地、交通枢纽等。支配的节点往往既是集结点，又是连接点，既有功能的转换，又有形态的区别。

节点如果具备显著的形态特征，更容易让人记住。

地标：产生可意象性的关键要素是地标。地标是观察者的外部参照点，比如远方的塔、尖顶、小山等，从不同的角度和距离都可以看到；或者雕塑、标牌、树木等，在有限的地点、特定的途径可见。与背景相比，地标有清楚的形式和显著的空间位置，更易辨认，也更可能有重要意义。地标关键形态特征是其独特性，但并不意味着一定是宏伟或者巨大的城市构筑物，对于林奇来说，地标可以是球形门拉手，也可以是个拱门或者穹隆顶。

5.3　城市空间的活动

城市是人们生活、工作、聚会、购物、休闲和交流的场所。城市设计的操作对象：城市的公共领域——街道、广场、公园、街边绿地等——都是提供这些活动的舞台和催化剂。大量学者通过对城市空间活动的观察以及对活动与物质空间环境的关系等研究，来帮助我们理解城市空间活动的本质，以及能够促进人的交流活动的物质空间的要求，为设计者、城市管理者提高城市公共空间的品质提供知识与工具。

简·雅各布斯（Jane Jacobs）通过对美国老城市活动的观察，提倡更多、更短的街道，以便在一个区域创造更多的选择、便利和活力。对于活动者来说，存在更多的路线选择、交叉点与角落，从而导致更多的逗留、闲逛和汇合的地点，也为经济和其他活动的产生创造更多的有利地点。

克里斯朵夫·亚历山大（Christopher Alexander）在雅各布斯"有组织的复杂性"的观点基础上，提出"城市不是一棵树"，用维恩图演示了城市活动之间关系的本质。他认为，城市的服务和设施是共生的，不能孤立存在。他举例道：一个朝南的建筑物、一个同时出售咖啡的面包店、一个报亭、一家干洗店以及一个电车站点，如果距离很远，它们之间不会发生影响；如果它们相邻或联系在一起，那么一个人就很有可能脱下他的外套、买一份咖啡、拿一张早报，然后坐下来读报直到电车来。五个要素联系在一起让它们都得到了频繁使用，并且促进了城市活动的发生，所有这些使得生活和出行过程更加便利和更加愉快。

瑞典建筑师扬·盖尔（Jan Gehl）通过大量的对城市中人的活动的观察，分析与总结了人与人之间的相互作用、环境对人的活动的影响。盖尔认为，"生活始于足下"，人们的社会交往需要很多日常生活中的不期而遇，当更多的人被吸引在城市空间中进行步行、骑车和逗留的时候，一个充满活力的、安全的、可持续的和健康的城市的潜能就被强化出来。

同时期的美国城市学家威廉·怀特（William H. Whyte）对包括纽约

在内的美国城市中人们聚集和相互作用的场所进行了大量的观察与研究，详细分析了人们的活动与阳光、水、风、座椅以及其他人的活动等的具体关系。他指出，城市设计通过对这些因素的合理考虑与布置，能够改变人们在公共空间的行为。

本小节基于上述经典研究成果，结合中国城市空间活动的特点，介绍几种基本的活动类型，包括日常活动、休闲活动、步行活动、节庆活动、社交活动等，并对活动的发生与物质形态的关系进行简要总结。

5.3.1 城市空间活动的分类

我们谈到城市空间中的活动类型时，往往涉及至少两个层面的考量：活动主体以及活动特征。活动主体是一个人、两个人还是多个人，是老人、年轻人还是小朋友；活动占据多大空间、在什么时间段进行、是动态还是静态的。活动主体与特征的差异构成活动的不同类型。城市空间中的活动最经典的分类是扬·盖尔的必要性活动、自发性活动与社交性活动。

必要性活动：必要性活动指人们介入城市生活不同程度都要参与的活动，比如上班、上学、购物、候车、出差等。一般来说，日常工作和生活事务属于这一类型。因为这些活动是必要的，因此不受外界物质环境质量的影响。

自发性活动：自发性活动则是人们在城市生活中自主选择参加的活动，比如散步、交谈、晒太阳、观望有趣的事等。这类活动依赖参与者主观的意愿，并且在外部条件适宜、天气和场所具有吸引力时才会发生，因此与物质环境质量非常相关。城市空间有无活力往往可以通过自发性活动是否丰富来判断。

社会性活动：社会性活动指在城市公共空间中与他人一起参与的各种活动，比如儿童游戏、打招呼、交谈、各类公共活动等，以及"最广泛的社会活动——被动式接触，即以试听来感受他人"。发生在各类公共场所的社会性活动由必要性活动以及自发性活动所引。

结合上述分类方法，本小节针对城市设计的不同功能活动特点，综合考虑活动主体、轨迹以及频率，将城市空间中的活动分为日常活动、休闲活动、出行活动、节庆活动以及设计活动来分别展开，介绍活动特点以及对空间的需求。

5.3.2 日常活动

城市中大部分居民的活动，是围绕着居住、工作（学习）、去车站、购物、接送孩子等日常生活开展的。日常生活所产生的活动无论在空间的路径、节点上还是时间上都具有规律性的特点。除了个人、家庭的活动，也包括在此期间遇到邻居、熟人等进行的社会交往活动（图 5-19）。

在居住地周边进行的日常活动包括散步、购物、就餐、户外体育活动、溜娃、停车、聊天、下棋、晒太阳等。活动发生的高峰时间集中在早上上班前、晚上下班后以及周末期间。活动发生的地点在小区绿地、公园、周边街道、临街小商业、菜场等。大部分活动几乎不受天气的影响，少部分比如晒太阳、游戏等活动与天气、是否有阳光等存在关系。公共活动场地的品质会对活动地的选择、活动的频率、密度有一定影响。白天在这些空间活动的往往是不需要工作的老人、孩子等。影响人们是否愿意走出家门进行活动的因素中，是否具备了进行各种活动的场所是非常重要的。比如老人们上午一起在小区院落里摘菜聊天的活动的发生，取决于有没有合适的场所，不受人打扰，而且舒适。

在工作场所周边进行的日常活动包括吃早餐、喝咖啡、吃午餐、散步、购物、停车、在公共空间中工作等。活动发生的高峰时间集中在工作日上班、下班以及中午就餐时，周末往往活动较少。活动发生的地点在办公楼下公共空间、绿地、广场、附近街道、商场等。户外活动会受到天气影响。办公场所周边是否具备了可供短暂休息的公共绿地、广场、阳光、水面等会对活动的发生产生影响。

在学校周边进行的日常活动包括游戏、就餐、购买文具、户外体育活动等。活动发生的高峰时间在放学后。发生地点在学校周边的体育场所、公共绿地、临近街道等。活动受到天气影响。活动场所是否安全、设施是否齐备等会对活动的发生产生影响。

包括围绕居住、工作的商业活动在内，商业购物活动在人们的日常生活中占据了很大的比重。市集、购物广场、主街、商业街、购物中心、大型超市等提供了各种商业场所（图 5-20）。购物活动的发生不仅仅是获得补给的问题，有时也是一种寻找交往的借口。不管多大尺度的商业空间对于邻里或者社区的每个人都是建立起社区认同感的重要场所，交叉路口、开了十多年的家族小店为人们提供相会的地点，代收快递，或聊聊家常，或小孩一起嬉戏。

作为对日常生活的补充、提高与改善，人们需要参与城市的一些辅助活动，比如去医院看病，去办理签证等。这些活动任何人群、任何时间都有可能发生。发生这些活动的服务性场所有政府机构、学校、图书馆、诊所、医院、宗教场所等。它们包括的活动从社会性的图书馆到涉及个人和隐私的医生办公室。公共的服务性机构服务于整个城市或区域的人群，为了疏解大量人群的涌入，承载大量的活动，周边的交通、绿地、商业等往往有详细的配套要求。

无论到哪个场所，都需要乘坐交通工具，"出行"是串联所有其他活

图 5-19　城市中围绕居住、工作、休闲等进行的日常活动

图 5-20　日常购物活动

动的必要性活动，人们总需要从一个地点到另一个地点：从家到工作单位，从工作单位到购物街，或在任意场所间。出行往往需要采用不同的交通方式，步行、骑行、车行、坐火车等。不同交通方式对应不同的出行活动，同时需要不同的城市空间，出行的体验感取决于这些空间的品质。

日常生活中，人们会在居住、办公等附近的广场停留。广场是人们在城市空间中能够不受车辆交通等打扰的休息、聊天、晒太阳等的活动场所。广场的活动与周围使用者的密度有关；人们会被他人吸引，喜欢在人群中坐下、散步、交谈、看他人的活动；步行可达的范围内广场会产生良好的城市公共空间，给人们创造一个途经和驻足的地方，改变人们的生活方式。比如上海杨浦滨江营造了良好的滨水公共空间，周围的居民喜欢在这里跑步、散步、聊天、休憩，这大大改善了周围居民的生活品质。

日常活动中，一部分是必要性活动。比如上学、上班等日常通勤的活动，连接居住区与办公地点或学校。人们从踏出家门口或小区门口开始，就进入了城市空间中，路过沿街的店铺、买早点、等公交、坐地铁、买杯咖啡，直到踏进办公楼这个过程，都属于日常活动的部分。这种日常活动是相对稳定的，每个人的活动路径、活动时间、频率等都有日常的规律，不会轻易发生变化。一部分是偶发性活动。比如出外旅行；散步、呼吸新鲜空气、驻足观望有趣的事、坐下来晒太阳等。这些活动与天气是否宜人、场所是否有吸引力都有密切的关系。城市空间承载这一部分的活动，需要根据人口密度、通勤频率、数量等设定必要的车行道、步行道、公交站点、休憩绿地等，根据大部分人群都通过或使用的沿街建筑设置沿路必需的功能。

日常活动的密度构成了空间的品质之一。一定程度上，不同时间段的人口与活动的拥挤是产生愉悦的城市生活的基础。简·雅各布斯指出，密集的使用者以及带来的不同时间段的丰富活动，是形成很多好的城市社区的必要条件之一。[24] 这些社区，每天早晨、下午、傍晚、深夜，在相同的空间里，常规的交通与活动重复发生，保障了街区的安全与活力。雅各布斯提出城市空间产生日常活动的多样性即活力需具备以下几个因素：功能混合、小街段、老建筑、密度。

我们会发现，在我们的城市中，有一些城市尺度大、功能相对不集中与多样化的生活或工作区域，即使单位面积人口密度大，城市空间的日常活动仍是零散不集中的，街道与公共绿地显得冷清。加上马路宽、街区大，步行出行极其不便，也鲜能看到行人的活动。

5.3.3　休闲活动

城市空间中开展的休闲活动指在休闲时间内进行的，个人、家庭或群体开展的以娱乐或享受生活为主要目标的活动。一部分休闲活动融合在日常活动中，比如遛狗、跑步、骑车、散步等，在工作、居住周边的公园、广场、街道、市民中心等场地进行（图 5-21）。一部分休闲活动需要占用更多的时间，一般发生在非工作日，比如聚会、运动、打猎、登高远眺城市、听音乐会、参观博物馆、逛街购物等，这部分活动在公园、体育馆、市民中心、博物馆、音乐厅、露天剧场、购物中心、自然保护区、河流、湖泊、水岸、森林、丘陵、山川等场地发生。

图 5-21　休闲活动

在阳光充足、温度适宜的天气，人们会在城市的各处绿地、广场进行休闲活动（图 5-22）。这些活动强度从弱到强包括棋牌、垂钓、静坐、散步、太极、健身、跑步、轮滑、打球等。活动人群覆盖各个年龄段。研究显示，这一类休闲公园周末活动超过平时人群，上午 10 点之后与下午 4 点之后人数最多，早晨与中午人数较少。绝大多数居民偏好棋牌、散步、气功、健身等轻中度活动，剧烈活动较少。

大型商业类的休闲活动在城市生活中占据越来越多的比重，商业活动本身希望吸引更多的人参与，因此大部分商业空间在某个时间段可以理解为城市的公共空间。商业空间提供座椅休憩、绿地、喷水池戏水、公共电影、集会场所、节庆活动等的场所，夏日清凉，冬日温暖。除了承担日常活动的商业空间之外，服务于城市或者区域的大型商业综合体、商业街承载了城市大量的休闲活动。在互联网购物的冲击下，商业空间越来越注重体验感的营造。

一些城市重要的公共机构比如音乐厅、博物馆等，也为人们提供了休闲活动的场所。这些空间可以纳入到城市公共空间的系统中，正如诺利地图所展示的罗马一样；想象一下，人们走出了室内的公共图书馆，在路边的售卖亭买杯咖啡，迈入到一片滨水景观绿地坐下来享受阳光，随后步行到美术馆，这可以成为一个具有文化品质城市的公共活动的描述。因此，对于城市设计的任务之一，即将有活力的公共机构与城市空间活动串联起来，以提升区域乃至城市的生活品质，甚至形成特色。

休闲活动绝大多数属于扬·盖尔所说的选择性活动，活动的发生除了受到天气的影响，还取决于城市空间的品质、是否有地方可去、是否有事可做。通过观察与研究人的活动与空间品质的关联，研究者们获得了好的能够吸引人活动的空间所具备的一些品质。与绿色空间有关的休闲活动的发生与下列一些因素有关：可步行性、绿色可接触性、景观舒适性、安全性，具体指距离、可达性、环境是否适合步行、是否具备良好的道路和基础设施、器材是否支持丰富的活动、景观是否舒适宜人、是否具有丰富的自然景观、是否安全等。商业休闲空间是否具备活力，与下列特征有关：可达性、舒适度、安全、多样性。

在公共空间里，创造多种活动，从而把公共空间调动起来。公共空

图 5-22　休闲活动

间的活动越多，越能吸引人们，而人们越能够把他们的路径与这个公共空间交叉起来。更好的城市生活，意味着更多的城市活动。在城市不同休闲场所的逗留活动越多，城市越具有活力。

5.3.4　出行活动

包括步行活动在内，"出行"是串联所有其他活动的必要性活动，出行活动还包括骑行、车行、乘坐公共交通等方式。"出行"的速度越快，其作为交通——即从一个地点连到另一个地点——的属性就会加强，发生其他附属活动的可能性就会降低，因此，为了激发城市空间的活力，步行是在城市空间中鼓励及倡导的活动；并且，步行也被结合在其他出行活动中，比如出停车场、地铁站之后仍需步行至目的地。城市空间从基础设施的供给层面，应该提供安全的、舒适的交通设施与通道，但最终城市空间的营造、城市活动的激发，还是由适宜步行的空间的打造以及与其他空间的衔接来实现。

1）步行活动与城市空间

步行是人类基本的活动方式之一。步行作为一种最常见的出行方式，可以疏解交通压力、低碳减排、促进人际交往、增加街区活力、提升个人健康。城市中的步行一般需要有步行道，拥挤的步行道与有景观的步行道，或者能够边走边逛的步行道，给人的体验就不同。步行空间的质量是衡量城市宜居性的重要指标之一。

在拥挤程度可以自由确定的情况下，双向步行交通的街道和人行道上可通行密度的上限大约是每米街宽每分钟通行 10 ~ 15 人，相当于在 10m 宽的步行街上每分钟通行 100 人左右的人流[25]。超过了这个密度，人行道就纯粹变成了通道，变得拥挤。如果人流有限，街道步行道的宽度就可以窄一些，老城中一些小巷的宽度不到 1m。在欧洲，推着婴儿车出行是很常见的街头现象，但婴儿车的使用则要求有更宽的人行道。当街道宽度比较窄时，通过空间的对比可以创造出一些很有趣的街边小空间，比如街道宽度 3m，那么当空间放大到 20m 时就可以用作一个小广场。任何"大"空间都是因为与小空间的对比才显现价值；通过穿插小空间串联起大空间，才能保证场地宜人的尺度。穿越大空间时，人们更喜欢沿着边走，或挨着建筑行走。

人正常步行速度在 1.1 ~ 1.5m/s，大量调查表明，对大多数人而言，在日常情况下步行 400 ~ 500m 的距离是可以接受的[24]。对于老人、儿童和残疾人来说，合适的步行距离还要更短。根据交通运输部 & 高德地图联合发布的 2016 年度中国主要城市公共交通大数据分析报告，南京市民的平均步行出行距离为 0.783km。

在特定条件下，适当距离不仅仅是自然距离，更重要的是感觉距离。看上去平直、单调，而且毫无防护的一段 500m 小道会让人觉得很长、很枯燥。但是，如果这段路程能给人各种不同的感受，同样的长度会使人觉得很短。比如街道稍有曲折、街两侧有趣的店铺分散一下注意力，行走的距离就不会一目了然。在目标明确的情况下，人们喜欢既能不断感知到目标的方向，又能够走捷径的路线，并保持一定的节奏。

人们不喜欢迂回绕行，也不喜欢行走过程中太大的高差变化。不得不二选一的时候，人们更喜欢在平面方向多绕一点距离，因此，在连贯的步行路径中，高差特别是上上下下的高差变化应尽量避免，或通过缓缓的坡道来形成自然的过渡。

越来越多的城市采取措施来鼓励步行活动的发生，学者们用"可步行性"来衡量"建成环境对于步行的友好程度"。可步行性包括步行高效性（步行路网密度，路径多样化），功能高效性（功能符合程度，商业服务高效性）；物理舒适性（夏季遮阳，冬季日照，风环境），心理舒适性（绿地率，公共活动空间覆盖率，尺度宜人）等。

威尼斯是世界少有的至今仍然保持步行的步行城市之一，具有紧密的城市结构，短捷的步行距离，美妙连续的空间，高度的混合功能，活跃的建筑首层，卓越的建筑和精巧设计的细部。所有这些细节都增加着步行活动的乐趣、促进着步行活动的发生。

2）骑行活动与城市空间

盖尔认为从感官体验、生活与运动体验而言，骑车是整体城市生活的一部分，"汽车人"与"行人"的身份可以轻易转换（图 5-23）。城市应鼓励骑行活动的发生，不仅能够节约能源，也能促进人们的交流。在哥本哈根，自行车交通被整合道了整体的交通体系中，自行车能够上火车、地铁、出租车，所以自行车的覆盖距离很远。

从共享单车大数据统计显示，南京摩拜单车的平均骑行速度为 9.22km/h，平均骑行距离为 1.659km。骑行活动要求有完善、安全的自行车路网、充分的停车空间，由于中国人口多，早晚高峰时期自行车交通的流量很大，自行车道的宽度 3.5m 以上（最窄不低于 2.5 米）[26]。近几年发展起来的共享自行车，大大增加了城市中使用自行车的人群。

3）公共交通与城市空间

根据 2019 年度中国主要城市公共交通大数据分析报告，超大城市、特大城市与大中城市的换乘平均步行总距离分别为 986m、877m、865m。也就是说，公共交通伴随着步行活动。

地铁站往往是城市空间中人们聚集的节点，在站点及附近区域进行的活动包括快速行走、购物、碰面、街头表演、观看表演等。这些活动发生在围绕站点布置的城市公共空间中，比如进站广场、街头、地下步

图 5-23　骑行活动

行系统等。当把公共交通换乘点与城市周边功能进行串联，有助于形成系统的公共空间系统，激发站点的活力。

南京新街口地下空间就是一个典型的与地铁相结合的城市公共空间。1号线与2号线在这里交汇，带来了大量的人流，对于乘坐地铁或换乘的人群的活动来说，需要有顺畅的交通流线；但由于大量的人流与新街口商业中心的功能配置，周边商场都与地铁通道相通，希望把人流吸引到商场内部，因此在商场与地铁通道的过渡空间中，产生了大量的公共空间，并激发了大量的公共活动。这些活动有静态的比如休憩、餐饮、咖啡等，也有动态的比如在移动中驻足观望、买杯饮料等。

4）车行活动与城市空间

近年来，我国道路基础设施的建设处于持续增速的状态，根据2019年度中国主要城市公共交通大数据分析报告，相较其他等级道路的增幅，次干路的道路增幅最为明显，说明路网结构正朝着高通行能力、高承载力不断优化。各类出行目的地中，购物、餐饮出行需求持续高涨，出行需求合计占比17.2%，其中大型商场为2019年购物出行目的地热度之最，且同比涨幅最高，在购物类出行目的地中，占比达32.71%。

汽车交通曾经一度被看作是步行活动的对立面，大尺度的道路加大了步行的距离、侵占了步行道空间；私家车带来的停车问题，停车场的容量设置、路边停车造成的街道可活动空间的压缩。越来越多的城市意识到需要解决车行活动与步行活动的矛盾，将街道的功能向步行活动转化，在车行交通与街道活力之间找到一种平衡。

5.3.5　节庆活动

"活动也同样能有特征，特别的庆典和仪式能令人亢奋。活动和场所能相互刺激而创造出活力。其结果能积极地参与到这个能感知地物质世界中，并扩大了自我的感受。"[2]如果旅游到一个城市恰逢盛大的特有的庆典，无疑会增加人们对这个城市的感受，成为感知到的特色之一。而在一些节庆日，城市在一些特定的地点，会举办比如元宵观灯、舞龙舞狮等民俗活动，吸引大量人群参与（图5-24）。

与其他活动类型相比，节庆活动发生频率不高，往往几个月或一年一次，盛大的活动比如双年展、奥运会等，时间跨度更大。而不同节庆活动的规模不一，对空间的要求以及影响均有不同。

有些活动，使用已有场地，比如元宵灯会、春节舞龙舞狮、创意集、大型集会等，短期内对城市空间的人流集散、基础设施等提出要求。这一类集会，定期发生，场所也会逐渐固定下来，采用一些临时的可移动、可拆卸的设施来应对活动需求。

图5-24　节庆活动

有些活动规模较大，本身需要特殊场地，比如世博会、双年展、奥运会等，虽然只举办一次，对城市的经济、文化、建设都有巨大的影响。这些活动吸引大量的参与者与观看者，引起全球关注；城市除了需要承载各项活动所需要的场馆，更需要承载来看这些比赛的观众的"衣食住行"；并在事件结束后，使这些空间得到可持续运用。短期内涌入的全世界的人群的活动，对城市空间在土地使用和基础设施配套、城市公共环境的综合打造、城市服务空间需求上，对城市空间提出要求。

还有一些活动是行进式的，既盛大又有规律地发生，对城市空间产生更深远的影响。最光辉的历史典范之一，是古希腊的泛雅典娜节。它每年举行一次，是雅典城市生活中的一件大事，其中每四年一次的内容更为丰富。这个行进行列沿着一条标志清晰的路线穿过雅典城狄庇隆（Dipylon）门、城区，顺卫城山坡而上，在雅典娜女神塑像处结束。这个行进行列本来就不是为了提供一个给人看的宏伟景象，而是一个许多人可以参加的重大活动。但随着活动经年累月的发生，这条流线两侧的建筑都是为了在这个运动系统的感受中提供一些重点，为了给前辈们形成的韵律添增一个音符。[7]

5.3.6　社交活动

社交活动往往伴随着其他活动的发生，包括所有类型的人与人之间的交流与接触，在城市空间中无处不在。

社交活动即人与人之间的交流活动的发生以及对空间的要求，与人的交流距离有关。一般来说，根据不同距离人与人之间交流的特点，存在四种交流距离，它们分别是：亲密距离、个人距离、社会距离和公共距离。亲密距离是最强烈情感交流距离，人与人之间的距离在 0 ~ 45cm 之间，是人们表达爱、温柔、抚慰、生气与愤怒的距离。个人距离是亲近朋友或家庭成员之间谈话的距离，距离在 0.45 ~ 1.3m 之间，比如家庭餐桌上人们的距离。社会距离是朋友、熟人、邻居、同事等之间日常交谈的距离，距离在 1.3 ~ 3.75m 之间，比如由咖啡桌和扶手椅构成的休息空间布局。公共距离是单向交流、旁观的距离，大于 3.75m，比如人们只愿意旁观而无意参与的聚会、演讲、演出等。

社交活动包括各种不同的人与人之间的活动。有一些是被动地看与听，比如观察人和正在发生的事。有一些是积极的主动的接触，比如互相问候、与遇见的熟人聊天；在等车时、购物时遇见并做简短交谈；问路、一起玩耍等。当人们住得很近时，串门、一起活动时寒暄这一类活动的发生频率就会增加。

扬·盖尔引用了千年历史的古冰岛诗"人是人的最大乐趣"，来表达

图 5-25　社交活动

人与人之间存在的快乐和兴趣。人们通过观察他人的活动、并参与其中，从而获得更多的信息与乐趣。城市空间应该赋予人们更多交流的可能性，才能充满活力。在中国传统街道、市集中，逛街的一大乐趣既是能看到路边艺人的表演、演奏音乐，或是建造房子等活动。大量关于城市空间中凳子和座椅的研究显示，那些能够观赏到城市生活的座椅的使用率要比那些没有提供"看人活动"的座位的使用率要高。

路边"咖啡馆"除了提供人们观察其他人的机会之外，同时也提供了重要的城市社交活动的场所。"茶馆""咖啡馆""路边小卖店""修车摊"往往发生着街区内大量的社交活动。

在公共空间中与人交谈是常见的社交活动（图 5-25）。常见的交谈类型发生了同伴或熟人之间，夫妻、父母与子女以及朋友们坐着交谈或一边散步一边交谈。遇到熟人或朋友时，人们会停下来进行交谈。户外停留的时间越长，遇到熟人的可能性就会越大，这一类交谈与发生的地点没有太大关系。还有一类交谈活动发生在陌生人之间，陌生人之间的交谈往往需要一个契机或借口，或一起看到了有趣的活动或事。公共空间提供的座椅的布置对交谈的机会有直接的影响。

互联网、手机、电子邮件等的社会交流活动对现实城市活动空间带来一定的冲击。体验、参与、在场所具有的令人惊奇和不可预测的特点，仍然是作为聚会场所的城市空间能够吸引人的参与的重要品质。

5.3.7　活动与物质要素

在保证城市区域的人的数量到达一定密度且多个规模的联系都建立的前提下，通过组织城市空间中的物质要素，可以促进人的活动。这些结论是怀特、盖尔等学者通过对城市空间内人的活动的长期观察，以及活动与空间物质要素之间的关系的大量研究，所获得的结论。本节对已有结论进行简单的综述，这些结论基于欧洲与美国城市空间的观察。与城市空间中人的活动有关的物质要素有：广场、边界、街头、坐凳、阳光 / 风 / 树 / 水、食品、室内公共空间等。激发活动的好的场所：人们愿意停留、坐下来，享受交谈、音乐、咖啡、观察。

1）广场

广场的活动与周围使用者的密度有关；广场的位置即使用者步行到达广场的难易程度对活力有影响。广场整体上的视觉的美学上的愉悦感并不是广场吸引人使用的必要条件，设计师应处理空间中使用者视角所看到空间的景象。广场的形状很重要，狭长空间更容易出现没有人气的情况。广场的规模与使用广场的人数没有特别显著的关系。最受欢迎的广场一般有大量可以坐坐的空间，这一点甚至是广场吸引人活动的必要条件。

能够在周边建筑内或者场地观察到广场内的活动，是广场能够吸引人的要素。人们往往会被看到的活动所吸引，并加入其中。

2）边界

受欢迎的逗留区域一般是沿建筑立面的区域和一个空间与另一个空间的过渡区，在那里同时可以看到两个空间。人们喜欢在边界逗留，因为边界提供很好的隐蔽场所，又有助于观察周边环境与人。在沿街的柱廊、雨棚、遮阳篷、建筑的凹处、门洞、出入口、台阶、门廊、回廊以及前院的树木，都是活动的聚集地。人们喜欢依靠柱子、树木、街灯等地方驻足。适于户外逗留的最佳城市具有无规则的立面、并且在户外空间有各种各样的支持物。[24]

3）街头

怀特将广场、公园与街道衔接的位置定义为街头，是从日常的街道到能够聚集、坐下的空间的过渡空间。街头是人们交汇的场所，适宜设置舒适的座椅，附近开设临街店铺，用于零售和餐饮，设置吸引人们进入的不太高的台阶（台阶坡度不高于 0.3m），并能在街头看到广场内部的人群，尽量不做向下的台阶。

4）坐凳

坐凳是公共空间吸引人的活动必不可少的要素。坐凳应满足生理与社会舒适，生理舒适指坐凳的高度、靠背满足人的尺度；社会舒适指人们可以根据自身的喜爱选择坐在何处，前面、背面、边上、阳光里、阴影下、成群还是独处。让场地的边界、台沿能够具有桌椅的双重功能。怀特发现，人们会在 0.3～0.9m 高度任何台沿上坐下，在两边都可以坐人的情况下，台沿的宽度在 0.76～0.91m（30～36 英寸）比较合适。台阶也是好的坐凳空间，尤其是坐在台阶上还能观赏到风景的时候，著名的罗马西班牙广场的大台阶上，总是坐满了休息的人群，人们自然让出了行走的空间，并不觉得是对坐着的人的打扰。

长凳的设置需考虑高度、宽度、靠背角度的舒适性，设置充足的数量，尺寸、把手上也要尽量满足人的尺度需求，长凳可以与其他长凳成组，安放在合适的位置让人们坐着时可以观察到场地上发生的活动、风景等。人们更乐于去使用公共空间中可以四处移动的椅子，可以自主地选择与阳光、阴影、微风的关系，以及选择与别人之间的距离与亲密性。

总而言之，坐凳空间需保证舒适性、可选择、与人流、阳光、树木、风景有适宜的关系以及足够的数量：怀特认为，坐凳空间的面积大约占超过整个开放面积的 10% 是合适的，坐凳的总长相当于场地的周长是容易实现的。而通过观察，一般情况下，使用坐凳空间的平均人数等于坐凳空间长度除以 3。

5）阳光 / 风 / 树 / 水

在不同季节，人们都有对阳光的需求，除了炎热的夏天人们更愿意找寻阴影，其他季节，在广场或绿地中晒太阳，仍然是城市生活不可或缺的一部分。因此，能接触到阳光，即使是高层建筑折射的光线，也能令广场、绿地增色不少。对风的需求同样如此，人们喜爱在夏天迎风冬天避风，高层建筑的布置本身就会带来附近广场气流的变化，从技术上重视与解决，可以延长室外空间的有效季节。树木应该与坐凳更多地结合起来。水可看可听可触摸可嬉戏，巧妙设置瀑布、水墙、激流、水沟、水池、水渠、小溪、喷水池等，能够让活动更丰富，场地更丰富有活力。

6）食品

供应食品能够让一个场地活跃起来，人们围着小摊小贩吃东西、闲谈。小摊小贩灵活性、流动性、便利性强，往往自发出现在人流密集的场所，补充常规商业设施无法供给的区域。既能保证安全卫生，又能鼓励移动餐饮对城市活动的积极作用，是城市管理部门的一个难题，也是城市设计提出对应策略解决问题的契机。

推荐读物

1. Lynch K. The image of the city[M]. Cambridge, MA: MIT press, 1960.（中文版：凯文·林奇. 城市意象. [M]. 北京：华夏出版社，2011.）

2. Arnheim, R. The dynamics of architectural form[M]. Berkeley, CA: Univ of California Press, 1977.（中文版：鲁道夫·阿恩海姆. 建筑形式的视觉动力 [M]. 北京：中国建筑工业出版社，2006.）

3. Gehl J. Life between buildings: using public space[M]. Washington, DC: Island press, 2011.（中文版：扬·盖尔. 交往与空间 [M]. 北京：中国建筑工业出版社，2002.）

参考文献

1. 王建国. 21世纪初中国城市设计发展再探 [J]. 城市规划学刊. 2012（01）：5-12.

2. Lynch K. Good city form[M]. Cambridge, MA: MIT press, 1984.

3. （意）莱昂·巴蒂斯塔·阿尔伯蒂. 建筑论：阿尔伯蒂建筑十书 [M]. 王贵祥译. 北京：中国建筑工业出版社，2010.

4. （美）刘易斯·芒福德. 城市发展史——起源、演变和前景 [M]. 宋俊岭，倪文彦译. 北京：中国建筑工业出版社，2005.

5. Cullen G. The Concise Townscape[M]. London: The Architectural Press, 1961.

6. Kostof S. The City Shaped: Urban Patterns and Meanings Through History[M]. London: Thames and Hudson, 1991.

7. Bacon E. Design of cities[M]. New York: The Viking Press, 1967.（中文版：埃德蒙·N. 培根. 城市设计 [M]. 黄富厢，朱琪译. 北京：中国建筑工业出版社，2003.）

8. Venturi R，BROWN D S, IZENOUR S. Learning from Las Vegas[M]. Cambridge, MA: MIT Press, 1967.

9. Chung C J, Koolhaas R, Leong S T, et al. Harvard Design School guide to shopping[M]. New York: Taschen, 2001.

10. 芦原义信. 街道的美学 [M]. 天津：百花文艺出版社，2006.

11. 柯布西耶. 明日之城市 [M]. 李浩译. 北京：中国建筑工业出版社，2009.

12. Kostof S. The city assembled: The elements of urban form through history[M]. London: Thames and Hudson, 1992.

13. Alexander C, Ishikawa S, Silverstein M. A pattern language: towns, buildings, construction[M]. New York: Oxford University Press, 1977.

14. 王丽方. 城市广场：形与势的艺术 [M]. 北京：中国建筑工业出版社，2018.

15. ROWE C, KOETTER F. Collage City[M]. Cambridge, MA: MIT Press, 1979.

16. 韩西丽，彼得·斯约斯特洛姆. 城市感知：城市场所中隐藏的维度 [M]. 北京：中国建筑工业出版社，2015.

17. Gehl J. Cities for people[M]. Washington, DC: Island press, 2010.

18. LYNCH K. The image of the city[M]. Cambridge, MA: MIT Press, 1969.

19. Lynch K, Lynch K R, HACK G. Site planning[M]. Cambridge, MA: MIT press, 1984.

20. Arnheim, R. The dynamics of architectural form[M]. Berkeley, CA: Univ of California Press, 1977.

21. Carmona M. et al. Public places, urban spaces: the dimensions of urban design[M]. London: Routledge, 2010.

22. Moughtin C, et al. Urban design: Method and techniques[M]. London: Routledge, 2003.

23. 易鑫. 欧洲城市设计：面向未来的策略与实践 [M]. 中国建筑工业出版社，2017.

24. JACOBS J. Death and life of great American cities[M]. New York: Random House, 1961.

25. GEHL J. Life between buildings[M]. Washington DC: Island Press, 1971.

26. 上海市规划和国土资源管理局，上海市交通委员会，上海市城市规划设计研究院. 上海街道设计导则 [Z]. 2016.

图片来源

扉页　作者自摄、自绘 .

图 5-1、图 5-2、图 5-6 ~ 图 5-9　作者自摄 .

图 5-3　孙艳拍摄 .

图 5-4　文丘里. 向拉斯维加斯学习 [M]. 南京：江苏凤凰科学技术出版社，2017.

图 5-5　Google 街景图 .

图 5-10　作者自绘 .

图 5-11　作者改绘 韩西丽，彼得·斯约斯特洛姆. 城市感知——城市场所中隐藏的维度 [M]. 北京：中国建筑工业出版社，2015：28.

图 5-12　Ewing R, Handy S. Measuring the unmeasurable: Urban design qualities related to walkability[M]. Journal of Urban design, 2009, 14（1）: 65-84.

图 5-13　作者自绘、自摄 .

图 5-14、图 5-15、图 5-17　作者自摄 .

图 5-16   Kostof S. The city assembled：The elements of urban form through history[M]. London: Thames and Hudson, 1992:140. 原载于 The Optical Scale in the Plastic Arts，Hermannn Helmholtz，1887.

图 5-18   南京大学 2020 年本科一年级设计基础课程作业（学生：石珂千）.

图 5-19   Kuprenas J，Frederick M. 101 Things I Learned in Engineering School[M]. New York: Three Rivers Press，2018:26.

图 5-20   朱凌云绘制、作者自摄.

图 5-22   作者自摄.

图 5-21、图 5-23~ 图 5-25   朱凌云绘制.

城市空间的
环境性能

第6章

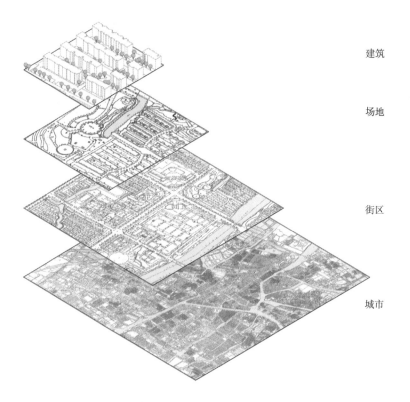

建筑

场地

街区

城市

　　解决城市的物理环境问题是当代城市设计的重要任务，在当今城市设计实践中创造优良的城市物理环境往往是城市设计的重要目标和亮点。然而，在操作层面上缺乏具体的方法和策略，原因是在知识层面上缺乏对城市形态和城市物理环境耦合机理的认知。作为教科书引入本章内容目的不仅论述了城市性能对于城市设计的重要意义，而且强调了城市设计需要有科学知识和研究方法，以及应对新问题的能力。本章首先介绍了城市物理环境的内涵以及与设计的关联问题；其次用两个小节着重介绍了和城市设计关联最为密切的城市热环境问题和风环境问题；最后基于当下的前沿性研究分别介绍了环境模拟技术、关联性研究以及设计优化的方法。

6.1　城市形态与物理环境

6.1.1　城市物理环境及其相关概念

1）城市物理环境　城市物理环境是城市中有别于自然状态下的建筑室外环境的总称。刘加平教授在《城市环境物理》[1]一书中明确了城市物理环境的内容，主要包括城市热环境、城市风环境、城市声环境以及城市光环境。每一个生活在城市里的人们都能切身地感受到城市物理环境，如江南一带的夏天，城市中的气温明显高于城市周边的自然环境的气温，而城市近郊凉爽的微风在城市中几乎体验不到，这就是该地区夏天城市热环境和城市风环境的特征；又如城市密集的道路上的车流给城市空间中增添了交通噪声；许多城市建筑的玻璃幕墙尤其是高层建筑的玻璃幕墙造成的光反射带来了人们常说的光污染，如此等等。由于城市物理环境特征的形成和城市建筑及其人的活动直接相关，城市物理环境的内容及其知识逐渐受到城市设计工作者的重视。

2）城市微气候　气候现象包括温度、湿度、日照、云、雨、雪、风、雾及空气质量，城市微气候是指由于城市建筑物和城市人流活动而导致的城市局地温度、湿度、日照、风环境和空气质量的变化，形成了该区域独特的气候现象。在气象学中，以城市建筑平均高度作为度量标准，4至5倍平均高度的位置向下至地表称为城市冠层（Urban boundary layer）（图6-1），城市冠层形态是城市微气候的主要影响因素。显然，城市冠层的形态是由城市建筑的平均高度所确定的，城市微气候与城市物质形态特征有直接关系。城市微气候是城市物理环境的一个组成部分，城市冠层内的城市微气候因素主要包括城市的热、湿、风以及大气环境和空气质量等。

城市微气候表征的是局地气候，在规模比较大的城市范围内，由于不同地区的不同形态特征导致了城市冠层内部存在特异性，因此在城市中的不同物质空间内可能存在独特的微气候现象，所以，城市微气候也被称为"城市小气候"。实测显示，城市小气候在一个城市内差异很大，

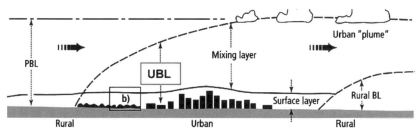

图 6-1　城市冠层（Urban boundary layer）的示意图

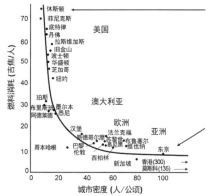

图6-2　城市形态和城市能耗关系

甚至可以在几米之内体验到气温或风速的变化，建筑的形状与高低变化、建筑群的组合方式、城市道路走向、植被品种和覆盖率以及人流集聚与活动方式等都会直接引发局地小气候的变异。

3）城市能耗　除去生产消耗的能耗以外，城市能耗主要包括直接能耗和间接能耗两个方面。直接能耗包括：城市建设、交通运行、建筑运维、城市环境运维；间接能耗包括：建材开采、建材生产与运输、垃圾处理、环境治理和能源生产与运输等。显然，城市能耗和城市的建成区规模和城市人口规模有直接关系，然而，研究发现城市能耗与城市形态结构和城市的运行方式的关联性更为紧密。在同等规模的城市中，形态紧凑型城市是节能型城市，直接原因就是大大降低了交通运行的能耗（图6-2）。

4）城市健康　城市健康是指城市物理环境对人体健康的影响，城市物理环境中影响人们健康的因素主要是空气质量和水环境质量，其次还有城市噪声。空气和水这是人们生活重要的组成部分，也是影响城市健康的重要因素。城市中的大气中的成分相较于自然环境中的大气要复杂得多，城市交通、工业生产的、农业秸秆燃烧、建筑设备排放和高密度人群呼吸等都会向城市大气排放一氧化碳、二氧化氮、可吸入颗粒，当污染物质的数量超过大气自身净化的能力时，就会构成大气污染，影响身体健康。然而，城市中高密度的建筑物集群降低了城市的通风换气能力，影响了城市大气的自净能力，所以，城市大气环境质量远低于自然环境。其次，随着城市化进程的加速，城市周边工厂聚集，工业生产中的废气，废水，废渣；燃烧废弃的秸秆等很有可能随着土壤渗入城市的水体中，进而对人体健康构成威胁。此外，这些空气、水体、固体污染物一旦进入城市的能量循环系统，很有可能由于一系列的微气候因素而难以排除，而长时间地滞留在城市的循环系统内部，进而有可能严重威胁城市的健康。

6.1.2　城市物理环境研究的相关问题

城市物理环境是一庞大的研究领域，探索物理现象的发生机理是其主要任务。对于城市设计师来说，有必要了解城市物理现象产生的基本原理，增加城市物理环境的基本知识。本章将从来源、影响、感知和表述四个方面进行介绍。

1）声环境及其问题

城市声源：城市的声源构成非常复杂，分别来自交通噪声、多种工地噪声、各类商家活动和各类人声喧哗等，各类声音构成了城市声环境的综合声源。城市声环境是城市空间特征和特色的一个重要组成部分，人们可以通过对城市声环境的变化感知到城市的时段，如寂静的午夜、喧嚣的上班日清晨，充斥音乐声的热闹的夜晚等，城市空间整体环境离不开城市特有的声音。另一方面，当机动车鸣笛声，施工工地机械噪声，当商家宣传喇叭以及路人喧叫声过强过长时，就构成了噪声。一般来说城市噪声分类为：交通噪声、工业噪声、建筑施工噪声，以及社会生活噪声。

噪声影响：对城市环境健康有影响的是城市的噪声，且城市噪声不仅来源于由声源发出的直接声，而且包括了很大一部分的反射声。城市中的环境噪声在日间干扰人们的正常工作和学习，而在夜间则干扰人们正常睡眠。根据报告显示[2]，生活在噪声中人们的血压要比普通人的血压更高，居住在噪声区的人们睡眠质量要比居住在安静环境中的人们睡眠质量更差，久而久之将对人们的身心健康造成不利影响。

噪声感知：人们对城市噪声的感知是多方面的，包括直接噪声和间接噪声。由于城市空间主要由建筑物围合而成，空间的几何形状对声音的反射次数和方向有影响，而建筑物的硬质表面对反射的强弱起到作用。因此，在城市中一个声源发出的声音会在建筑物之间发生多次反射，无形中加大了噪声的强度。所以，人对噪声的感知不仅和声源有关，而且和周边环境的几何特征相关。其次，城市大气中的颗粒物也会起到反射声音的作用，所以，有时候人们能够听到声源比较远的声音。此外，在相同的声音水平下，对噪声的感知也会因人们对不同音质的敏感度不同而不同。

噪声表述：用于表述城市噪声的指标有多种，常用的还是以分贝（decibel）度量声音强度。相关研究和资料表明：日间在城市环境中，人们对低于55dB的噪声几乎没有明显的感觉，而当噪声在55~60dB之间时，人们开始觉察到噪声对人们正常声环境的干扰，当噪声超过65dB时，人们会产生厌恶感和不适。

2）光环境及其问题

城市光环境构成：光环境的构成包括光源和光源的物质环境。与自然界不同，城市光源有自然光源和人造光源两大部分。自然光源主要是日光和月光，而人造光源则丰富多彩，有功能性人工照明和表现型的城市亮化装置。由自然光构成的城市光环境主要是太阳的直射和城市建筑表面、道路的反射构成了日间光环境，由生产和生活需要的人工光源，如道路广场照明、楼宇灯光等，因城市亮化所需的景观表现已经成为城市夜晚的主要特征，二者共同组成了城市的晚间光环境。

城市光污染的影响：光是城市活动不可或缺的一部分，然而，过多过强的光线构成的光环境也会对人和生物的生产、生活和健康造成不利影响，甚至是危害。通常将因光环境所引发的危害称作光污染。城市光污染主要体现在阳光照射在建筑玻璃幕墙引发的刺眼的眩光，燥光污染可对人眼的角膜和虹膜造成伤害，抑制视网膜感光细胞功能的发挥，引起视疲劳和视力下降；不当的城市绿化亮化破坏植物体内的生物钟节律，有碍其生长，导致其茎或叶变色，甚至枯死；夜里的强光影响了飞蛾及其他夜行昆虫的辨别方向的能力；过度的城市亮化和表现改变了城市夜空的漫反射环境，影响了天文台的观测和干扰飞机正常起降[3]。

光环境感知：人体对光环境的感知通常是通过亮度和颜色。亮度反映了物体表面的物理特性。人们主观所感受到的物体明亮的程度除了与物体表面亮度有关外，还与我们所处环境的明暗程度有关。前者称为"物理亮度（或称亮度）"，后者称为"表观亮度（或称明亮度）"。相同的物体表面亮度，在不同的环境亮度下，可以产生不同的明亮度感觉。颜色同光一样，是构成光环境的基本要素。颜色来源于光，可见光包含的不同波长单色辐射在视觉上反映出不同的颜色，在两个相邻颜色范围的过渡区，人眼还能看到各种中间色。

光环境表述：用于表征光环境的物理量有多种，分别表达了光源、照度和明亮度。如：表征光源发光强度的成为光强，国际单位是 candela（坎德拉）简写 cd；在照明工程中，用光通量来表达光源发光能力，单位是流明（lm）。照度是指受照平面上接收的光通量的面密度，光照度的单位是勒克斯，是英文 lux 的音译，也可写为 lx。光源所发出的光能是向所有方向辐射的，对于在单位时间里通过某一面积的光能，称为通过这一面积的辐射能通量。各色光的频率不同，眼睛对各色光的敏感度也有所不同，即使各色光的辐射能通量相等，在视觉上并不能产生相同的明亮程度。

3）热环境及其问题

热环境来源：城市热环境主要是指城市空间中的空气温度。空气温度主要与四方方面相关：日照、周边环境反射、风速和周边环境热源。城市内部热环境主要由五部分构成：①城市覆盖层由净辐射获得的热量；②城市覆盖层中人为的热释放量；③城市覆盖层内的潜热交换；④城市覆盖层与外部大气显热交换；⑤城市下垫面层的净得热量。城市是具有特殊性质的立体化下垫面层，与自然地表特征构成的下垫面层有很大区别。城市建筑密度大，体积、高度和朝向各不相同，建筑外立面、屋顶、路面组成了极为复杂的反射面，因此，城市中受阳光直接辐射的程度相对郊野较少，受到不均匀下垫面的影响的散射辐射比郊野大得多。

热环境影响：城市独特的热环境带来了城市的"热岛效应"。热岛效应对城市热环境的影响表现在：①由于郊区和城市温度的差异形成郊区吹向城市的微风，称为"热岛环流"。"热岛环流"的出现影响了自然风在城市的风场分布，也会将城市周边工厂所排放的污染物带进市区，加重了城市污染的程度。②热岛效应的出现，加强了城市区域大气的热力对流，使得城市区域的云量和降水量比郊区明显增多。③热岛效应导致酷热天气日数增多，寒冷天气日数减少。这种气候变化的结果会造成冬季城市总体能耗的降低，夏季城市总体能耗增加[4]。

热环境感知：热舒适是人对周围热环境所做的主观满意度评价，通常以热舒适来论述人对环境温度的直接感知。热舒适主要包括三个方面：①物理方面：环境的绝对气温和室外人体活动类型及其着装之间的热平衡关系。②生理方面：人体对冷热应力的生理反应的敏感程度，不同人体对环境气温的反应不一样。③心理方面：人在热环境中的主观感觉，如在同样气温环境下，蓝色和绿色让人感觉清凉，舒适度提高。此外，热舒适性与风舒适性密切相关，风在舒适感中起着至关重要的作用；其次，热舒适度和空气的湿度密切相关，空气的湿度大，在冬天会感觉更冷，而在夏天则会感觉更热。

热环境表述：热环境的表述分为热环境物理性能和人体感知舒适度两个方面的表述。物理性能方面，空气温度是表征城市热环境的主要因素之一。由于在城市环境中，太阳辐射、风的流动性、人类活动排放热等都影响到气温，因此，风速、相对湿度等其他指标对于城市热环境的综合评价也是非常重要的。人体感知舒适度方面一般把"预测的平均选择"（PMV）技术看成热环境评估方面的国际标准（ISO 7730），《中度热环境 _PMV 和 PPD 指数的测定及热舒适条件的规范》的基础。

4）风环境及其问题

风环境：刘加平教授在其编著的《城市环境物理》一书中明确指出：风环境是近二十年来提出的环境科学术语。首先，城市风环境与大气系统的风场分布密切相关，地区性风向和风速直接影响了城市的风环境。其次，城市中的高度变化的建筑物、隧道和高架路、穿流的交通工具、人工创造的城市绿化等元素的存在使得城市冠层具有较高的粗糙度，再加上热力紊流、机械紊流和热岛环流的影响，使得城市内部的风场非常复杂。关于城市风环境的形成与变化《城市物理环境》一书中有详尽的论述。

风环境影响：城市风环境的优劣直接影响到城市物质环境的通风效能，主要表现在城市的空气污染、自然通风、热对流交换、风荷载和城市风灾等几方面。城市内部复杂的风环境带来的影响主要有：在建筑形体分布密集区，易形成狭管效应和风影区。狭管效应是流体力学中的物理概念，形成狭管效应意味着局部区域出现风速加大的现象，典型狭管效应存在于与来流风向一致的高层楼宇之间的空间；风影是从光学移植而来的物理概念，指风场中由于遮挡作用而形成局部无风区域或风速明显减小区域。典型风影效应则存在于大体量单体建筑的背风面区域。其次，复杂的湍流导致污染物在局部形成涡流和循环，造成局部区域的污染物浓度增加。虽然城市中的一些区域风速很大，但是由于局地的湍流效应，离开的气流与进入的气流相当，而这些气流并不参与该区域内部气流的交换，因此造成了虽然风速大，但是该区域的漂浮物和颗粒物以涡旋的形式存在，难以被稀释和排除，从而增加呼吸系统疾病的风险[5]。

风环境感知：城市风环境给人们带来的感知主要以体感为主，且十分直接的。人们对风环境的感知主要表现在人体的舒适度，如炎热的夏季在同样的温度下行走在有风或微风的区域的人体舒适度将大大好于行走在无风区域。在高层建筑之间行走时，人们也会明显感觉到局部风速增大带来的不舒适甚至影响安全的风环境。在不清洁的环境中，从视觉感知上也可以看到风场的湍流的效应，如城市中某些区域的垃圾和颗粒物形成的涡旋，使得人们可以直接感知到空气质量的恶劣。

风环境表征：风速和风向是风场特性描述的重要指标，分别对应风的大小和方向。风速是指风场相对于某一固定参照点的运动速度，其常用的统计单位有 m/s 和 km/h，而为了更为直观地衡量风速的大小，常用风力等级来表示。风向则是指风场吹来的方向，其主要是通过方位度和基本风向来获取。我国每个城市都有自己的风玫瑰图，表征了城市的盛行风向、主导风向、风向频率和最小风向频率。

综上所述，城市物理环境中的各个因素都关系到城市物质空间的质量，是城市设计不可忽视的重要因素。除了声环境较为独立之外，光、热和风等环境之间都是相互关联和相互影响的，对于城市设计来说，决策因素会更加复杂，处理需更加慎重。此外，城市物理环境还受到城市所在气候区的限定。

6.1.3　城市微气候环境的尺度及其表达方式

与城市形态研究类似，城市微气候的研究也需要分不同尺度。从宏观到微观大致可分 5 个层次：首先，一个城市的微气候特征首先从属于该城市所在气候区的主要气候特征；其次，该城市微气候特征还要受到所在地区地形和地貌的影响，其中地貌的内涵包括了自然地貌和人工地貌－城市形态。如我国的长三角地区城市群所构成的地貌形态，对城市群中的每一个城市微气候环境都产生影响。第三个层次是城市自身的结构形态与规模，第四个层次是街区形态和建筑组合的肌理形态，第五个层次是建筑之间的空间，通常也被称为场所空间形态。

不同观测高度研究了不同尺度的气候现象。以数百公里高度的观察范围是宏观尺度，适合于用来描述与气象相关的气团和气压系统；16km高度的观察范围称为中尺度，可以清晰地观察到城市区域内部的气候效应；1km² 高度甚至更小称为局部尺度，也称为城市尺度，是研究城市气候的基本尺度。

在研究城市气候领域中，科学家们根据城市形态特征与气候现象的一般规律，将城市及其城市上空做了更为具体的分类，表述为城市边层（Urban-boundary-Layer UBL）、城市冠层（Urban Canyon-Layer—UCL）、街道峡谷（Street Canyon）和非峡谷状空间（Non-Canyon Urban Space）。

1）城市边界层　依据科学家的观察，城市确实对改变局部自然气候具有重大影响，这种影响既存在于建成区内部，也存在于城市之上的大气层和城市建成区的边界之外，通常把城市物质形态以上的全部空气量定义为完整的城市边界层（Urban-boundary-layer UBL）。当空气流过城市建成区上空时，城市边界层的高度从城市的上风边缘开始增长，其延伸高度约为城市建筑物高度的 10 倍，在下风方向超出城市区域。城市的表面特征和城市里所开展的各式各样的活动影响着城市边界层，也就影响着城市的气候。我们可以进一步把城市边界层划分为许多子层，它们之间的区别是城市气候的基础，如：混合层、表面层（Surface layer）和粗糙子层（roughness sub-layer）（图 6-3 上）。

2）城市冠层　城市大气层中的最下端部分称之为城市冠层（urban canopy-layer—UCL），它从地面一直延伸至建筑、树木和其他物体的高度（图 6-3 下）。城市冠层内在的形态构成和材质非常复杂，任何一个城市空间内都会因其周边的建筑位置、材质的物理性质和区域的环境影响形成一个独特的小气候。科学家认为，城市设计可能对室外热舒适和建筑能量载荷产生局部影响，城市冠层之下的城市内部空间的微气候环境是城市设计者应该直接关注的。

3）街道峡谷　城市中的线性空间称为城市峡谷（Urban Canyon）或街道峡谷（Street Canyon），街道峡谷是用来描述城市中线性空间最普遍使用的模型之一，用以表达和研究城市活动空间的物理环境。街道峡谷用三个基本表达方式来描述城市峡谷的几何特征）：高宽比（H/W）表述街道截面比例，街道峡谷的轴向（θ）表达了空间延伸的方向，以及街道峡谷的天空可视因子（Sky View Factor—SVF），通常称为天空开阔度（图 6-4a），并在街道高宽比和天空开阔度之间建立了函数关系[6]（图 6-4b）。

4）非峡谷城市空间　在真实城市形态尤其是现代城市形态中，建筑之间的空间构成极其复杂，大部分空间并非能归纳为线性空间，在研究中通常称为非峡谷城市空间（non- Urban Canyon）。从城市设计的角度该类空间可以分为三类：围合空间，半围合空间和无规则空间（图 6-5a、b、c）。

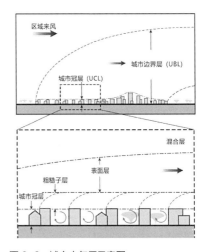

图 6-3　城市大气层示意图
上：城市边界层，下：城市冠层

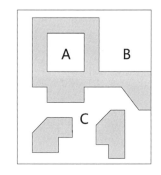

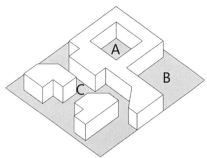

（A：围合空间，B：半围合空间，C：无规则空间）

图6-5　非峡谷城市空间示意图

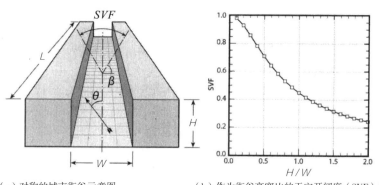

（a）对称的城市街谷示意图

图6-4

（b）作为街谷高宽比的天空开阔度（SVF）函数

6.2　城市形态与城市热环境

城市热环境主要表现在两大方面：一方面是城市地表的气温，另一方面是城市的热岛效应，其次值得关注的还有热舒适度。

城市的地表气温主要取决于该城市所处的地理区位及其观测的季节。地理区位表明了一个城市坐落地区的区域气候和地形，同时地方风系等气象因素都可能影响到城市整体的热环境。例如，受海风影响的沿海城市在夏季会比较凉爽，而那些由乡村湿润表面包围的城市，在夏季也会降低城市边缘地带的局部气温。

6.2.1　城市热岛的概念

人口密集的城市地区的气温高于周边的自然地表或农村地区的气温，这种现象被气象学家称为"热岛"现象。热岛现象可能出现在每个城镇和城市中，是城市热环境的另一个重要特点。在城市高密度区或接近高密度区域，其地表温度值明显高于同时期城市周边自然地表，这种状态称之为"城市热岛"（图6-6）。城市热岛具有这样几个特征：①城市热岛是气温分布的一种特殊现象，其本质是城市气温高于郊区气温。热岛强度的强弱只与二者差值有关，而与绝对气温值呈非线性相关，即城市气温高时并非热岛效应一定强，而在城市气温较低时则并非热岛效应一定弱。②城市规模越大，建筑密度越大，人口越多，热岛效应越强。③各地区各季度的热岛强弱虽各不相同。不同地区的城市的热岛效应在各个季节的强弱变化也不同。对于中高纬度地区，城市热岛强度的表现为：冬季最强、夏季较弱。春秋季介于冬夏之间。④白天热岛效应弱、晚间热岛效应强。

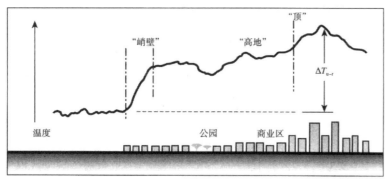

图 6-6　典型的城市热岛剖面图

　　热岛的形成的原因主要有以下几点：①由密集的城市建筑和大量的硬质地表铺装构成的立体化的城市物质形态，比自然地表或郊区吸收更多的太阳能，这是形成热岛效应的基本条件。②城市立体化下垫面比郊区自然下垫面层的热容量要大，使得在日落后城市下垫面降温速度要比郊区小；在夜间的城市中，由于有热量补充到空气。这是城市热岛形成的另一重要原因。③城市内部上空覆盖了各种污染物，特别二氧化碳温室效应是形成城市热岛的主要因素之一。④城市规模对热岛产生也有影响，1000 人的小城镇就能观测到热岛效应的存在，1 万人口城市的热岛强度达到 0.11℃，10 万人口为 0.32℃，100 万人口达到 0.91℃。密集的城市人口向大气中排放大量人为热量，据观测星期一至星期五的热岛强度比星期日大，和这些原因有关。⑤城市中因不透水面积大，地面蒸发量小，加之植被面积远小于郊区和自然地表，蒸腾量少，这对城市空气增温起着相当重要的作用。⑥城市建筑物密度大，因通风效果不好而不利于热量向外扩散，造成了降温速度慢，增加了形成热岛的几率。

6.2.2　城市热岛的层级

　　不同的城市尺度可以观察到不同的热岛现象，如：城市上空的大气层热岛（atmospheric heat island）和城市物质形态表层的表面热岛（surface heat islands）。就大气层热岛而言，又可分为城市冠层热岛（Canopy heat islands）和城市边层热岛（Boundary-layer heat islands）。之所以这样分类，是由于不同层级的热岛类型在强度、时段、空间形态和同质性上存在差异。所以，尽管从结果上看都是热岛，但是产生的原因和过程甚至性质都有比较大的不同。

　　1）边界层热岛（houndary-layer heat island—BLHI）　边层热岛如同一个罩在城市上空的热穹顶，自上而下对城市气温产生影响。该穹顶厚度在白天可以达到约 1km 以上，而在晚上萎缩到几百米以下。

如果有风，该热穹顶状的气团常常被气流所改变成羽状。

2）冠层热岛（canopy-layer heat island—CLHI） 冠层是城市上空大气层中最接近城市表面的一个层级，冠层热岛现象可以直接关联到城市内部的热环境。在日间很少出现冠层热岛的现象，而在少云少风的夜晚常常可以观察到冠层热岛。

3）表面热岛（ surface heat island—SHI） 表面热岛现象就是人们通常认为的城市表面温度与周边乡村地区（自然的）表面温度差而形成的热岛现象。这类热岛的产生主要是由城市建筑形成的硬质地表的气温远高于其周边由土壤和植被构成的自然地表的气温，这样形成的温度差产生了所谓的表面热岛。表面热岛现象在阳光充沛而风速不大的日间尤为显著，而在晚间城市表面热岛强度则不明显。

从遥感观测图上可以发现，无论城市规模有多大，城市表面热岛总是呈现出斑块状，而这些斑块也都呈现出类似的肌理形态特征，如高密度建筑集群或大面积硬质地表等的共性。然而，另一值得关注的现象是，并非所有的高密度集群都会产生热岛效应，也并非产生热岛效应的斑块都位于大城市。因此，有必要对城市肌理的热环境作进一步分析。

6.2.3　城市肌理形态与热环境

首先，城市的热环境取决于和城市所处的气候区以及季节，其次和城市建筑与人群的集聚程度和方式也有直接关系。城市热岛效应是城市集聚形态引发的热环境现象，根据科学家们对城市热岛现象的解析，我们可以认识到和城市物质形态直接相关的热岛层级是表面热岛现象。科学研究中通过长期观察到的两种现象应该引起城市设计者的重视：第一，同一地区中引发城市热岛现象的城市地表斑块呈现出类似的肌理形态特征；第二，并非所有高密度集群都会产生热岛，且并非所有的热岛斑块都位于大城市。这两个现象说明了，城市热岛和城市肌理形态直接相关，而和高密度建筑集群并非直接关联。因而，应该进一步认知建筑肌理形态与城市热岛之间相互作用的机理。

LCZ 气候模型： 斯图尔特（Stewart）和奥克（Oke）[7]基于城市热环境特征提出的局地气候分区（Local Climate Zone，LCZ）模型，其基本原理是根据实测验证，将城市热气候现象及其机理转译所对应的城市形态，便于城市规划和设计人员理解。LCZ 模型融入的物质形态信息有：容积率、平均高度、材质以及所对应的人流活动等因素，在宏观尺度上对城市的热岛环境进行描述和评估（图 6-7）。

城市区结构模型： 为研究不同的肌理形态结构在城市热环境中的表现，20 世纪 70 年代剑桥大学马丁研究中心提出了以肌理形态特征分类的

图 6-7　LCZ 模型示意图。局地气候分区理论将城市形态分成了 17 种，其中建成环境 10 种，自然环境 7 种

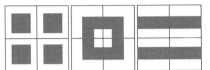

（a）点式、院式、街式结构　　　（b）点与街、街与院、院与院组合

图 6-8　街区模型结构

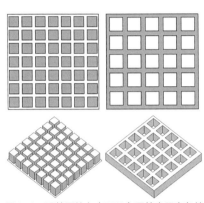

图 6-9　同等覆盖率（50%）同等容积率条件下点式结构和院式结构

6 种街区结构模型，在 1~2km 为单元的局部热环境研究中大多数学者一直沿用该街区模型结构。六种模型主要分两类，一类为基本型，另一类则是由基本型衍生的组合型。基本型包括：点式结构、院式结构、街式的结构（图 6-8 a）；组合型则是点与街、街与院、院与院的组合（图 6-8 b）。研究已经证明，同等地块尺度下当建筑层数不高时，点式的结构整体太阳辐射接受度要优于院式结构，然而，随着建筑层数不断增高，院式结构的整体太阳辐射接受度逐渐优于点式结构。

　　当街区容积率和覆盖率都相同时，研究者对两种形态结构的热通量做了比较（图 6-9），比较的环境因子是感热通量（也叫作显热通量），它在一定程度上反映了城市空间热交换的强弱程度。实验证实，相同的容积率下，白天围合式布局的感热通量最强，其次是线性布局和分散式布局。但是在夜晚，线性布局的感热通量比围合式布局更强[8]。

　　建筑密度较高的街区通常街巷狭窄，大面积的楼顶反射了太阳辐射，而街巷中大量的阴影区使得街道空间接受太阳直射引发的热辐射较小，造成街巷气温相对较低。反之，在建筑密度非常低的街区中，道路表面和楼宇垂直面直接接受太阳辐射的几率大，所以二者之间对太阳辐射的反射相互影响较大，产生多轮辐射影响的几率比较高。此外，当建筑高度参差不齐时，将会有较多的垂直面吸收到太阳的辐射，导致街区内部的温度上升。这几组实验充分证实了街区肌理形态特征和热环境直接相关。

　　除了肌理形态特征之外，街区肌理的材质也是影响城市热环境的重要因素。城市街区肌理中最常见的材质有两种：建筑材质和植被。通常道路坚硬的建筑外立面材质和水泥或沥青路面都具有较强的热反射效能，二者之间的相互作用更有助于提升周边城市空间的热环境温度（图 6-10）。

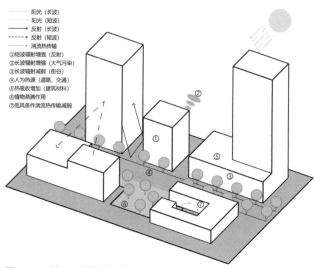

图 6-10 地面和墙体热辐射作用图示

对城市植被的研究证实，城市绿化覆盖率每增加 10%，气温降低的理论最高值为 2.6%，在夜间可达 2.8%，在绿化覆盖率达到 50% 的地区，气温可以降低近 5℃。树冠的形态不仅干扰了太阳辐射，也干扰了来自地面、建筑表面和天空的长波辐射，有利于缓解有太阳辐射引发的高温现象。其次，草坪仅反射了 20% ~ 22% 的阳光，而灌木或乔木对阳光的反射不足 12% ~ 15%。有研究证实种植屋面能缓解城市热岛效应，如 2002 年加拿大环境部的研究报告认为，如果城市整体建筑屋面中有 6% 是绿化屋面的话，市区的气温可能降 1~2℃。为此，屋顶绿化作为降低城市热岛效应的策略越来越受到各国城市的重视。

此外，城市局部地区的热环境和该地区的通风效能也直接相关，而与通风效能相关的是城市街道走向（城市风廊）和建筑排列方式，这一部分将在下一节重点阐述。这里需要强调的一点是，街区的通风效能对夜间城市热岛的形成直接相关。在夜晚，尽管没有太阳辐射，但是经日间大量照射的建筑和道路对周边环境的热辐射仍在继续，对于通风效能不佳的街区就不能排解掉辐射热，从而形成了环境温度高于郊外的城市热岛效应。天空开阔度的现实意义是表达了城市空间的封闭程度，天空开阔度值小就意味着街道空间比较封闭，当自然风吹过城市时不易将街道内部的热量及时带走，因此，在城市物理环境研究中也将天空开阔度作为判断城市热环境的一个指标。

6.2.4 室外热舒适性

热舒适性（Thermal comfort）是指人体对周边环境温度舒适性感知的

总体评价。热舒适性不仅取决于人所处环境的空气的气温，而且还包括空气湿度和风速等物理环境因素。由于热舒适性源于人的主观判断，所以对热舒适性的评价和季节、着装以及周边绿化环境都直接相关，甚至人的心理因素（例如个人预期等）也会影响对热舒适性的评价。尽管热舒适是一个主观感觉，然而经调查研究表明热舒适性在表征人们身体对周边环境热环境所反映出的生理状态具有共性，因此，热舒适性可以作为评价热环境的一项指标。

大气的湿度是影响热舒适性的重要因素，因为空气湿度能够影响皮肤表面通过蒸发与环境之间的热交换能力。如我国长江中下游一带通常空气湿度都比较大，相对湿度有时达到 90%。夏天空气中高含量的水汽使得人体的汗挥发慢，能带走热量就少，所以感觉越闷热。因此，夏天同等气温之下，空气湿度越高人就会觉得越热。在冬季恰好相反，原因是空气的湿度越高，空气的导热就越快，带走热量越多，因此，同等气温下空气湿度越高，人们会觉得越冷。

风速是增加皮肤表面与周边环境热交换的一个重要因素，能够提高人体对环境的热容忍度，例如 32℃的无风环境和 35℃，风速 2m/s 的环境热舒适性是相同的。而在冬季，人们希望获得更多的太阳辐射，所处环境的风速最小甚至无风，这样可以最大程度地提高热舒适性。

着装决定了人体与环境进行热交换的阻力，着装对热舒适的影响一方面是衣物的厚度和衣物的材质，厚度影响热交换的能力，而材质则影响到了对太阳辐射的吸收和反射强度。

除了物质环境之外，影响热舒适性的还有因环境因素而引发的心理感觉。研究发现，夏季同等物理条件下（气温、湿度和风速），在绿化多的场所比绿化少的场所人们容易感觉凉爽，所以，有学者认为"绿视率"有利于提高夏季户外的热舒适性。当然，另一方面过多的绿化可以提高局部环境的空气湿度，从而导致热舒适性降低。

室外热舒适性研究表明，纯粹的生理方法不足以表征室外热舒适条件。热适应，包括行为调整、生理因素和心理因素，也在热环境评估中发挥重要作用。不同气候区域的居民可能具有不同的热适应能力。因此，优选采用经验指数来通过考虑局部气候和人类热适应因素来评估场所的热舒适水平。大部分的热舒适性指标基于等效温度的概念，以温度为输出单位反映人体热感觉，并建立与不同热感觉相对应的温度区间。

6.3　城市形态与城市风环境

如本章第一节所述，城市风环境和城市中的高度变化的建筑物、隧道和高架路、穿流的交通工具、人工创造的城市绿化等元素直接相关，也就是说城市风环境和以建筑物为主所构成的城市形态直接相关。另一方面，城市风环境的研究针对的问题对象也比较多，如自然通风、空气污染、热对流交换、风荷载和城市风灾等，然而，就城市设计而言，本章更为关注的是城市空间的自然通风能力和污染物溢出的能力。此外，城市形态的复杂性使得城市内部的风场非常复杂，换句话说，城市形态的尺度不同和空间类型不同，讨论风环境的问题及方式也有所不同，因此，本章将基于城市风环境研究的常用形态分类方法，聚焦城市冠层下的三类城市形态：街廓片区形态、街道层峡空间形态和建筑之间的非峡谷空间形态，分别讨论城市通风性能的问题。

6.3.1 街廓肌理形态与通风性能

城市街廓片区的研究尺度大约在 0.5~1.5km 之间，甚至更小。街廓片区按肌理形态特征可以分为两类：匀质肌理和非均质肌理。匀质肌理片区形态特征表现在建筑形体差异小且排布有规律，如居住小区构成的肌理片区。非匀质肌理形态表现在建筑形体差异度大且排布无规律性，如商业、娱乐和办公类公共建筑组合成的肌理片区。匀质肌理片区和非匀质肌理的风环境状况和规律大不相同，造成风环境各异的主要原因是这两类肌理表面的粗糙度不同。匀质肌理粗糙度小，而非匀质肌理的粗糙度大，不同的粗糙度导致了肌理内部的气流形式产生显著的差异。图6-11（a），匀质肌理中的建筑高度相对统一（粗糙度小），图6-11（b）非匀质肌理中的建筑高度差异较大（粗糙度大）。

1）匀质肌理形态片区 该类型的通风性能主要和场地的覆盖率，建筑的平均高度，以及场地内建筑排列形式这三项因素相关。科学家们的三类实验有助于对匀质肌理形态的通风性能的理解。

（1）覆盖率：意大利学者理查德·波考莱利（Riccardo Buccolieri）定量地研究了匀质肌理街廓覆盖率变化和污染物扩散的规律。结论是：随着城市覆盖率的增加，即 λ_p 从 0.25 增加到 0.56 时，平均空气龄会增加大约 4 倍，当覆盖率增加到 0.69 时，平均空气龄会相对覆盖率为 0.25 时增加约 6 倍。这意味区域内的污染物浓度会随着覆盖率增加而明显增大（图6-12）[9]。

（2）平均高度：当覆盖率不变，提高街廓中建筑的平均高度时，建筑之间的高宽比随之增加（图6-13），街区污染物的排除效率也会随之下降。

（3）当街廓内平均高度总体不变，但建筑高度由均一变为微弱高差，微弱的高差能够增加街廓顶部的垂直气流交换，从而在一定程度上改善街廓空间的通风质量（图6-14）。

（4）当街廓内的建筑排列由行列变为错列时，若来流风垂直于街道，

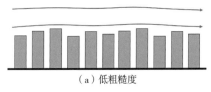

（a）低粗糙度

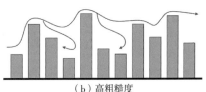

（b）高粗糙度

图 6-11 匀质与非匀质肌理的示意

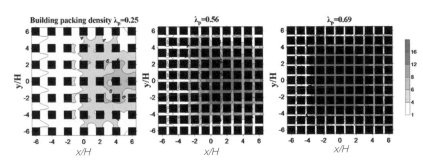

图 6-12　匀质肌理街廓覆盖率变化和污染物扩散的规律示意

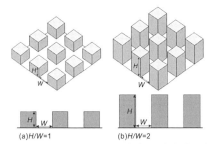

图 6-13　覆盖率相同，高宽比不同的街廓示意

错列虽然会增加街廓内部建筑间距，但交错的建筑会阻碍气流在街道中直接流动，行列式通风性能优于错列式。若来流风倾斜于街道，错列式通风性能优于行列式，且夹角为 45° 时效果最明显（图 6-15）。

　　2）非匀质肌理形态片区　除居住区外城市街廓中的建筑的形体和体量和所在地块的大小、形状以及功能需要直接相关，因此，在一个街廓中建筑的形体及体量的差异是非常大的，这种现象在研究中称之为非匀质肌理形态片区，对于街廓来说就是非匀质肌理形态街廓。

　　（1）迎风面密度（Frontal area ratio，λ_f）：在非匀质肌理片区内部，每一组建筑之间的空间状态都是不一样的，因此，研究人员很难用研究匀质肌理片区同样的方法来研究非匀质肌理片区的风环境状态，迎风面密度就是一项研究中使用的指标。它的实际意义是可以衡量该片区针对特定风向的建筑迎风暴露面总面积，建筑的形状及其阵列形式的变化而变化，它们共同决定了迎风面暴露的面积：（$\lambda_f = A_f/A_T$）（图 6-16）。通常情况下，随着迎风面密度的增加，街廓内部的通风性能会逐渐下降。

　　（2）覆盖率：对于非匀质肌理而言，覆盖率与街廓内部通风性能的关

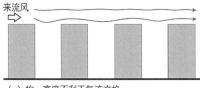

（a）均一高度不利于气流交换

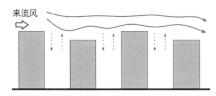

（b）高度微差利于气流交换

图 6-14　平均高度微弱变化对通风的改善示意

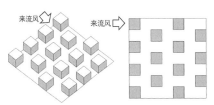

图 6-15　建筑群交错排列时，针对不同来流风吹向，建筑之间都可获得相对较大的间距

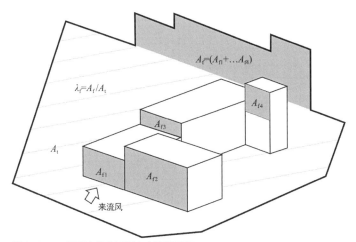

图 6-16　不同风向的迎风面密度计算示意

系与匀质肌理的变化趋势类似。不同的是，街廓内部局部区域的通风性能可能会随着肌理形态几何特征的变化而改变。

（3）多孔性和渗透性：减少街区建筑群的连续长度，增加开口和底层架空等方式可以增大街廓形态的多孔性和渗透性。其原理是通过降低非匀质街廓空间局部的高宽比来增加空间的通风能力，使气流更快地将污染物从街廓空间中移除。

6.3.2　街道层峡空间与通风性能

加拿大气象学家奥克长期以来专注城市冠层之下的城市微气候的研究，其重要成果是发现了街道层峡几何形态和风环境的关联性，街道空间的形态因子是街道空间的高宽比 H/W（图 6-17）。奥克团队的研究中将高宽比 H/W=1 的街道空间作为标准标准层峡，当 $H/W<0.5$ 时称为浅层峡，而当 $H/W>2$ 时成为深层峡（图 6-18）。

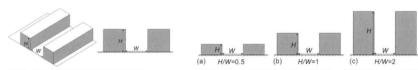

图 6-17　街道层峡轴测和剖面　　　图 6-18　三种层峡示意：浅层峡、标准层峡、深层峡

层峡内部的气流形式与来流风的强度与方向都有直接关系。研究人员将盛行风向与城市街道的轴向方向被分为三组，即平行、倾斜和正交（图 6-19a）。

当来流风垂直于街道峡谷时，对街道空间的通风性能来说是最不利的风向。科学家们对此分成了三类可能性：$H/W<0.35$、$0.35<H/W<0.65$ 和 $H/W>0.65$，即在第一类的状况下，街道内部通风性能会比较好，受风向的影响较小；第二种情况街道空间通风性能弱于第一类，通风的效果与风的强度直接相关；第三类街道空间的通风性能下降，污染物驻留时间增加（图 6-19b）。

当来流风平行于街道峡谷时，平行于峡谷的气流沿着街道峡谷产生风道效应，街道空间内部的污染物能够被气流快速带走。当来流风倾斜于街道峡谷时，会形成螺旋状态的气流，也能够带走污染物，并保持街道空间具有良好的风舒适性。

6.3.3　非峡谷空间与通风性能

街道层峡空间只是城市空间的一种状态，更多的状态并不能用峡谷空间的研究成果去判断，甚至不能用同样的研究方法。从城市设计需求

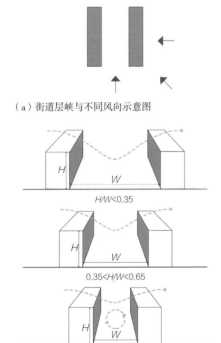

（a）街道层峡与不同风向示意图

$H/W<0.35$

$0.35<H/W<0.65$

$H/W<0.65$

（b）当风向垂直于街道层峡时，按气流状态对街道层峡高宽比分类

图 6-19　风向与街道

的角度，在此把非峡谷空间分为围合空间、半围合空间和无规律空间三种状态，分别考量它们的通风状况。

1）全围合空间

围合空间的通风状况直接和空间的面积以及周边建筑的高度相关，其次，在面积、形状及周边建筑高度相同的情况下，围合空间的通风状况和周边建筑围合的连续度直接相关，连续度也高通风性能越差。此外，围合空间开口的位置对通风性能也有影响，以两个开口的情况为例，当开口位置相交错时，围合空间的通风状况最好，两个开口相近时效果最差（图 6-20）。

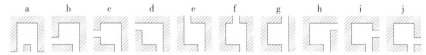

图 6-20　有两个开口的围合空间示意图，其中 e 型的通风效能最好

2）半围合空间

与全围合空间相比，半围合空间的形态具有极大的不确定性。它也是城市空间的主导类型。由于空间形态的不确定性，半围合空间的通风状况更加复杂，对风向、周边建筑的高度和紧凑度也比较敏感[10]（图 6-21）。

图 6-21　半围合空间的几种类型

3）无规则空间

在现实城市中，更多的城市空间是无法用简单地用围合空间或半围合空间去描述，在此定义为无规则空间。该类空间的通风状况和场地的大小、周边建筑的数量以及高度存在关系（图 6-22）。

图 6-22　左图为南京新街口局部街区平面；右图则展示了左图中建筑之间的空间形态，呈无规则状态

6.3.4   风舒适度及其质量评价

风舒适度因人而异，很难用指标确定。出于研究的需要，科学家通过大量的问卷访谈和实地记录发现人们对城市室外公共空间中风舒适度的评价和风速的力学效应有相关性，所以暂定用风速作为考量风舒适度的量化指标。相关研究表明当平均风速低于 5m/s 时，一般人们认为比较舒适，而大于 6m/s 且有湍流时，人们会感到不舒适。从另一个方面来说，尽管对于行人来说风舒适度要求低风速（$u<5m/s$），但是街道良好的通风环境则需要保持最小风速 2m/s，以确保空气质量。

除了能够直接影响人体感觉的风速以外，对于风环境评价的另一个重要因素是污染物的浓度以及污染物扩散的速度，科学家们研究发现路网密度大能增加污染物的扩散速度。

6.4   城市环境的研究与设计

通过城市设计改善或缓解城市物理环境恶化的问题是当下城市设计最为关注的目标，实现这一目标的基础是了解城市物理环境与城市物质形态之间的关联性，掌握城市微气候因素与城市形态各类特征指标之间相互作用的机理。由于城市微气候环境的相关因素众多，且城市形态特征指标也非常复杂，因此迄今为止，探索城市微气候因素与城市形态各类特征指标之间耦合机理的研究仍在继续。为使更多的城市设计者了解城市形态的环境效能及其科学内涵，科学地将既有知识运用到城市设计中去，本节将从环境测评、形态指标、研究进展和设计运用四个方面进行介绍。

6.4.1   城市物理环境的测评方法

环境测量与评估是开展研究的基本条件，也是设计后评估的参照依据。城市微气候环境测评的因素较多，声环境（分贝）、光环境（勒克司）、热环境（温度）三项内容在测量方面相对简单，而风环境的实地测量比较复杂，主要原因是干扰实测的因素非常多且难以规避。为此，在风环境研究中，除了现场实测，大量的数据分析则依据干扰比较小的实验室数据，即风洞试验的数据。随着科学家对流体力学的认知加深和计算机技术的发展，基于计算流体动力学（Computational Fluid Dynamics）的数值模拟方法在研究中被广泛采用。

1）现场实测   现场实测是指以现实城市特定空间为测试对象，通过专业仪器获得相应的基础数据。城市室外环境的实测分两类，一类是通过布置观察站或点的方式进行长期观测，另一类是根据具体的研究类型临时设点测量。定点观测的典型例子就是每个城市都有的气象观测站或点，它包括地面气象观测、高空气象观测、大气遥感探测和气象卫星探测等。观测的内容也比较多，包括气温、气压、空气湿度、风向风速、云、能见度、天气现象、降水、蒸发、日照、雪深、地温、冻土、电线解冻等。根据研究需要临时设点的实测工具主要便携式和固定式两类，如测风环境的风速和空气温度的热敏、热线风速仪、温湿度计、红外热像仪等，对于需要获取连续数据且需排除人为扰动影响的测试环境可布置的移动气象站。布置测点的方式和获取数据的内容直接相关，例如测试人行高度的风、热环境时，尽量减少人流和车辆对环境扰动，一般将仪器放置在距离地面 1.5~2m 的开阔区域，总体原则是测试仪器应和周边的障碍保持一定距离。

2）风洞实验　风洞（wind tunnel）即风洞实验室，是以人工的方式产生并且控制气流，是空气动力学研究和试验中最广泛使用的工具。风洞实验时，常将模型或实物固定在风洞中进行反复吹风，通过测控仪器和设备取得实验数据。风洞实验的优势是风场流动条件容易控制，且可重复性高。尽管风洞的产生和发展起源于航空航天科学，然而现今风洞已经广泛用于汽车空气动力学和风工程的测试，如测试结构物的风力荷载和振动、建筑物通风、空气污染、风力发电、环境风场、复杂地形中的空气流场、防风设施的功效等。

针对建筑和城市气候所做的最基本的试验是模拟和分析各类不同城市肌理特征条件下建筑之间的气流状况。城市物理领域的风洞实验广泛应用于：①确定风荷载，例如在低层建筑的立面和屋顶上；②评估室外风的舒适性，例如通道和高层建筑附近；③分析污染物扩散，例如在街道峡谷和交叉路口；④通过对不同特征的城市肌理形态的风洞实验，作为数值模型的验证，提高数值模拟的精确性；⑤风洞实验的数据也可用于校对现场数据，增强实测数据的有效性。

3）数值模拟　基于计算流体动力学原理开发的计算机软件建构了一个虚拟的、边界条件可调的风场环境，将研究对象的计算机建模载入该软件平台，通过软件的计算获取研究对象风场的各项数据，如风速、风压、风向、与污染物或风舒适度相关的评价指标等，该实验过程称为数值模拟。目前支持数值模拟的软件有比较成熟的商业软件：FLUENT、PHOENICS、CFX 等，也有以 OpenFOAM 为代表的开源 CFD 工具箱、数值模拟的方法主要有，直接数值模拟（Direct Numerical Simulation，DNS）、雷诺平均模拟（Reynolds Averaged Navier–Stokes，RANS）和大涡数值模拟（Large Eddy Simulation，LES）。前者的优势是应用相对简单，且不需要占用大量计算资源，一般设计人员如果需要也可以参与研究和设计评估，而后者则需要更深入的流体力学相关专业基础和编程技术，优势是对于具有尖锐边角的建筑边界区域，能够更精确地捕捉和观察局部较小的湍流和涡旋。

　　针对城市设计所关注的问题，一般数值模拟软件可以直接可以提取的数值是：风速云图、风速矢量、流场迹线图（图6-23a、b、c），通过这些图示可以直观地了解关注区域的风速大小和气流方向。基于这些基础参数，进一步可以分析局部的污染物传输和扩散效率。因此对于城市设计而言，数值模拟相较于实测和风洞最大的优势主要体现在关联性研究。然而，每一种方法都需要借助其他方法的对比来确保数值的可靠性。

　　现场测试、风洞实验和数值模拟这三种方法是互补的，现场测试能够弥补风洞实验和数值模拟无法实现真实和复杂工况的测试数据；风洞实验能够用于验证数值模拟结果真实性的同时，能够反复现场测试无法实现的稳定边界条件，并观察局部的气流特征；数值模拟能弥补现场测试无法控制边界条件的问题，同时相对风洞实验而言，又能获取全局的风场特征和实验数据。

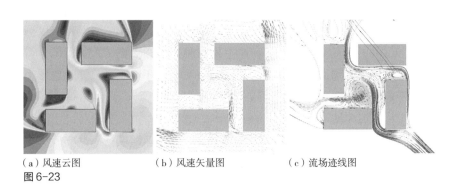

（a）风速云图　　　　　　（b）风速矢量图　　　　　（c）流场迹线图
图6-23

6.4.2　城市形态与物理环境的关联性

　　城市设计考虑城市物理环境质量的意义在于通过城市设计的导则对城市形态进行管控，为良好的城市环境提供基本物质条件或尽量避免产生不利环境因素。鉴于城市设计的管控是对形态指标的管控，如专业内熟知的高度控制或退界控制等，都是基于具体且清晰的规范和数值。为此，探索城市形态与物理环境性能的相关指标是城市设计研究的主要内容[11]。

1）街廓肌理形态相关指标

　　从城市设计的角度看，城市街廓形态有三组指标，第一组指标是街廓形态结构指标，主要表述的是街廓内部的路网结构。第二组同样来自于上位规划或相关专业规划（如保护规划），该组指标控制了地块的总容量和基本体量，主要包括容积率、建筑覆盖率和建筑高度。第三组来自于城市设计自身的设计成果，即对建成形态（肌理形态）的特殊指引。如街区肌理形态的整合度、建筑体量、建筑个数、形体走向与体型系数等。该组指标表达了城市设计对城市肌理形态的几何结特征的塑造。本节将基于城市设计的需求，梳理出与城市形态性能直接相关的指标组。

路网结构 / 交叉点密度：面积比较大的城市街廊中包含了城市支路和街巷构成的路网体系。街廊内部的街巷体系构成了街廊肌理形态的线性空间廊道，它可以成为阳光通道，更重要的是组成了片区的通风廊道。不同的街巷结构形态的通风性能不同，以正交网格为主的街巷结构，形成了直通的风廊；以丁字交为主的街巷结构，有利于阻挡穿堂风。街廊片区中道路交叉点的密度也对街廊肌理形态的通风性能有着比较大的影响，街巷交叉点密集的路段通风性能明显好于较长的连续封闭式街墙（图 6-24）。

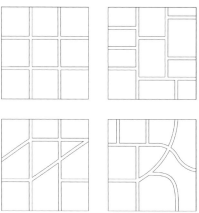

图 6-24 结构示意图，显示了不同的道路交叉口类型和道路密度

容积率 / 覆盖率 / 建筑个数 / 高度差：在评价城市环境容量时，地块的容积率是一项重要的指标，对于城市设计来说，容积率高意味着建设量大，置入场地的体积比较大，对场地的通风性能会产生影响。在总容量（体积）相同的情况下，减小覆盖率会增加建筑的平均高度，进而影响到地块的通风性能。在容积率和覆盖率相同的情况下，建筑的个数与排列方式直接影响该地块的通风性能。第四个影响因素是建筑单体之间的高度差，高度差大的肌理形态片区的通风性能要优于高度差小或没高度差的片区（图 6-25）。

离散度 / 孔洞率：上述四项指标主要控制了场地内建筑体积及其体量分配，并没有表达各体量之间的位置关系，离散度和孔洞率则是对场地中建筑体量的分布进行控制。在同等体量分布下离散度大是指地块中各建筑物体之间的间距达到最大化（图 6-26a），研究显示，在前两组形态指标相同的情况下，离散度越大通风性能越好。孔洞率是考量地块内部空地数量的指标，在相同覆盖率的情况下，孔洞率大的地块建筑外形墙面增大，总体采光和通风性能会有多提升（图 6-26b）。同时增加空洞率能够增加垂直方向的气流交换。此外，研究发现通过街廊中增加建筑物的错动和架空，能够增加街廊形态的可渗透性能，从而改善街廊的通风性能。

图 6-25 显示了同等容积率条件下，由于覆盖率变化、建筑个数变化、高度差而产生不同形态特征的示意图

2）街廊局部空间形态相关指标

街廊内部局部空间可以简单分为两类：线性空间和面状空间，分别和两组指标有关联。

高宽比 / 蜿蜒度 / 连续度：街廊内部存在许多线性空间，尤其是在以板式公寓为主的街廊内部，两排楼宇之间就构成了线性空间。根据楼宇高度和楼间距的不同就形成了不同的高宽比，直接影响到楼宇间的通风效能，可以参照前面论述过的层峡理论，用高宽比对线性空间的通风效能进行判断。

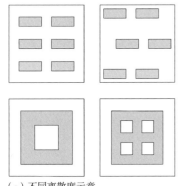

（a）不同离散度示意

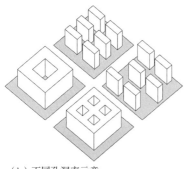

（b）不同孔洞率示意

图6-26　离散度和孔洞率

其次，高宽比不同受阳光直射的几率也不同，高宽比大的深层峡的街道暴露在阳光下的水平较低，所以层峡内气温较低，在夏季为行人提供了更有利的热条件。此外深层峡的街道在冬季往往成为静风区，而在湿热地区夏季深层峡的街道内则会因无风而感觉到闷热。浅层峡街因其宽敞的空间在冬季提高了受太阳直射的可能性，而在夏季提供了良好的通风条件，但是也大大增加了热辐射面积（图6-27）。

街道空间的连续度和蜿蜒度也对街道空间的风环境有直接影响（图6-28a、b），连续度过长的街道不利于空间中污染物的扩散，而有一定蜿蜒度（图6-28c）的街道可以提高街道空间的通风能力。

天空可视度： 本章第一节提到了天空开阔度可以作为表述不规则空间形态的一个指标，加拿大学者的研究证实了相对城市规模而言，城市热岛效应的产生和城市街道空间的天空开阔度的关系更加密切相关。确切地说，天空的开阔度越小形成城市热岛效应的几率和强度越大。这项成果后续被其他学者不断地证实，且这一现象在湿热地区尤为显著。

香港学者基于香港地区的实际调研证实：当城市街道空间的SVF>0.5时，产生热岛效应的几率很小；当SVF值<0.35时，可以明显地引发热岛效应[12]。该研究所用的天空开阔度SVF源于鱼眼镜头的成像，并根据图像中裸露的天空的面积和图幅总面积的比值换算而来（图6-29）。

天空可视度也是衡量城市空间开放程度的一个重要指标，SVF值比较小就意味着街道空间比较封闭，当自然风吹过城市时不易将街道内部的热量及时带走。

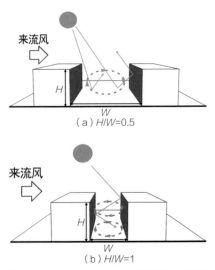

图6-27　（a）浅街谷与（b）深街谷中太阳辐射与气流循环的示意

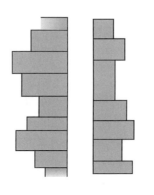

（a）连续度强

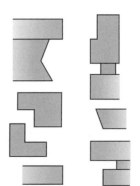

（b）连续度弱

（c）蜿蜒度

图6-28　街道空间的三种状态

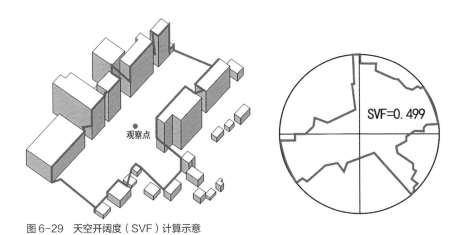

图 6-29　天空开阔度（SVF）计算示意

6.4.3　城市形态与环境的关联性研究进展

　　城市物理环境和城市形态之间的关联性研究有两大类，一类是基于特定的城市形态，研究物理环境中各个因素的作用状况及其机理；另一类是基于特定的城市空间形态为目标，研究与城市微气候环境相对应的城市物质形态的阈值，该类研究和城市设计直接相关。为此，本教材类增设了这一部分内容，目的在于拓展学生的知识面。

　　以适宜城市设计为目标，城市形态与城市微气候关联性研究的主要内容包 5 个方面：量化技术、关联性方法、标准化、普适性、可转换性等方面，其中量化技术和关联方法是研究的核心问题。随着计算机技术的广泛运用和模拟技术的提升，各类环境模拟平台已经成为关联性研究获取研究数据的主要技术手段。在城市设计领域里常用的软件平台主要有以环境综合评估为主的 Envi-Met 和以模拟风环境为主的 FLUENT 两大平台。本节主要介绍量化技术的进展和关联性成果的进展。

　　1）形态量化模型研究进展

　　LCZ 模型研究进展： 基于局地气候分区的城市形态模型分类表是以欧美国家主要城市形态为基础而建立的，不少类别不适宜于我国城市特征，而且我国城市的一些特点还尚未纳入分类中去。为此，我国学者已经根据我国城市形态的特征，针对我国气候特点，对局地气候分区的城市形态模型的分类进行了修正。

　　空间形态特征模型研究进展： 大量的城市空间形态是难以简单几何形去描述的空间，对此类空间特征的数据化表述是研究其风环境的前置条件。最新研究进展发现，难以用几何形去描述的空间可以通过指标组对进行分类表述，如：场地面积、形状率、缝隙率和高宽比等[13]。

图6-30 结合优化风环境的板式住宅组团设计示意图

2）关联性研究辅助建筑设计

住宅区形态指标与通风性能：住宅建筑形态、布局是影响居住区风环境的重要因素，在研究成果支撑设计方面有了新的进展。如，居住建筑中板式公寓住宅式设计中最常见的住宅类型，以往设计仅仅注重建筑朝向和楼宇的间距，现在看来要获得良好的风环境，还应该重视所在城市的风玫瑰图。研究发现，建筑朝向与当地主导风向夹角（θ）大于30°可以明显提高居住区的通风条件；建筑的横向间距（S）控制在7m以上有利于形成纵向风廊；建筑长度（W）小于60m可减少住宅中间单元的室外涡旋流（图6-30），这些具体的指标有助于建筑师直接通过设计获得良好的环境设计[14]。

6.4.4 城市设计优化策略

近年来，通过城市设计优化环境越来越受到城市设计人员的重视。城市设计人员必须在调研内容中增加对城市的气象数据的收集和分析，气候区的数据包括日照、风玫瑰图和年降雨量等。其次，城市设计专业人士需要将这些数据应用并转换为设计工具，即每个气候区域都需要构建本地区城市肌理形态的性能类型模型，作为设计的参考标准。

基于城市物理环境优化城市设计的概念和探索很多，尤其是在城市噪声控制和城市居住区日照条件控制等方面已经有成熟的经验，并成为设计规范。本教材从《城市小气候——建筑之间的空间设计》一书中优选取了针对局部小气候进行优化的城市设计案例，介绍如何通过城市设计优化局部小气候。

1）以色列—内韦齐居住街区设计

项目概况： 地处以色列内盖夫沙漠中的内韦齐（NeveZin）是斯代博克（Sde Boqer）的一个居住街区，由79幢私人独立住宅组成。该项目的目标旨在推进融入节能意识的建筑设计，创造能够应对地方气候条件的室外环境。该小区是一个规模不大的试验性项目，对总体规划和建筑法规的完善具有实践意义。该项目于1984年开始编制内韦齐街区的规划，1990年建成并迎来了第一批入住的居民

气候条件： 斯代博克地处以色列南部内盖夫沙漠中（北纬30.8°，海拔475m），该地区夏季炎热干燥，年降雨量很小。冬季寒冷且昼夜温差较大，白天充沛的阳光使得室外温暖舒适，而寒冷的夜晚导致该地区冬季供暖的能耗非常大。该地区地处沙漠，强风使得空中沙尘弥漫，年度平均降水量约为85mm。

城市设计目标： 内韦齐街区的规划设计的总目标是创造一个现代沙漠街区，为居住者提供所现代设施，就城市设计而言，主要工作是为住

区提供室外舒适的步行空间，并为降低建筑能耗而优化室外物理环境。

设计方法：

为解决夏季步行区阴影和冬季的建筑日照面的问题，内韦齐住区设计了两个层次的路网系统。第一个层次是人车共享的街道体系，三条东西向的人车共享的街道。道路宽度为 8m，足以保证道路北侧的建筑在冬季获得充足的阳光，为建筑的被动的太阳能供热技术提供条件（图 6-31）。该人车混行的道路不设人行道，并结合道路空间节点适当配置了绿化，利用园林设施增加步行区的阴影面，同时将机动车车速限制在 25km/h 以下（图 6-32a）。第二个层次是专供步行的街巷体系，其轴向以南北向为主这些街巷宽度仅为 2.5m，从南到北并不直接贯通，提高冬季防风能力。胡同两侧由住宅或宅院围墙围合，建成后这些实体墙和街道的凉棚相结合，在夏季发挥了很好的遮阴功能（图 6-32b）。

建筑实体的合理布局是优化城市物理环境的关键环节，每一个地块内的建筑形体和体量都应该精确管控（建筑形体轮廓线的管控）。传统做法是独栋房子盖在基地中间，留下前院和后院和相邻建筑之间的分户空间。该设计打破了传统的做法，设计导则规定了单体建筑的具体位置，将 4 个地块组合成一个簇团，各地块的单体建筑都安排在簇团的外部角落上，并通过导则强制执行（图 6-33）。

此外，建筑红线控制精细化也是本城市设计的重要成果，红线内容包括了建筑位置控制线和高度控制线，并精确到区内的每幢建筑。

建成后，对内韦齐街区进行了实际考察，检验设计策略的实际效果。在夏季，狭窄步行专用街巷的遮阴效果达到设计目标，但东西向人车共享的道路热舒适度不够理想。首先，没有按照设计建造沿街的凉棚及其藤蔓植物，所以，对于较宽的道路来说仅仅依靠南墙的遮阴效果不佳，且少量的绿岛作用不明显，所以宽道路的行道树还是必要的。

2）新加坡—克拉克码头改造设计

项目概况：新加坡河口的克拉克码头场地曾经在 19 世纪是新加坡的

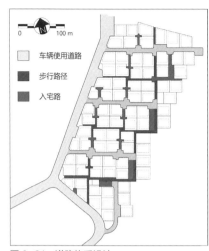

图 6-31　道路体系设计

（a）通过园林设施限制人车共享道路的行车速度　（b）南北朝向的胡同，胡同上方建设了棚架，遮挡太阳和沙土

图 6-32

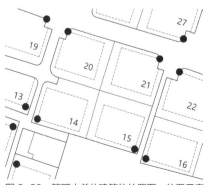

图 6-33　簇团中单体建筑的位置图，位置示意

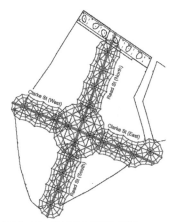

图 6-34　克拉克码头顶棚平面图

图 6-35　为补充街道上的自然空气流动而装设的机械通风扇

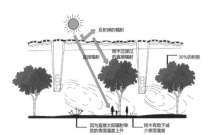

图 6-36　树木蒸散降温示意

商业中心，后来随着城市扩张和新商业中心的发展，这个商业中心逐步衰落和破败。1993 年，新加坡政府启动了城市复兴计划包括历史街区的保护，将克拉克码头街区的建筑作为 19 世纪建筑的遗产进行整体修复和提升，成为旅游热点。然而，高温和高湿的气候使得在新加坡室外步行成为一件并不愉快的事情，现代化的购物中心的人工气候更加吸引游人，因此，2006 年，新加坡为顺应旅游业对环境舒适度的要求，再次对街区进行改造，创造全天候和舒适的旅游环境。

气候条件：新加坡的地理位置处在赤道以北（北纬 1.5°），是典型的赤道型气候，全年温度在 24~31℃之间。由于向大海，大气湿度极高且年降雨量丰富，年平均湿度为 87%，平均年度降水量为 2150mm。

城市设计目标：克拉克码头的改造摒弃了将街道室内化的常用手法，主要原因是运行能耗太大，其次也是为了保留传统街道室外空间的历史意向。城市设计者保留了新加坡唯一的以餐饮、购物和娱乐相结合的滨水活动聚落，寻求通过改变室外街道和广场的小气候的办法改善室外空间内的舒适度，鼓励人们在室外活动。重点优化三个方面：步行热舒适，空气流动和街道采光。

设计方法：

（1）增加微风：在热带地区微风可以降温，容易提高人们的热舒适度。因此设计者在街道上增加了开放的顶棚（图 6-34），让来自河流的微风渗透到城市街道里。同时用鼓风机加强这种微风，增加空气流动。顶棚的结构性支架除开支撑顶棚外，还可以用来安装风扇（图 6-35）。补充顶棚的遮阴效果，提供蒸散降温（图 6-36）。

（2）增加树木：用树木覆盖了这个区域 30% 的面积，即提供了阴影区，也美化了环境。此外，透光的顶棚确保了植物的良好生长。树木的场地安排和规模是经过设计和模拟的，以便在不干扰风扇所产生的气流的前提下，达到最大阴影效果。

（3）蒸腾降温：克拉克码头街区由四条主要步行街组成，并交汇与中心广场，构成了整个区域的中心。（图 6-37）设计者在广场中设计了一个喷泉，它不仅增加了场所的情趣，更重要的是起到了蒸散降温的作用。落水流经铺设的地面再回归水池，降温过后的铺设地面可以吸收空气中的热量，延长降温效果。

使用效果评估：

（1）热舒适度：通过实测比较，顶棚下的街道环境有了重大改善：人们认为最舒适波段的小时数从 41% 增加到 80%。与封闭的用空调的步行商业街相比，克拉克码头街道空间的能量效率要高于有空调的玻璃顶中庭 10 倍之多。

（2）空气流动：在热带气候条件下，1~1.5m/s 的风速就能够产生降温

图 6-37　新加坡克拉克码头滨水景观

效果，在项目完成后，沿着每条街道的测试显示，平均风速均达到 1.2m/s。

（3）街道采光：顶棚和树木在遮阴的同时还必须保证街道公共空间的自然采光，建成后测试表明街道空间的视觉舒适程度是可以接受的，街上的树木没有影响到街道采光的水平，无需在零售店门前安装人工照明。

通过两个实际案例的评估，通过城市设计优化肌理形态并辅以工程技术设施能够优化城市空间内的物理环境。城市设计中应用工程技术能够调整开放公共空间的小气候。

推荐读物

1. 刘加平. 城市环境物理 [M]. 北京：中国建筑工业出版社，2011.

2. （美）吉沃尼. 建筑设计和城市设计中的气候因素 [M]. 汪芳，阚俊杰，张书海，刘鲁译. 北京：中国建筑工业出版社，2011.

3. ERELL E, PEARLMUTTER D, WILLIAMSON T. Urban microclimate: designing the spaces between buildings[M]. Oxfordshire: Routledge, 2012.

参考文献

1. 刘加平. 城市环境物理 [M]. 北京：中国建筑工业出版社，2011.

2. YAO RUNMING. Design and management of sustainable built environments [M]. Berlin: Springer, 2013.

3. NARISADA K, SCHREUDER D. Light pollution handbook [M]. Berlin: Springer Science & Business Media, 2013.

4. OKE T R. Boundary layer climates [M]. Abingdon-on-Thames: Routledge, 2002.

5. NG E . Designing High-density Cities for Social and Environmental Sustainability [M]. London: Earthscan, 2009.

6. ERELL E, PEARLMUTTER D, WILLIAMSON T. Urban microclimate: designing the spaces between buildings [M]. Oxfordshire: Routledge, 2012.

7. STEWART I D, OKE T R. Local climate zones for urban temperature studies [J]. Bulletin of the American Meteorological Society, 2012, 93（12）: 1879-1900.

8. RATTI C, RAYDAN D, STEEMERS K. Building form and environmental performance: archetypes, analysis and an arid climate [J]. Energy and buildings, 2003, 35（1）: 49–59.

9. BUCCOLIERI R, SANDBERG M, DI SABATINO S. City breathability and its link to pollutant concentration distribution within urban–like geometries [J]. Atmospheric Environment, 2010, 44（15）: 1894–1903.

10. PENG Y, GAO Z, BUCCOLIERI R, ET AL. An investigation of the quantitative correlation between urban morphology parameters and outdoor ventilation efficiency indices [J]. Atmosphere, 2019, 10（1）: 33.

11. 丁沃沃，胡友培，窦平平. 城市形态与城市微气候的关联性研究 [J]. 建筑学报，2012（7）: 16–21.

12. GIRIDHARAN R, LAU S S Y, GANESAN S, ET AL. Urban design factors influencing heat island intensity in high–rise high–density environments of Hong Kong [J]. Building and Environment, 2007, 42（10）: 3669–3684.

13. 季惠敏，丁沃沃. 基于量化的城市街廓空间形态分类研究 [J]. 新建筑，2019（06）: 4–8.

14. YOU W, SHEN J, DING W. Improving residential building arrangement design by assessing outdoor ventilation efficiency in different regional spaces [J]. Architectural Science Review, 2018, 61（4）: 202–214.

图片来源

图 6-1   Gosling, Simon N., et al. "A glossary for biometeorology." International journal of biometeorology 58.2（2014）: 277–308.

图 6-2   Ali Sayigh（ed.）. Sustainable High Rise Buildings in Urban Zones: Advantages，Challenges，and Global Case Studies. Springer International Publishing，2016: 191. Source: Newman P G, Kenworthy J R.（1989）Cities and automobile dependence: An international sourcebook，Gower Technical，Aldershot.

图 6-3   埃维特·埃雷尔，戴维·珀尔穆特，特里·威廉森. 城市小气候：建筑之间的空间设计. 北京：中国建筑工业出版社，2014: 18.

图 6-4   埃维特·埃雷尔，戴维·珀尔穆特，特里·威廉森. 城市小气候：建筑之间的空间设计. 北京：中国建筑工业出版社，2014: 20.

图 6-6   埃维特·埃雷尔，戴维·珀尔穆特，特里·威廉森. 城市小气候：建筑之间的空间设计. 北京：中国建筑工业出版社，2014: 24.

图 6-8   March, Lionel, and Leslie Martin, eds. Urban space and structures. Cambridge: University Press，1972. 根据内容作者重绘.

图 6-9   March, Lionel, and Leslie Martin, eds. Urban space and structures. Cambridge: University Press，1972. 根据内容作者重绘.

图 6-10   Blocken, Bert. Computational Fluid Dynamics for urban physics: Importance，scales，possibilities，limitations and ten tips and tricks towards accurate and reliable simulations. Building and Environment 91（2015）: 219–245. 根据内容作者重绘.

图 6-12   Buccolieri, Riccardo, Mats Sandberg, and Silvana Di Sabatino. City breathability and its link to pollutant concentration distribution within urban-like geometries. Atmospheric Environment 44.15（2010）：1894-1903.

图 6-16　Gál, Tamás Mátyás, and Zoltán Sümeghy. "Mapping the roughness parameters in a large urban area for urban climate applications." Acta Climatologica ET Chorologica 40（2007）：27-36. 根据内容作者自绘.

图 6-22　Ji, Huimin, Yunlong Peng, and Wowo Ding. "A Quantitative Study of Geometric Characteristics of Urban Space Based on the Correlation with Microclimate." Sustainability 11.18（2019）：4951. 根据内容作者自绘.

图 6-29　Park, Cheolyeong, Jaehyun Ha, and Sugie Lee. "Association between three-dimensional built environment and urban air temperature: seasonal and temporal differences." Sustainability 9.8（2017）：1338. 根据内容作者自绘.

图 6-31　Erell, E.; Pearlmutter, D.; Williamson, T. Urban microclimate: designing the spaces between buildings. Routledge，2012：234. 作者重绘.

图 6-32a、图 6-32b　Erell, E.; Pearlmutter, D.; Williamson, T. Urban microclimate: designing the spaces between buildings. Routledge，2012：234-235.

图 6-33　簇团中单体建筑的位置示意 Erell, E.; Pearlmutter, D.; Williamson, T. Urban microclimate: designing the spaces between buildings. Routledge，2012：234. 作者重绘.

图 6-34、图 6-35　Erell, E.; Pearlmutter, D.; Williamson, T. Urban microclimate: designing the spaces between buildings. Routledge，2012：244-245.

图 6-36　Erell, E.; Pearlmutter, D.; Williamson, T. Urban microclimate: designing the spaces between buildings. Routledge，2012：245. 作者重绘.

图 6-37　新加坡克拉克码头滨水景观　作者自拍.

扉页图、图 6-5、图 6-7、图 6-11、图 6-13～图 6-15、图 6-17～图 6-21、图 6-23～图 6-28、图 6-30　作者自绘.

城市设计的
空间操作方法

第7章

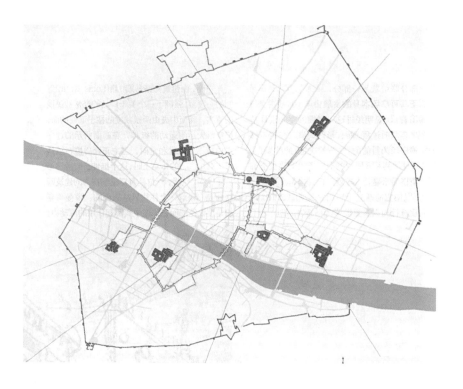

　　城市设计的主要工作内容是对城市三维空间形态做出设计与规定。空间操作是其主要手段。掌握空间操作的知识与技能，是城市设计的方法基础。空间操作并非单纯的形式游戏，其目的是解决城市设计在城市运行、美学、环境、文化等方面的问题。问题导向，是学习空间操作的基本前提。本章首先对现代城市设计中，空间操作的层级与尺度进行讲解。进而，分别对建筑群落空间设计、线性空间设计、场所空间设计相关内容与方法予以介绍。最后是上述空间元素的综合操作，即空间元素的组合与空间序列设计。

7.1 城市设计的层级与操作尺度

7.1.1 层级与尺度

现代城市因为其巨大的尺度，导致城市设计工作尺度的多样性。一般而言，与城市的规划系统相适应，依据设计工作的尺度、所针对的城市规划阶段，可以将城市设计分为三个层级：总体性城市设计、地段性城市设计、重点地块城市设计。

总体城市设计与城市总体规划相对应。有时也称为城市级城市设计、整体城市设计。总体城市设计对城市全域或一个大的片区展开空间形态设计，包含城市的文化、历史、心理因素在内的景观体系、空间结构、天际轮廓线和艺术特色等内容。总体城市设计有较强的概念性，目的是对城市空间发展的做出战略性、愿景性的探索。以"设计"为核心价值，对总体规划形成支持，服务于总规。比如由东南大学段进院士主持的淮北市总体城市设计，通过对城市生态修复、特色塑造、空间重构、产业转型等综合研究，创新性地提出将位于城市中心区原本环境恶劣、限制城市发展的采煤沉陷区规划设计成景观优美、缝合城市发展的生态绿肺，形成活力客厅和创新引擎。在此基础上构建"一带双城三青山、六湖九河十八湾"的城市空间特色总体框架，并在城市总体规划中得以落实，使资源枯竭型城市淮北成功实现了从背向中心沉陷区的"依山建城"转向为更系统有机的"拥湖发展"格局，从"单一资源依赖"转型为"社会、经济、文化、环境协调发展"（图 7-1、图 7-2）。

地段性城市设计、重点地块城市设计，主要对应详细规划阶段。在有的地方（如深圳）也将二者统称为局部城市设计。然而，由于二者在尺

图 7-1 淮北市总体城市设计空间结构图（东南大学城市规划研究院，2015）

图 7-2 淮北市总体城市设计鸟瞰图（东南大学城市规划设计研究院，2015）

图7-3　南京下关滨江地段性城市设计（程向阳工作室，2010）

图7-4　某地铁站周边地块城市设计

度、工作深度与重点上的差异，故本教材将二者加以区分。

地段性城市设计，主要与城市的控规编制单元、控规图则单元相对应。有时也可能就城市系统的某个子系统，如开放空间系统、特色地段、城市主轴开展相关城市设计，其成果服务于专项规划。尺度上，地段性城市设计属于中观尺度，在城市整体形态与局部地块尺度之间，有较多的变化。常见的可能是一个街区或几个街区组成的一个城市地段。地段城市设计，应在上位规划（总体规划、分区规划）的框架内，就设计地段内的公共空间系统、建筑群体形态、城市界面、景观环境等方面做出设计研究，并以地块的指标要点、城市设计指引、导则形式，被吸纳进具有法定地位的控制性规划。因而，相比于总体城市设计，地段城市设计在实施性、操作性上，有更高的要求（图7-3）。

重点地块城市设计，在内容和深度上类似于建筑设计中的总图设计与场地规划，相比于总体性、地段性城市设计，与建筑设计的关系更为紧密。重点地块城市设计，主要出现在控规覆盖，但控规研究深度不足，同时地块的建筑空间形态、景观环境又至关重要的重点节点区域。在实践中，许多城市规划部门会在控规之下，对局部重点地块，进行建筑方案的可行性研究，以核实、修定控规的指标，并对一些常规地块指标难以管控的空间形态要求，如退界贴线、近地面层活动安排、建筑材质样式、场地总图布置等，给出进一步的城市设计指引，以实现对地块开发建设的有效控制，使公共利益在重点地块中得到有效保护（图7-4）。

7.1.2　城市设计的空间操作

总体性城市设计的空间操作：空间操作的特点是城市全局尺度，强调城市空间系统布局的结构性，对城市空间发展做出策略性的设计研究，因此并不拘泥于具体形体细节。空间操作的要素是各种节点、廊道、条带、板块等。如滨水廊道要素、沿交通走廊的线形产业带、环城绿道、产业园区、高教片区等要素。空间操作的内容是将各种结构性要素，组织为一个相互连接、能够被清晰认知，并具有意义的城市整体。

地段性城市设计的空间操作：相比于总体设计层级，其空间操作尺度缩小到一个地段，一个街区，或几个街区构成的邻里、片区等。其空间操作的特点是三维化、可实施性。三维化的空间操作，一方面要求对整体结构形态始终保持把握，另一方面还应以一种站在地面人眼透视的方式加以认知、推敲。强调可实施性，是其空间操作的结果要容易转化为可建设、可管控、可落实的物质空间形态。换言之，即成果要符合一般建造的原则，适合规划管控的手段，符合城市建设开发的基本逻辑。城市设计所构想的空间形态应具有一种普遍性、典型性，而避免成为一种具体化、个人化的"建筑设计"。操作的要素，一般有各种线性空间、广场、景观绿地以及对这些城市外部空间形成围合的建筑体量、类型、功能等。

重点地块城市设计的空间操作：进行城市设计的局部地块，一般都具有较为重要的城市意义与公共价值，如景观视觉、步行交通、历史文化方面的价值。其空间操作的特点是三维立体化与着眼大局的整体观。三维空间操作，类似于建筑设计中的场地设计，以三维的方式来解决地块内的流线组织、功能布局、视线景观等方面的内容。着眼大局，要求在具体地块外部空间设计时，应将其作为一个超越地块尺度的城市系统中的一环，确保该具体地块中的外部空间，能与其他公共空间建立有意义的联系。操作要素与地段性城市设计类似，是各种空间界面、建筑体量、城市外部空间等。此类城市设计成果往往针对一些大型重点建筑项目，其后承接建筑设计阶段。

空间操作是城市设计基本而重要的设计方法，是城市设计区别于城市规划，而具有建筑学属性的根本所在。另一方面，尽管城市设计与建筑设计都以空间为操作对象，但二者又具有一定差异：建筑设计主要关注建筑内部空间，使用者以私人或部分人群为主；而城市设计，关注的是建筑与建筑之间的空间，即城市的外部空间、公共空间。城市设计的空间操作，是以外部公共空间为对象的设计活动与形式操作。

下文将依据城市空间的几何形态，将城市空间分为线性、节点、特殊肌理斑块三个类别，分别讲述其空间操作方法。

7.2　线性空间设计

线性空间指城市中各种具有线性特征的区域。由于尺度、性质的差异，具有多种类别。其构成要素可以划分为空间要素、活动功能要素两大类。空间操作的任务，是通过对空间要素的操作，塑造空间的几何形态，并规定、引导其承载的活动，以塑造符合设计意图的城市线性区域。

线性空间设计的要义是连接。将城市中分散的要素连接起来，以形成物质、能量、人口的运动，以及功能、社会、生态等多方面的意义。

7.2.1　中小尺度线性空间

1）街道空间

街道空间，是最传统与常见的城市线形空间。不同的街道，具有差异的尺度、景色与氛围。如雄伟壮阔的大道、曲折而亲切的历史街巷、或景观宜人的邻里街道。对街道空间氛围的准确把握，并调动各种空间

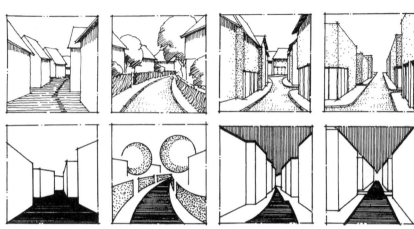

图 7-5　不同街道的空间构成要素

要素、功能要素对构想的氛围进行营造，是城市设计关于街道空间设计的根本所在。各种空间操作都是服务于这个根本，应避免简单地堆砌各种设计手法。

空间要素。街道空间是由两侧的建筑立面（往往也称为街墙，street wall）与路面共同围合限定出 U 形断面在线形方向的连续展开而成。其空间要素，包含了 U 形的断面，与展开的线形，即剖面要素与平面要素。这构成了街道空间设计的主体内容（图 7-5）。

街道剖面设计，最基本的内容是对两侧建筑界面的高度、连续性、退界做出规定，这些规定主要涉及抽象的几何属性。对于一些特殊的街巷，还需要对其视觉品质做出进一步限定。包括界面的质感、色彩、层次、建筑样式等。

街道的平面形态，有笔直通达的直线形、平滑弯曲的曲线形、也有曲折多变的折线形，还包括分叉、交叉等节点。然而，无论平面形态如何，形成与运动速度相匹配的空间节奏与变化，是一个普遍的原则，以避免长距离相同 U 形剖面空间造成的单调与乏味。改变节奏的方法，包括建筑立面的多样性与统一、巧妙的引入线性空间对景、插入节点空间等（图 7-6）。

功能要素。由于街巷所承载的城市职能的差异——如邻里内的生活性街道、商业区中的商业性街道、城市中具有礼仪性质的大街，因此需要在沿街界面设置适宜的功能，以形成匹配的城市活动。对街道两侧界面功能的引导和设定，是其功能要素操作的相关工作。

要形成富于活力的街道空间，沿街引入小型商业活动与公共活动是重要手段。同时，需要引导临街界面的公共性和可渗透性，避免过多过长的封闭内向界面。

一个优秀的街道空间设计，需要空间、功能活动要素相互配合。空

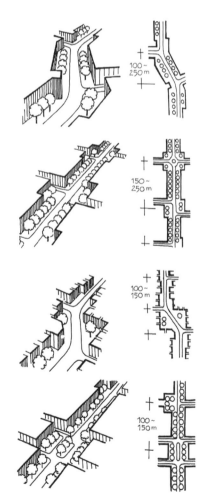

图 7-6　街道的平面形态与节奏变化

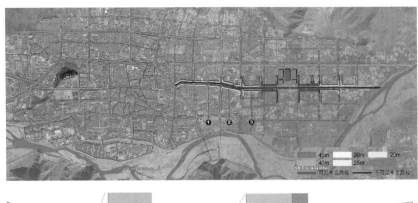

视点1——被遮挡　　　　　视点2——可见　　　　　视点3——基本遮挡

图 7-7　拉萨江苏大道城市设计项目中对街道界面空间的设计研究（丁沃沃工作室，2014）

间要素提供活动的框架与舞台，活动与功能是空间中上演的城市戏剧。

　　街道空间设计除了上述两大方面外，还包括许多细节，如标识系统、景观绿化、城市家具、户外广告等。它们与街道的空间要素、功能要素一起构成了街道设计的内容，以实现对街道空间的全面而系统的设计管控。

　　拉萨江苏大道城市设计是一个典型的线性街道空间操作的案例（图7-7）。设计师首先根据上位控制性规划设定的街道界面高度，对江苏大道上观赏拉萨的地标——布达拉宫的情况做了模拟验证。方法是利用建筑体块模型，按照控规设定高度建好街道界面的三维模型。再以人眼的视角（约 1.7m 高，35° 相机视野）在道路上挑选有代表性的视点若干。通过三维建模软件（sketchup）求透视，以判断街道界面高度是否对地标的观赏构成障碍。结果显示，有较长一段道路是无法看到地标的。相应的，该城市设计的主要设计工作就是反复调整、验证街道界面的高度，以确保大部分路段能够看到地标。其设计成果（街道界面高度调整）最后反馈给控制性详细规划，并作为具有法律效力的规划指标，对今后的建设项目实施街道界面的管控。

　　2）轴线空间

　　轴线空间是城市中不同于街道空间的另一种重要的线形空间类型。街道空间是由两侧的建筑体积（volumes）围合出的连续 U 形空间（void）。轴线空间则往往既包含体积，又包含虚空，但最要紧是将二者结成一体某种线形空间矢量或运动。用埃德蒙德·培根的话，即贯穿于场地的力线。这样一种力或矢量，不是物理的，而是心理的力，可被人们感知。因此，原本边界并不明晰的轴线空间，得以被人们认知与感受。

　　空间要素：主要有位于轴线上的各类地标（如雕塑、纪念物、标志性建筑等），以及它们周围较为开阔的场域。实体性的建筑要素，多以高规格修建，或象征某种崇高的权力、财富，或纪念重要的历史事件。由它们不断的发出并延续强烈的空间矢量，串联起一个线性的场域，从而形成轴线空间。

功能要素：轴线空间大多具有一定的纪念意义或仪式性，是城市中较为正式场所。其建筑或为重要历史建筑，或为现代大型公共建筑。结合周围开放空间，承担人们纪念、瞻仰、游览、游行等公共职能。一个富于魅力的轴线空间，往往是历史积累形成的。不同时代的设计者，通过在原有系统中，置入新的功能要素，使得历史的轴线不断焕发新的活力，并与当下的生活取得密切的联系。

轴线空间操作中，最重要的概念是空间的序列。通过空间的传承契合，开端、中段、高潮、尾声等，形成富于感染力的空间序列，以与空间轴线所承载的纪念性功能相匹配。

华盛顿中心区轴线，是轴线空间的一个典范（图7-8）。最初由郎方（Pierre Charles L'Enfant）于1791年规划设计，奠定基本格局。其后在不断的建设中，逐步完善成形。在东西长约3.5km，宽约1km的区域内，首先是以国会山、华盛顿纪念碑、林肯纪念堂等一系列重要单体公共建筑为节点，定义出东西延伸的主轴线。这条主轴象征国家权力的中枢，以及对为国家权力作出卓越贡献的先驱的纪念。进而在两侧对称，并略有间隙地布置低一等级的公共建筑，设置美术馆、博物馆等文化公共建筑。一方面形成对主轴的空间围合与限定，另一方面则为轴线置入了文化游览等附属性职能，强加了轴线的公共参与性。再结合大面积的绿化、水体或填充之间的场地、或作为柔性的空间限定，形成绿色宜人的场地景观，为人们提供可观可游的休闲性空间，在纪念、观览之后放松身心。最后以更加开阔的自然山水作为西端远景与主轴相对，形成了主轴空间进一步延伸的想象空间，是自然与人工的巧妙结合。从一定程度上，郎方的华盛顿轴线在巴洛克范式中，融入了景观园林的空间营造技术，更加适合现代城市较为松散的基底。这方面，由科斯塔与尼迈耶规划设计

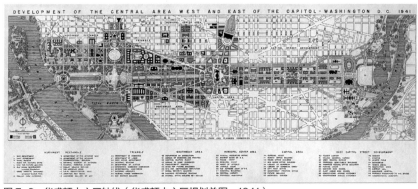

图7-8　华盛顿中心区轴线（华盛顿中心区规划总图，1941）

巴西利亚（Brasilia）的中轴线，可以看作是郎方的现代版本。

3）实体化的线性系统

在 20 世纪诸多的城市乌托邦设计中，可以看到一种实体化的线形系统反复出现，引人注目。尽管现实版本并不多，但因其超前的思想与瞩目的形式，而在现代城市设计史中占有重要的地位。

勒·柯布西耶，阿尔及尔奥布斯城市设计（Le Corbusier Plan Obus proposal for Algiers，1933）（图 7-9）。1930 年代，柯布西耶积极参与了法属殖民地阿尔及利亚首都阿尔及尔的城市规划。在其中，柯布西耶设想了一条连接老城与新郊区的高达 100 米的快速路，并发展出现代主义建筑运动中最为壮丽的住宅形态——一条平均 14 层，随着高架路和山坡地形蜿蜒起伏的巨大线性集合住宅。柯布西耶在一张类似马赛公寓的透视图中，向世人展示出居住在这样一个巨构中的迷人图景和优美的景色。

保罗·鲁道夫（Paul Rudolph）纽约下城快速路城市设计计划（图7-10）。20 世纪 60、70 年代，纽约市政当局计划在曼哈顿岛下城区域规划设计架空的快速路系统，横穿曼哈顿岛，连接岛屿两侧的桥梁以形成一个快速交通系统。建筑师保罗·鲁道夫与合作者弗兰岑（Ulrich Franzen）以此为契机，提交了关于曼哈顿快速路的城市设计提案（1963，1973-1974）。在提案中，鲁道夫大胆地构想了一种依附于快速路的线性城市系统，其中心下部是轨道交通、快速路；住宅以巨构的方式，横跨快速交通系统之上，形成一种逐渐退台形态的集合住宅。鲁道夫的这个计划，从一定程度上可以看到柯布西耶奥布斯计划的影子，另一方面，他又以自己的方式，探索了现代交通系统和城市肌体进行高度整合的可能性。与奥布斯计划一样，纽约下城快速路计划也未被实现。

法国图卢兹新城规划（图 7-11）。20 世纪 50~60 年代，10 人小组 TeamX 的核心成员坎迪尼斯（Candilis）与伍兹（Woods），为法国城市图卢兹设计的新城，可以容纳 10 万人口，其规模与老城相当。坎迪尼斯等受到史密森夫妇在金巷项目中采取的连续空中街道和簇状城市形态的启发，在图卢兹新城中也采取了类似的巨型线形结构。该方案于 1962 年部分实施，是此类线形巨构和簇状形态为数不多在较大尺度上得以实施的例子。

在当代城市中，由于土地资源的宝贵，以及轨道交通带来的高密度高频度人流，导致城市不断向地面上、地面下发展。上述现代主义建筑大师构想的实体化线性系统乌托邦，在一定程度上已经具备实现的可能。在此背景下，如图 7-12 所示的城市设计课程训练，选择某地铁枢纽站为场地，探讨实体化线性城市系统的策略与愿景。方案首先展开对各种系统要素的立体化设计（机动车系统、步行系统、地铁换乘系统、开放空间系统），妥善处理各种系统的标高以及与现状基础设施的接驳，建构出立体城市的基本骨架。在此基础上，以立体城市的概念剖面为愿景，结

图 7-9　阿尔及尔奥布斯城市设计（Le Corbusier，Plan Obus proposal for Algiers，1933）

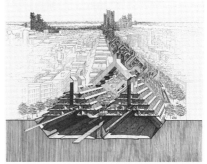

图 7-10　纽约下城快速路城市设计计划，保罗 鲁道夫，合作者 Ulrich Franzen，1973-1974

图7-11　图卢兹新城规划设计，坎迪尼斯与伍兹。右上角是老城，左下角是与其规模相当的新城

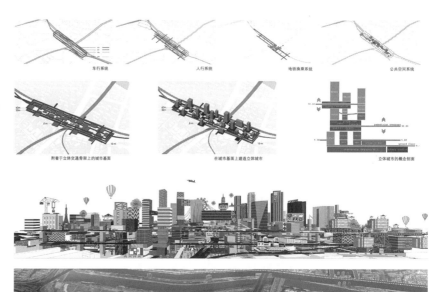

图7-12　某地铁站概念性城市设计课程作业（南京大学建筑与城市规划学院，研究生城市设计课程作业，2018）

合不同的道路标高，形成多层级的城市基面（地块的立体化），完成城市的一级开发。二级开发（建造建筑），在立体化的城市基面上展开，与传统开发并无本质差异。但由于立体化的城市构架，在狭窄的线性场地内，功能得以高度的复合化，土地利用达到极致。

7.2.2　大尺度线性空间

大尺度线性空间指具有城市结构尺度的带形地段。常见类型有交通廊道沿线地带、绿廊绿道、滨水廊道等。

1）交通廊道沿线地带

城市往往沿着交通廊道发展出较长的带形地段，长达几公里甚至几十公里。这得益于廊道两侧便利的交通可达性，以及相对于城市中心区域，土地较低的成本。在许多北美城市的郊区，经常可见的一种沿主要道路展开的商业蔓延带，道路两侧较低密度地散布着大型超市、仓储、卖场、奥特莱斯、汽车旅馆等。典型的案例如文丘里在《向拉斯维加斯学习》（Robert Venturi, et al. Learning from Las Vegas，1977）中记录令人眼花

缭乱的拉斯维加斯商业蔓延带。这条带状廊道，从机场沿着机场连接线
逐次展开，一直通往市中心。两侧是由赌场、豪华酒店、夸张但引人瞩
目的巨型广告构成的商业带景观（图 7-13）。在我国许多城市，同样可以
见到一种沿着城市门户道路而聚集的产业地带。道路两侧多为需要便利
交通与低廉土地成本的各种产业要素，如汽车零售业、维修业、仓储物
流、大型超市、轻型工业等。在城市化高的地区，如长三角区域，这些
沿交通廊道生长的产业地带，已经将若干行政上相互独立的城市连接在
一起，成为名副其实的城市带。

图 7-13　拉斯维加斯商业蔓延带

　　由于其巨大的尺度，中小尺度的空间操作方式，并不适用。对于这
类线性地带，操作的空间要素多是结构性和策略性的。包括用地性质产
业布局的安排、开发强度的设定、交通系统的接驳等偏于规划层面的内
容；也包括设计愿景的描绘，设计开发策略与定位的研究等（图 7-14）。

　　另一类较为特殊的依附于交通的线性发展是所谓的 TOD（traffic
oriented development）发展模式。多依托轨道公共交通，形成连珠状的组
团式集约发展，以替代低密度的无止境的蔓延带。每个轨交站周围发展
适度混合的城市组团，由轨道交通串联为一种带形的城市。对于这种模
式，在组团间距、轨交站服务半径、公交换乘接驳、人口规模、公共设
施分布等方面，都有较为专业的设计要求。日本、中国香港和新加坡是
TOD 模式在亚洲较为成功的范例（图 7-15）。

2）绿廊绿道

　　城市尺度的绿色廊道是另一种常见的大尺度线性空间。由于其重要
的公共、生态价值，往往对其进行专门的城市设计研究。同样的，在该
尺度上，中小尺度的空间限定的方式难以奏效。城市设计也并非从景观
配置上对绿带进行雕琢。城市设计的任务是结合现状自然要素，巧妙地
将分散的块面状山体、林地、水体等要素，通过绿廊连接成连续的生态

图 7-14　一个典型的交通廊道沿线地带城市设
计（NBBJ 公司）

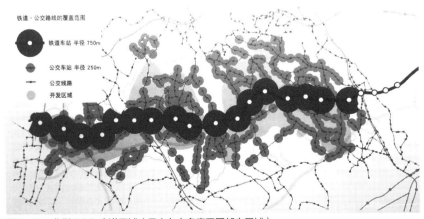

图 7-15　典型 TOD 廊道区域（日本东京多摩田园都市区域）

系统；并合理划定绿带的规模和生态绿线、建构绿道和城市其他系统的和谐关系以及规划布局绿带的多种城市职能，如休闲、生态、通风、历史人文等。

美国波士顿的"翡翠项链"（Emerald Necklace）是现代城市绿廊绿道的典范（图7-16）。该绿廊是由有现代园林之父之称的弗勒德里克·奥姆斯特德（Frederick Law Olmsted），于1878提出方案，并被波士顿当局通过，随后经过17年的建设，逐渐成形。

"翡翠项链"从波士顿公地到富兰克林公园绵延约16km，由相互连接的9个部分组成。绿链的前端部分，约到马省林荫道是规划之前已经存在，长度约占1/4。绿链的后3/4，是奥姆斯特结合现状的景观自然资源，有意识地连缀而成。从形态上，前端位于城市格网内部，形态规整，与纽约的中央公园类似。而后3/4取材于自然绿地，形态较为自由和伸展，与城市肌理呈线交错咬合的时态。但无论绿地自身形态如何变化，不变的是绿地系统与城市基底间始终清晰的图底关系，即在城市和绿地之间，存在着清晰的边界。

另一点值得注意的是，规模如此之大的绿廊系统规划设计，奥姆斯特没有采取平铺直叙、一成不变的方式，而是正如其昵称"翡翠项链"所揭示的，是用一条沿着水系的较窄的绿线，依次串联较大的团块状的若干公园。面积从约5hm²，到210hm²不等，包含湖面、山体、林地等，为市民提供了多样性的自然休憩场所。

整个"翡翠项链"的规划不仅局限于景观规划，城市水域整治及湿地恢复也是该规划的重点之一。通过综合规划的方法大力整治面临洪水泛滥、污染严重、水量失衡等种种问题的查尔斯河，成功地恢复了查尔斯河流域的自然状态。浑河流域，曾经是污浊不堪的垃圾沼泽地，通过整理河道、清淤等整治工程，转变为一个具有田野风光的湿地公园。

同时，由于波士顿拥有丰富的历史文化资源，保留了众多遗址、纪

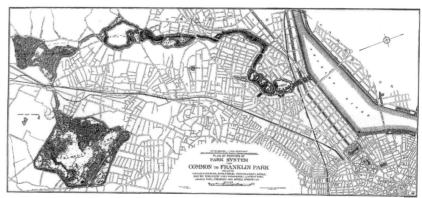

图7-16 弗勒德里克·奥姆斯特德（Frederick Law Olmsted）规划设计的波士顿绿廊，1878

念地，这条绿道系统的另一个重要功能就是巧妙地以最优化的路线将这些遗址、纪念地连接起来，并通过沿途设置的指路牌和景点的详细介绍，方便游客沿着绿道游览各个著名景点。

波士顿"翡翠项链"的实践结果表明，绿廊、绿道具有景观、生态、文化、经济多方面的价值，能够为城市贡献连续的高质量公共空间，满足人们游玩休息、户外活动、文化遗产游览等多方面的休闲需求。另一方面，也能在一定程度上遏制无序的城市蔓延，优化城市内部的结构。一条好的绿廊是城市不可多得的宝贵财富，是城市最为重要的绿色基础设施。

3）滨水廊道

历史上城市的滨水空间多为产业性空间，如港口物流、工业生产等。随着城市职能和产业布局的变迁，近年来，越来越多的城市滨水地段被从交通、生产职能中解放出来，成为城市中不可多得的宝贵资源。由此，对滨水廊道空间进行设计，也成为一种常见的大尺度线性空间城市设计。其操作的要素较为综合，包括土地、产业、交通等规划、结构层面要素，也包括视线廊道、地标设置、天际线和大尺度城市界面等具体的形态层面要素。一方面需要为城市提供一处滨水的公共空间休闲地带，另一方面，也是城市形象重要的展示面。芝加哥的内河改造、悉尼的达令港改造以及正在进行的上海黄浦江两岸滨水空间改造，是这类城市设计的案例（图 7-17）。

图 7-17　上海黄浦江沿岸滨水空间改造——杨树浦水厂段（原作设计工作室，2018）

7.3　节点空间

节点空间是城市中的块面状的场所，比如广场、公园。其自身的规模可能千差万别，但相对于城市而言，它以一种节点形式存在。节点就本身含义而言，意味着交汇、聚集。节点空间在城市中扮演的角色也是如此，它为人们提供各种集会、社交、休闲等静态活动为主的场所。

节点空间设计的要义是限定，要从周边的城市肌体中清晰地利用各种空间要素将节点区别出来，形成一个独特的、可被识别的场所。而图底工具，则为我们提供了一个重要的设计、分析工具。特兰西克（Roger Trancik）在《寻找失落的空间》中，将节点空间依据其材质的不同，而分为硬质节点与软质节点两类。

7.3.1　硬质节点空间

西方历史城市中，节点空间主要是指硬质铺装的广场空间（piazza，plaza）。它作为一种城市的虚空（urban void），与周边密集的城市肌理形

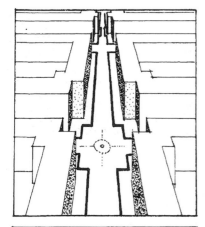

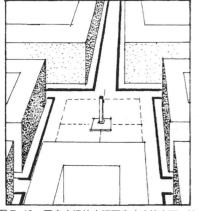

图 7-18　界定广场的空间要素（建筑立面、地面铺装、纪念建筑、雕塑等纪念物）

成明确的图底关系。诺里地图清晰地揭示出 18 世纪罗马的城市空间与建筑实体的相互关系。当现代人游走期间，惊叹于传统城市的魅力时，正是这种清晰的图底关系在非常基础的层面上贡献了这种魅力。而正如柯林·罗（Colin Rowe, 1920–1999 年）揭示的，现代城市由于物体式的现代建筑，相互分离孤立，使得城市图底反转，传统城市中围合清晰的节点空间消散于场地中无形的、缺乏边界的空旷之中。这正是现代城市在空间层面被人诟病的地方。因而，我们有必要向传统的优秀的节点空间范例学习，这方面卡米诺·西特（Camillo Sitte）《城市建设艺术》一书开了先河，其后还培根、克里尔等学者。

空间要素：城市界面、城市地面、纪念建筑、纪念物与城市雕塑。场所空间，之所以被人们识别，必定是因为有其边界，将其从周遭城市肌体中限定出来。这种限定，存在强度上的差异。一般而言，限定要素包括竖向的纪念物、建筑界面与水平的地面、道路。纪念物以锚固和向心式的方式，定义场所，其成为场所的意义中心。如古代的方尖碑、雕塑。这种限定在意义上是强烈的，向外辐射的，但空间范围则是不明确的。建筑界面相反，中世纪地中海城市中广场 plaza，其周边的市民建筑，形成连续的围合感极强的空间限定，犹如一处没有屋顶的大房间。与纪念物相比，其限定是边界式的，明确的，但却是背景式的，将意义的中心交由场所的空。界面一个重要的参数是场所的宽高比，大量的研究者对这个问题进行研究，其目的在于形成可感知的空间的围合。而水平地面，对于形成场所的范围感知，也有重要的作用。连续、统一的地面材料（硬质、软质）在限定范围的同时，也赋予场所以基本的质感属性（图 7-18）。

由米开朗琪罗设计改造的罗马卡比托利欧广场（Piazza del Campidoglio, Michlangelo, 1536–1946 年）是综合运用各种空间要素的典范（图 7-19）。根据埃德蒙德·培根（Edmond Bacon）的研究，卡比托利欧广场的前身是位于山头上一处松散的建筑。米开朗琪罗为了形成广场空间，对原状进行了一系列空间操作与改造，包括以古典建筑的样式改造中间建筑的立面，形成场地后端的纪念性建筑；将两侧不规则的建筑加建为规则的体量，形成完全对称的界面；设计精美的地面铺装覆盖整个广场区域；在中心放置一处雕塑，形成场所的意义中心。通过这一系列空间要素的操作，米开朗琪罗成功地将一处松散的建筑群改造为享誉世界的经典广场。

形态：场所的形态，因为其不同的城市活动与意义，而不同。其共性，大抵是凸图形（convex），与块面状（相对于线性的单一方向）。凸图形是人们认知一个场所空间的心理定式，当一个相连的凹图形出现时，我们往往倾向于将其划分为若干子场所。而块面状则要更加复杂。可能是边

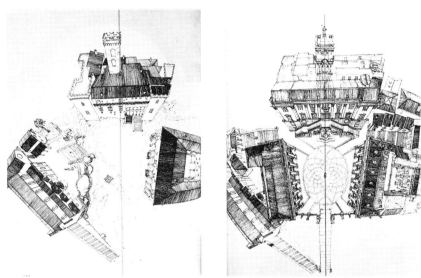

图 7-19　米开朗琪罗设计改造的罗马，卡比托利欧广场（Piazza del Campidoglio, Michlangelo, 1536-1946 年），左图为改造前原状，右图为改造结果

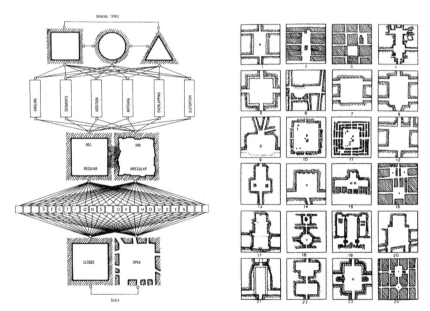

图 7-20　克里尔对西方广场空间的类型学研究。左图为广场形态的类型要素与关系，右图为各种广场形态的实例

界扰动的不规则形态，如在很多自发聚落中的空地场所；也可能是具有清晰几何的西方广场。许多时候，场所都具有一定的轴向性。如向心的轴向、单一的轴向的嵌套，以及主次轴向的交织。能形成轴向的空间运动，需要强有力的轴向发出点，纪念物扮演的正是如此角色。著名的新古典建筑师罗伯特·克里尔（Rob Krier）在《城市空间》（*Urban Space*）一书中，对西方城市中繁多的广场形态进行了系统的梳理（图 7-20）。广场的形态包

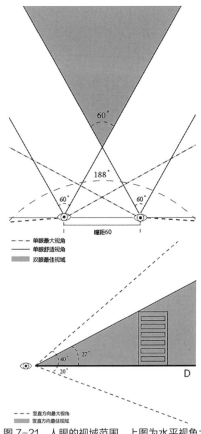

图 7-21 人眼的视域范围。上图为水平视角；
下图为垂直视角

含几个层面或变量，最基本的是其平面形态（方形、圆形、三角形），进而是各种平面的操作（如成角、分段、附加、融合、叠加、扭曲等），再次是广场的边界（规则、不规则），以及广场周边建筑界面的剖面形态，最后是边界的开放程度。上述变量的不同组合，产生出变化万千的广场空间。

尺度：场所尺度的推敲，是城市设计一个需要仔细考量的工作。基本的依据，是在场所中人的视觉体验——对纪念物与人的观看。首先我们需要了解的人眼的视觉机制。在水平方向，人双眼的视域约为188°，而最佳视域是双眼视域重叠的范围，约为60°的扇形区域。在竖直方向上，人眼的视域约为水平线以上40°和以下20°。而最佳的视域约为水平线以上27°范围内（图7-21）。

这意味着要使得场所中一些重要的建筑物、纪念物更好地被人们欣赏，则需要将它们纳入观赏者最佳视域范围内。为此，我们需要研究被看对象的最高点、水平方向的最远端，与观察点的夹角，以此来设定观看对象前的广场区域尺度。

在场所中另一类观看行为是对他人的观看。城市设计学者扬·盖尔（Jan Gehl）通过一个简单的测试，为我们提供了如下一组重要的数据（图7-22）。相距100m，能大概看清对方的运动与姿态（这是体育场看台的最远距离）；相距20~30m，是人与人之间感到舒适的公共距离（歌剧院看台的最远距离）；相距10m，能看清对方面部表情，感知对方的情绪（一般教室的长度）；相距2m，是私人距离，适合交谈行为的发生；相距0.5m，是亲密关系的距离。一个理想的场所，应该尺度适宜而具有多样的空间领域，满足人们多层次视觉交流的需要。

活动与功能：场所的功能是多样的，如古代西方的市政广场供市民集会、主教堂广场供教众举行宗教仪式、彰显神权的至高、菜市口是若干公共事件执行之地，平时则作为一处空地供市民使用，更不用提及今天类型化的场所空间。另一方面，我们也可以看到，所有的活动都是静态的、集聚的。这是其区别于线性空间的根本，也是其形成一种人们心中所谓场所感、与认知的基础。正如线性空间可以演化出更多的城市活动，场所空间也承载着多样性的活动，几乎不存在只承担某种特定功能

图 7-22　公共空间中被观察者与观察者距离的变化，及其带来的视觉内容的变化

的场所，都是复合的，可以集会、贸易、展销、休闲。城市空间的功能，与建筑空间较为特定的用法存在不同，其都是符合的，这也是它成为城市的、公众的，因而具有都市性的特质。

7.3.2　软质节点空间

软质节点空间，指城市中的各种绿地公园。因其主要以植被为空间材质，是不同于硬质铺地为主的广场空间的另一种重要节点空间。其来源于 17、18 世纪发端于英美的公园运动（landscape garden movement），而不同于硬质广场历史悠久的欧洲大陆传统。尽管起源不同，二者都是现代城市中不可或缺的两种重要开放空间节点。

公园化空间，除了各类公园，也指开放的校园、历史遗迹等具有公园景观特征的场所。其承载的活动，是为人们提供休闲、亲近自然的场地。尤其当悠闲活动成为现代生活重要的组成部分时，其重要性甚至超过了传统的硬质广场。

空间要素：各类景观要素，包括林木、草坪、地形、水体以及景观构筑物等。它们以一种非建筑，不同于硬质节点中限定空间的方式，即一种更加自然柔和的方式来形成各种空间，或场所更加恰当。为人们提供各种亲近自然的场景，如亲水区域、开放草坪、东方园林化的别院、也可能是穿插绿色之间的一些硬质小型广场。在空间操作、设计层面，有许多景观设计的内容。这使得这类空间的设计，需要与景观设计师合作进行。

对于城市设计而言，更为重要的设计操作层面，是绿地空间与周边城市肌体的关系。一般而言，图底工具仍然适用，事实表明，一个与周边城市区域具有明确的边界的公园更容易被人识别和欣赏。无论是由奥姆斯特设计的纽约中央公园 central park（图 7–23），还是下文中的拉维莱特公园，我们都可以清晰地看到公园与城市肌理间清晰的边界，以及边界勾勒出的完整的图形。这种完整性，是软质节点空间得以被人们认知、识别的空间基础，其原理与硬质节点空间类似。

由建筑师伯纳德·屈米（Bernard Tchumi）设计的巴黎拉维莱特公园是一个具有教科书意义的软质节点的范例（图 7–24）。公园位于巴黎 19 区的东北部，是巴黎的第三大公园，面积 55hm^2。原址是一块由铁路、公路、城市运河和城市住区所界定的老工业用地，保留了 19 世纪中叶的牲畜屠宰厂及批发市场。屈米于 1982 年以前卫的设计思想，与我们一般称为解构主义的风格，赢得该项目的国际竞赛。项目于 1987 年落成开放，成为巴黎市民、旅游者的一个圣地。每年络绎不绝的文化活动在这里举行。

图 7-23　纽约中央公园

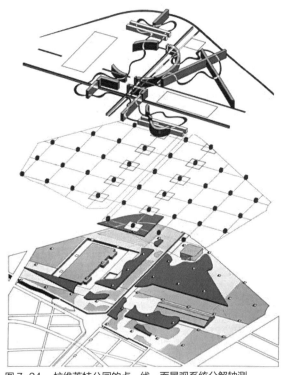

图 7-24　拉维莱特公园的点、线、面景观系统分解轴测

　　首先，依据竞赛任务书的要求，屈米保留了位于场地南北的屠宰厂厂房和市场这两个大体量建筑，安排文化、娱乐功能。紧接着，屈米一反传统的景观园林的营造方法，大胆地将建筑学的形式操作的技术应用于公园景观的设计中。具体的，将各种景观要素划分为 3 个基本类别——点、线、面。将其作为三个独立的系统分别设计与构图。其中，点是由 33 个屈米称为 follies 的红色解构风格的构筑物组成。以点阵的方式，无

差别的均布于场地。等于为场地打上了一个点阵坐标系统，是人们定位、相会的重要参考点。实际上，这些 follies 是人们主要的见面地点。线的要素，是公园的交通骨架，由两条长廊、几条笔直的种有悬铃木的林荫道、中央跨越乌尔克运河的环形园路和一条被称为"电影式散步道"的流线型园路组成。直线型的步道构成场地中的经纬线，而曲线的漫步道则迂回、纠缠其间，形成了体验丰富、选择多样的步行系统。面的要素，则包含多种不同的细分职能的场所区域，有运动区、草坪景观、林地以及结合建筑单体的场所区域。不同的面域，具有不同的主导性质感，如水体、草坪、硬质铺装等，形成了质感丰富的公园基底。在完成三个系统的设计后，屈米将三者当作 3 个透明的层，相互叠加在一起。这种叠加是机械式的，形成了许多偶然性的、意料之外的相遇与片段。这就是拉维莱特公园不同于常规公园的神奇之处，用屈米的话讲，这种反传统的操作，是要为人们提供一种当代景观空间的体验，不是人们习以为常的如画的优美景色，而是邀请人们与未知的景观相遇、互动、并探索新的体验方式。屈米的拉维莱特公园，完成于 20 世纪 80 年代末，在今天看来仍然是一个充满方法论示范性的方案。它向我们展示了在以软质材料为主的节点景观空间中，运用建筑学的方法与潜力。

7.4 建筑肌理空间设计

城市中往往存在一些特殊的地段，如一片历史街区、工业遗产活化园区、超高密度的商务区等，由于不同于周边普通的城市肌理，而成为一种斑块状的城市形态空间要素（参见本书 3.5）。尽管它们的形态并不以前面已经论述的线性、节点空间的'空'为特征，而更多是一种虚与实组成的肌理，但因其形态、功能的特殊性，也成为城市设计重要的空间操作对象与类型。如常见的历史街区、园区类城市设计，就属于此种类型。城市设计的主要工作是设计范围内的建筑肌理空间进行规划设计。建筑学科传统的类型学，是这类设计基本的操作工具。有两种运用类型学工具的方式，一类是运用常规的建筑类型塑造场地的肌理空间形态，另一类则在建筑类型层面进行创新，解决城市层面的问题。

7.4.1 常规建筑类型的应用

在诸如住区、历史街区、各种园区、商务区类型的城市设计中，建筑的类型尽管区别于城市普通地段，但基本都是某种成熟的建筑类型。比如传统院落民居类型、机构研发建筑类型、高层办公建筑类型等。这些类型一般为设计者知悉，在城市设计中主要运用这些已有类型，进行

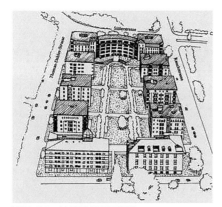

图7-25　柏林劳赫街区鸟瞰

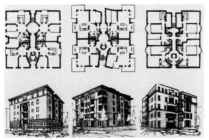

图7-26　柏林劳赫街区项目中三位建筑师对同一建筑类型的应用

类型组合、建筑群落层面的推敲，以形成肌理空间。这其中还涉及肌理内部的微交通组织、局部开放空间系统、功能活动组织等地段性城市设计的内容。

劳赫街住区项目属于20世纪80年代柏林重建运动中，由IBA国际建筑博览会主导的一个示范性街区重建项目（图7-25、图7-26）。场地为一个长方形的小型街区，其上仅剩一栋西南角挪威大使馆。建筑师罗伯·克里尔（Rob Krier）为街区重建勾画了整体城市设计。克里尔并没有简单地照搬柏林原有的围合式街区形态，而是以两种柏林的历史建筑类型——使馆机构建筑与城市别墅（urban villa）重构了场地。新规划的建筑与现状建筑共同形成了一个高度统一、尺度一致，但又具有空间变化的建筑群落。在沿主要街道立面的完整性、建筑高度、建筑风貌等方面满足了历史城市保护的要求，同时又在街区内部创造出宜人的品质，这是原来的公租住宅肌理所难以达到的。克里尔的总图设计较为严格的控制了新建建筑的位置、类型，并为每个建筑制定了指导下一步建筑设计的任务书。剩下的工作，由包括他本人在内的多名建筑师分别完成单体设计。从其中三栋住宅的平面、立面的比较中，可以清晰地看到，建筑类型学在城市设计与建筑设计中的独特价值。三栋建筑都沿用传统的城市别墅建筑类型，服务核置于方形平面中部，但又略有差异。平面四角布置每层4户居住单元，每户均拥有两个朝向，并且户型彼此也各具特色。更大的差异出现在立面造型中。不同的建筑师，采用了不同的立面语言。最终，这些由不同建筑师设计完成的住宅群，一方面具有多样性与单体特色，另一方面，在类型的控制下，又呈现出一种统一性。建成后，劳赫街住区成为一个深受当地居民喜爱的建筑群。

在城市历史地段或风貌区中，城市设计一项重要的工作是对现状已经残破的历史肌理进行保护与修复。图7-27展示了一个典型的历史风貌地段。现状街区内的历史肌理受到明显的损毁，出现大面积空白的区域。并且沿着街区周边，由于不受控制的自主改建、新建，使得原本连续的肌理界面也呈现较大程度的破坏（图7-27左图）。为了保护并修复该街区历史风貌，需要利用原生的建筑肌理对其进行织补。该工作需要建立在对现状院落民居开展类型学研究，以了解传统肌理的构成规则。首先展开的是对单个院落的类型学研究（图7-28）。通过对院落与相邻道路关系的不同，分为两大类别。以院落的进入方式、主要建筑的方位为分类标准，从大量现状收集实例中归纳概括出八个小类。这些小类，就是在进行肌理织补时，使用的基本词汇。它们规定了建筑、院落、道路的基本拓扑关系。当将其运用于具体场地时，在保持原有拓扑关系不变情况下，可以对其做出几何变形，以适应场地的不规则性。在掌握基本词汇基础上，接着需要了解词汇的构成语法，即单个院落类型，是如何连

图 7-27　某历史街区城市肌理织补（丁沃沃工作室，2012）

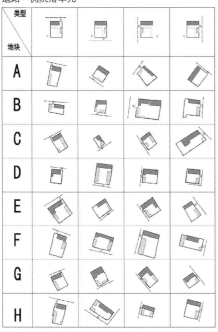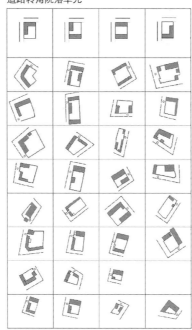

图 7-28　院落肌理类型研究（丁沃沃工作室，2012）

接成片形成城市肌理。再次依据院落与道路的关系，将其分为三个中类。进而从收集的真实肌理片段中，归纳提取出共计七个小类，分别应对沿道路侧、在道路转交处以及尽端道路的不同情况（图 7-29）。至此，设计师运用类型学研究的方法，全面地掌握了该地区传统院落民居肌理的构成规则。运用这些规则，将街区中残破、破坏的区域重新填充以传统肌理，就成为一件较为容易的工作（图 7-27 中图、右图）。

7.4.2　建筑类型的创新与应用

在某些特殊斑块类项目中，常规的建筑肌理类型无法有效地解决城市设计需要应对的问题，也无法通过结构系统层面的优化予以解决。此

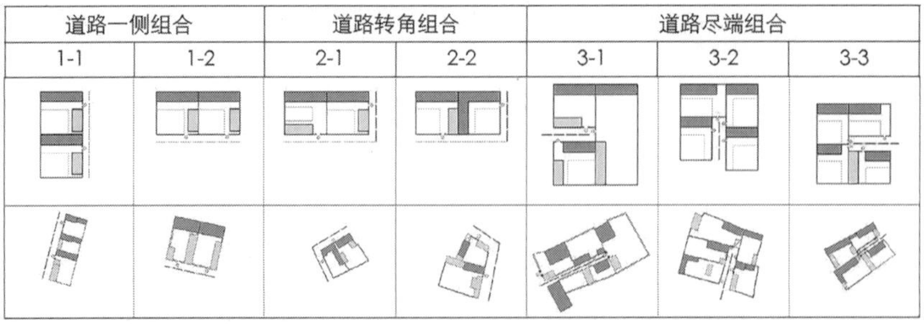

道路一侧组合		道路转角组合		道路尽端组合		
1-1	1-2	2-1	2-2	3-1	3-2	3-3

图 7-29　院落肌理组合类型研究（丁沃沃工作室，2012）

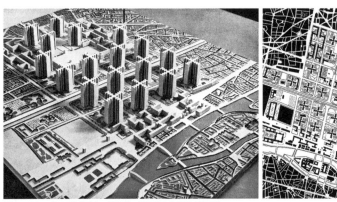

图 7-30　伏瓦生规划，模型与总平面（柯布西耶）

时，需要深入到建筑类型层面，进行类型学上的创新，产生新的建筑群落与肌理形态，以从底层解决问题。在此类项目中，建筑学对于城市设计的价值，是无法替代的。城市设计的问题，需要回到建筑学层面进行解决。

　　柯布西耶的伏瓦生规划（plan Voisin，1922-1925）（图 7-30）通常被人们作为破坏历史城市肌理，不尊重城市历史的典型加以批判。然而，若暂时悬置有关历史问题的争论，我们会看到柯布西耶其实是在类型创新的层面进行了大胆的实验，回答了他当时面临的问题。在 20 世纪初，随着人口的进一步聚集，像巴黎这样的欧洲历史城市，其前工业革命时期遗留下来的城市肌理（小街区围合式的高密度多层住宅）已经不堪重负，面临着卫生、日照、通风等环境层面的严峻的困难。要解决普遍的居住质量问题，已经无法仅仅从规划结构层面谋求解决之道。伏瓦生规划是柯布西耶的一个虚拟项目，虚拟的选址，虚拟的设计任务，仅是以该项目探讨一种新的居住形态的可能（即我们今天习以为常的高层高密度居住模式）。柯布西耶大胆地提出了他著名的十字形高层摩天楼的居住单元类型，每栋高层间是超大的间距，地面是宽阔的绿地公园。以这种高层居住类型替代旧有多层街区居住类型，居住者均可以享受阳光、空气和良好的环境，从根本上解决了原来的城市病。柯布西耶的伏瓦生规划，

充分体现了类型创新在城市设计层面解决城市问题的能力与价值。遗憾
的是，也许是柯布西耶为了体现一种戏剧性的反差，故意将基地设置在
历史城区中心地带，招致破坏历史的骂名，遮蔽了该项目在类型层面革
新的意义。

　　在当代的城市设计项目中，也不乏在建筑类型层面进行创新的案
例。著名的建筑师库哈斯和他的事务所 OMA 所做的马来西亚蓬安城市设
计（Penang Tropical city，2004）是其中之一（图 7-31、图 7-32）。这个
项目是在马来西亚的一片具有热带雨林般的景观特质的自然林地上展开。
OMA 在规划结构层面的策略是一种他们称为'汤'的总图布局原则。即
将原来的自然地貌比喻为汤汁，而将将要建设的建筑体量比喻为汤中的
食料，较为分散和低影响度的散布在场地上，再由现代的交通系统将一
个个孤岛状的建筑群联络为整体。这个规划结构的好处是，既最大限度
地保留了原始的场地的生态，又满足了建设量和功能运转的要求。每个
孤岛是一个高密度的功能核，需要容纳不同的功能任务（办公、各种形态
的住宅、酒店、公共设施等）。同时，在形态上均为圆形，和自然充分接
触（这当然有一点形式主义的嗜好）。这就导致常规的建筑类型无法有效

图 7-31　蓬安城市设计模型（OMA,2004）

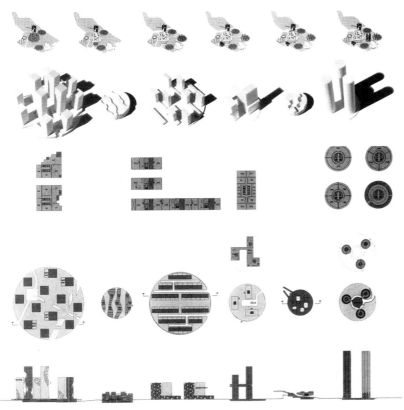

图 7-32　蓬安城市设计中对建筑类型的创新与应用（OMA，2004）

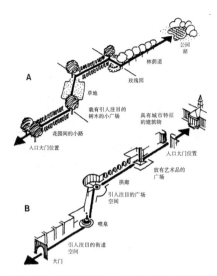

图 7-33 类似的形态，不同的空间要素组合产生的截然不同的空间序列。A 是一种休闲游憩性质的序列；B 是一种具有纪念性的序列

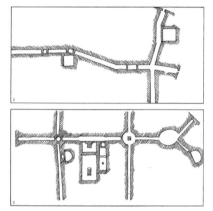

图 7-34 线性元素与节点元素形成的空间组合

胜任总图规划层面对群落形态的要求。OMA 的设计师于是开展了建筑类型层面的探索，为每个功能核发展出针对性的建筑类型与群体肌理。我们需要注意的是，作为城市设计，在建筑类型层面的探讨不需要如建筑设计中那样完善和细致。城市设计对建筑类型的探索，更多是在原则和可能性层面进行。所以，在 OMA 这个案例中，类型和建筑平面以一种简图的方式予以呈现。该深度已经达到城市设计工作所需要的深度。

当然，并不是所有涉及建筑肌理空间的城市设计都需要从无到有的类型创新，也不是完全被动地运用成熟类型。更多的情况是鉴于二者之间。即对成熟类型的改良、转译。典型的是历史街区中，面对保护与发展矛盾问题时，所进行的类型改良与转译。

7.5　空间元素的组合与序列

任何一个城市的空间，都不可能仅仅由前述的某种单一空间元素构成。而是由线性空间起纽带作用，连接组织起节点、斑块空间等元素，共同交织为一个庞大城市空间系统。由于元素层面的差异，组合方式的多样，才得以形成丰富的、变化万千的、绝少类同的城市空间与体验（图 7-33、图 7-34）。

7.5.1　空间元素的组合

线性空间、节点空间与斑块空间的组合方式灵活多样，概括起来主要有串联、转折、交汇几种方法。

串联：是使得分散的空间元素组合为一个整体的行之有效的方法。一般以线性元素为主线，随着线形的展开，逐次连接沿途的节点、斑块空间，形成某种游览的路径。在柏林的菩提树下大街，从布兰登堡门一直延伸到斯皮尔河，一路串联起大大小小的各种节点场所空间，形成了这个城市最为重要的公共轴线。

转折：空间元素的转折是一种更为复杂和微妙的组合方法。当线性空间运动在遇到某个障碍物时，运动方向发生偏转，从而构成转折。并不是所有的障碍物构成的转折都是好的转折，这要求转折具有设计的品质，比如某种转折运动的提示、转折后空间戏剧性的变化等。更为重要的，好的转折要求所谓的障碍物，一般是某个重要的纪念物、重要公共建筑物，从而构成足够力量，触发空间运动的偏转。威尼斯圣马可广场是转折方法的经典案例。在其中主空间的轴向运动由遇到了偏于一侧高耸的钟塔，迎面撞上巨大的圣马可大教堂，戏剧性的转向地中海一端开阔的自然景象，给人留下深刻的印象。

交汇：当两个或两个以上的线性空间运动在城市平面上相遇时，就成为交汇点。为了锚固这个交汇点，并使其形成重要的意义，往往设置重要的节点空间、纪念物等。这是古典城市常用的空间组合方法，并被现代城市广泛采用。巴黎的凯旋门，就是一个多方向的空间运动交汇点。

城市设计的空间操作往往对上述组合方法的综合运用，从而让各种空间元素有机组织为一个庞大的城市空间系统。美国著名城市设计师埃德蒙德·培根主导的费城中心区域城市设计是空间元素组合操作的典范。

除了上述常规空间元素的组合操作，对于更加立体复合的当代城市高密度区域，涌现出一些新的空间要素操作方法。层、茎、界、空的要素操作方法是其中之一。层，可以是地面、人工地面、楼面等城市中位于不同标高的水平面要素。层的概念使得我们突破城市空间与建筑空间的边界，而从更加整合的角度思考城市中立体水平面的问题。茎，也就是根状茎（rhizome），援引自著名的后结构主义哲学家德勒兹（Gilles Deleuze，1925–1995 年），此处可以将其简单理解为一种反结构、反中心主义的机制或存在方式。从空间操作的角度，茎的概念与方法旨在以一种自下而上的路径建立方式，克服传统设计方法中潜在的整体主义和自上而下，使得城市要素在有序的前提下，包容随机、偶发、自发等城市现象，从而保持城市内生的活力。界指界面，是前文中提及的线性空间界面、节点空间界面的扩大化。因为在应对三维立体的城市空间对象时，传统的主要以垂直界面进行空间操作的方法已经难以胜任，需要设计者同时考虑垂直面、水平面、倾斜面、曲面等所有面的要素。层、茎、界均为三维的空间要素，但在侧重上有所区别。层更强调城市水平面产权的属性与基础设施的地位；茎无疑需要界面加以限定，但其更侧重于路径的生成与展开；界强调的是城市面要素的物质、几何属性。三种要素操作方法，以空间感知和视觉为驱动，以一种非总图的、身体的视角展开空间操作。

最后，"空"是结果，是层、茎、界操作的结果，也是操作的目标对象。通过各种空间要素，最终限定出立体化的城市空间，以应对高密度城市环境中的种种问题与挑战（图 7–35、图 7–36）。

7.5.2　城市空间序列常见形态

空间序列是空间要素组合的高级形态，是对要素进行有意识的设计组合。以服务于某种特定的城市职能与意义，如朝拜、游行、检阅、游览等。空间的序列，是城市设计在一些重点地段所着力打造的对象，是一个城市、地段的精华之所在（图 7–37）。

序列的形态，有如下一些常见模式（图 7–38）。

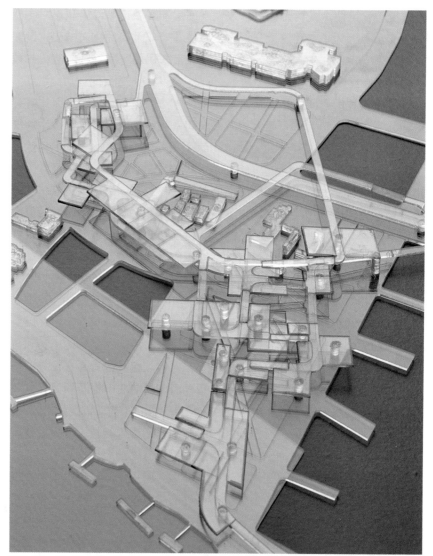

图 7-35　层、茎、界、空操作方法在超高密度城市设计中的运用与探索（南京大学建筑与城市规划学院，研究生城市设计课程作业1，2015）

空间轴线：一条主要的线 + 附属、邻接的场所空间（主街 + 小广场）、或一条轴线依次穿越、串联重要的纪念物，形成强烈的空间轴线。如全世界最为宏伟的北京紫禁城中轴。

网络形态：多条直线段相互交织，在转折处设置重要的节点空间与建筑，形成一套覆盖在普通城市肌理不规则网络。这种空间序列是巴洛克城市最重要的成就。

连珠形态：一条不规则线，在城市平面上蜿蜒辗转，逐次串联的沿途的大小节点，形成环状、半环状。佛罗伦萨古城中，因为宗教朝拜游行活动，而逐渐形成一条不规则连珠，是这种形态的杰出典范。

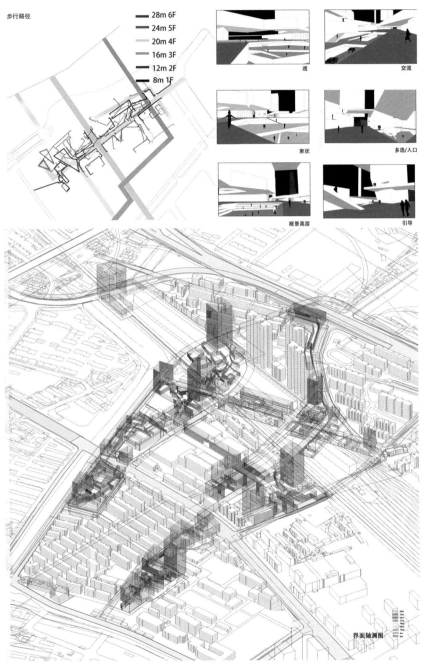

步行路径

28m 6F
24m 5F
20m 4F
16m 3F
12m 2F
8m 1F

透   交流

束状   多选/入口

概景高层   引导

界面轴测图

图 7-36 层、茎、界、空操作方法在超高密度城市设计中的运用与探索（南京大学建筑与城市规划学院，研究生城市设计课程作业 2，2015）

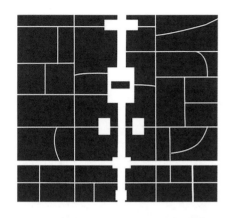

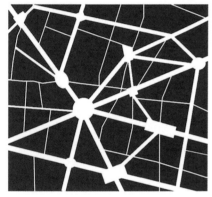

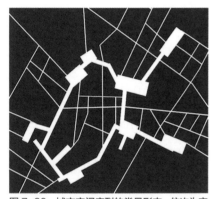

图 7-38　城市空间序列的常见形态，依次为空间轴线形态、网络形态、连珠形态

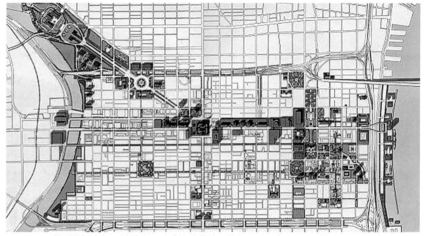

图 7-37　美国费城中心区域城市设计（埃德蒙德·培根,1963）

序列的时间性与电影感（cinematics）。无论空间序列的平面形态如何，人们总是在运动中体验序列。这就要求，在空间序列的设计中，除了从总图平面角度推敲，更需要从时间维度加以考量，这就是序列的时间性，以及由于时间性而获得的一种类似电影的连续画面感（图 7-39）。

从时间维度着手开展设计，并不意味着、也不可能真的以 1：1 的时间进行设计。因此，需要一些辅助性的设计工具。这就是类似影像编辑、动画制作中的关键帧的应用。首先需要设计者采用一种人眼的视角来构思、检验所设计空间形态。进而，设计的工作随着序列的展开，在进行路线上选择一些有代表性的关键帧（即关键的视点）。对每个关键帧的视野所及的景象进行构思（如：中间的纪念物是不是再高一点？前广场是完全空置还是设置一些绿植？如何通过对景、转角的设计，暗示序列将转向另一个方向？从所在之处环顾四周的景象和体验？等）。在此基础上，更进一步，在设计者的头脑中，将关键帧连接成动画，如电影一样顺序播放。这是序列时间性的体现。如果说关键帧阶段的设计，还是一种静止画面的构图，那么动画阶段的设计则为每个关键帧提出了前后文、上下场景方面的新要求。即，序列中的某个场景（关键帧）置于序列的时间之内时，是否恰当？是否符合整个序列剧情的推进，符合序列意义的表达？是否符合观者情绪的起伏，还是节外生枝转移了注意力？是不是喧宾夺主还是不了了之……从时间维度对序列展开构思，是序列空间设计操作最为重要的一个向度。无论是我国古典园林营造，还是西方如画景观的设计，都为当代的设计者提供了大量可资借鉴的经验。在柯布西耶的漫步建筑（permande architecture）中同样也存在空间序列的时间维度考量，尽管是在建筑尺度展开，但原理类似于城市空间序列的塑造。今天，随着虚拟现实技术、动画技术的成熟，设计者除了在头脑内凭空想象外，

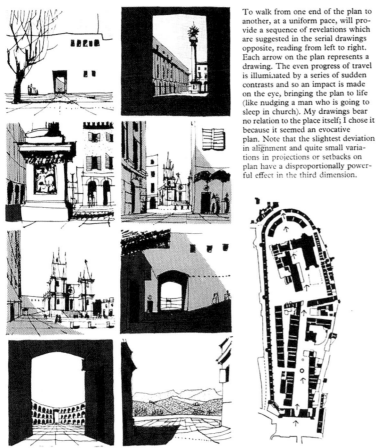

To walk from one end of the plan to another, at a uniform pace, will provide a sequence of revelations which are suggested in the serial drawings opposite, reading from left to right. Each arrow on the plan represents a drawing. The even progress of travel is illuminated by a series of sudden contrasts and so an impact is made on the eye, bringing the plan to life (like nudging a man who is going to sleep in church). My drawings bear no relation to the place itself; I chose it because it seemed an evocative plan. Note that the slightest deviation in alignment and quite small variations in projections or setbacks on plan have a disproportionally powerful effect in the third dimension.

图 7-39　历史城镇中随着时间和运动依次展开的空间序列

更可以借助技术手段，在显示屏、虚拟眼镜中"真实"地看到、感受到序列空间的展开，这为更好的评价、检验设计成果，提供了有力的支持（图7-40）。

推荐读物

1. 迪特尔·普林茨. 城市设计（上）（下）- 设计建构 [M]. 吴志强 等 译. 北京：中国建筑工业出版社，2010.

2. 埃德蒙·N·培根. 城市设计 [M]. 黄富厢 等译. 北京：中国建筑工业出版社，2003.

3. Rob Krier. Urban Space[M]. Lodon: Academy Editions,1979.

参考文献

1. Rob Krier. Urban Space[M]. London: Academy Editions,1979.

2. Spiro Kostof. The City Shaped: Urban Patterns and Meaning through History[M].

图 7-40　设计师佩戴 Microsoft 增强现实眼睛 Hololens 2，推敲设计方案

London:Thames and Hudson Ltd,1991.

3. Jan Gehl. Cities for People[M]. California: Island Press,2010.

4. Jon Lang. Urban Design, a Typology of Procedures and Products[M]. Oxford：Architectural Press, 2005.

5. Cecilia F M , Levene R.134/135 OMA/Rem Koolhaas[J]. Madrid：El Croquis， 2007.

6. Trancik, Roger. Finding Lost Space: Theories of Urban Design[M]. New York: Van Nostrand Reinhold Company, 1986.

7. 迪特尔·普林茨. 城市设计（上）（下）– 设计建构 [M]. 吴志强 等译. 北京：中国建筑工业出版社，2010.

8. 埃德蒙·N·培根. 城市设计 [M]. 黄富厢 等译. 北京：中国建筑工业出版社，2003.

图片来源

图 7-1、图 7-2　淮北市总体城市设计. 东南大学城市规划研究院，2015.

图 7-3　南京大学建筑规划设计研究院，程向阳工作室，2010.

图 7-5、图 7-6、图 7-18、图 7-33　迪特尔·普林茨 著. 吴志强 等译. 城市设计（下）– 设计建构. 中国建筑工业出版社，2010：24，64，81，88.

图 7-8　美国国会图书馆，Development of the central area west and east of the Capital—Washington D.C. 1941.

图 7-9　Le Corbusier and Pierre Jeanneret, Oeuvre complète, volume 2, 1929–1934.

图 7-10　Paul Rudolph 基金会. https://www.paulrudolphheritagefoundation.org/196703-lower-manhattan-expressway.

图 7-11　Spiro Kostof. The City Shaped: Urban Patterns and Meaning through History. London:Thames and Hudson Ltd，1991：91.

图 7-13　Robert Venturi, et al. Learning from Las Vegas, revised version. MIT Press，1977: 36.

图 7-14　NBBJ.com

图 7-15　日建设计站城一体开发研究会 编著. 站城一体开发——新一代公共交通指向型城市建设. 中国建筑工业出版社，2014：38.

图 7-16　Frederick Law Olmsted National Historic Site. https://www.nps.gov/frla/index.htm.

图 7-17　章明 等. 基础设施之用：杨树浦水厂栈桥设计. 时代建筑 . 2018.2.

图 7-19，扉页图　埃德蒙德·培根 著. 黄富厢 等译. 城市设计（修订版）. 中国建筑工业出版社，2003：114，119.

图 7-20、图 7-34　Rob Krier. Urban Space. Lodon:Academy Editions，1979:29，33，55.

图 7-22　Jan Gehl. Cities for People.Island Press，2010: 34.

图 7-23　theatlantic.com.

图 7-24　Tschumi, Bernard（1985），'The La Villette Park Competition', in Beeler, Raymond L.（ed.），The Princeton Journal. Thematic Studies in Architecture. Volume Two:Landscape（New Jersey: Princeton Architectural Press），:200–10.

图 7-25、图 7-26　Jon Lang. Urban Design，a Typology of Procedures and Products.

Architectural Press，2005:191，192.

图 7-30　左 图　Christian Blanc. Le grand Paris du XXIème siècle. CHERCHE MIDI; French Edition，2010:74.

图 7-30　右 图　TRANCIK，Roger. Finding Lost Space. Theories of Urban Design. Van Nostrand Reinhold Company，New York，1986.

图 7-31、图 7-32　Elcroqius 134-135.Madrid:Publication controlada pro OJD，2007: 190，191.

图 7-37　Gregory L. Heller. Ed Bacon: Planning，Politics，and the Building of Modern Philadelphia. University of Pennsylvania Press:37.

图 7-39　Golden Cullen，The Concise Townscape，The Achitectrual Press，1996:17.

图 7-40　microsoft.com.

图 7-4、图 7-7、图 7-12、图 7-21、图 7-27~图 7-29、图 7-35、图 7-36、图 7-38　作者提供.

城市设计文本解读与分析方法

第8章

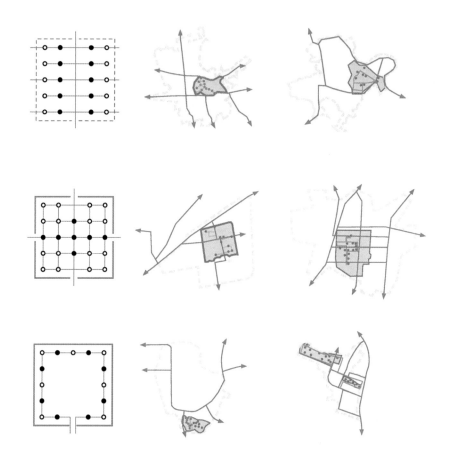

在城市设计发挥作用之前，城市形态已然是历史发展、社会生活习惯和规划法规等综合作用的结果。在实际的城市设计项目中，历史资料是城市设计开展的基础，上位规划等是前提，类似案例是参照，因此需要对这些文本进行详细解读与分析，不仅为城市设计的开展与决策提供支撑与依据，更为城市设计后期的有效执行提供保证。但解读与分析并不是盲目的，要结合城市设计问题有的放矢、有选择地进行。本章基于多个城市设计实际案例，对城市设计中常规涉及的文本资料种类及应对不同城市设计问题的文本种类进行梳理，并介绍常用的文本解读及分析方法。

城市设计是一项解决问题的行动，设计需要协调客户与使用者的需求，与具体的地点或区域的相关因素及内容相吻合，同时衔接上位规划、受到规划政策和地方法规的限定。因此城市设计必不可少的过程是文本解读与场地认知，以此发现关键问题、挖掘潜在问题、反思策略问题以及探索解决问题的契机，进而明确设计开展的条件，为完成设计目标做准备。

发现关键问题：通过分析上位规划中对应的区位、定位、交通、资源、功能以及指标等条件，结合现场场地认知，找到设计场地设计所面临的以及亟待解决的关键问题、难点、限制及矛盾。

挖掘潜在问题：综合所有因素进行分析，挖掘造成关键问题存在的潜在原因是什么，找到症结所在。

反思策略问题：分析现有规划或设计提出的策略应对了上述问题的什么层面，分析类似案例在策略上的应对方法，思考城市设计在此基础上应如何发展。

探索解决问题的契机：基于对问题、潜在原因、已有策略的综合分析，确定解决问题的方向与契机。

另外，营造具有宜人尺度的人性场所，突出历史文化内涵和城市集体记忆的重要性是中国城市设计当下重要的命题之一[1]。要了解历史文化内涵与城市集体记忆，对场地相关的历史文献的整理成为必不可少的一环。

文本解读与场地认知是城市设计前期相辅相成的偏向于"研究"的阶段。其中文本解读指通过对历史文献、规划文本、相关案例的解读，在全面展开调研之前或同时，对场地的区位与定位、地块用地性质与指标、历史文化、景观资源等有一个全面认知。当然，对于特定的内容，有时也需要借助一部分现场调研，以明确问题。

本章主要介绍文本解读与分析方法。首先介绍文本类型，各种类型的具体内容及获取方法；随后结合具体的分析内容，具体介绍分析方法。

8.1 城市设计文本类型

8.1.1 历史文献资料

任何城市设计场地都有历史，历史文献资料帮助我们认知场地的来龙去脉，有无重要的历史事件在此地或周边发生，有哪些文化要素需要传承。在城市设计过程中，往往我们需要对场所所在城市或区域的历史有所了解，才能在后期的设计中保存、展现、揭示历史要素，创造有鲜明历史特色与文化认同的场所。大部分历史文化的部分，不一定有完全对应的物质形态留存；抑或一栋历史建筑，经历了不同年代历史故事的重叠。历史、文化事件的充分解读，是赋予场地、建筑独特含义的过程，也是赋予场所厚度与特色的过程。

历史文献资料涉及地方历史、历史地图、影像资料、户籍资料、权属资料、历史商业网点分布等内容，这些内容可以通过查阅相关的地方史、志、专著、期刊文章、考古报告、学位论文、诗词、网站等获得。这些文献中，有相对一手的资料，比如地方史、志等，也有经过整理、转译的资料，比如论述特定问题的论文、专著等。文献内容还包括其他形式的传播媒介，如杂志、报纸、绘画、法律条文、电视媒体等。

8.1.2　规划文本资料

已有的相关规划文本往往作为城市设计前提或依据；城市设计也应符合现行的规划或设计规定、规范等，比如建筑退让规定、日照规定等。因此在设计开始之前，应对规划文本进行全面的分析与解读。在解读过程中，如发现规划文本的矛盾之处、不合理之处，也可给出相应的合理优化建议。

1）上位规划

城市总体规划是指城市人民政府依据国民经济和社会发展规划以及当地的自然环境、资源条件、历史情况、现状特点，对一定时期内城市性质、发展目标、发展规模、土地利用、空间布局以及各项建设和综合部署和实施措施。城市总体规划的主要任务是：综合研究和确定城市性质、规模和空间发展形态，统筹安排城市各项城市建设用地，合理配置城市各项基础设施，处理好远期发展和近期建设的关系，指导城市合理发展[2]。规划期限一般为20年。城市总体规划是城市规划编制工作的第一阶段，也是城市建设和管理的依据。城市总体规划包括以下一些重要内容，是城市设计开展的前提条件。具体包括：城市人口现状及规划资料、城市土地利用现状及规划资料、城市社会、经济发展现状及发展目标等。

概念规划的内容主要是对城市发展中具有方向性、战略性的重大问题进行集中专门的研究，从经济、社会、环境的角度提出城市发展的综合目标体系和发展战略，以适应城市迅速发展和决策的要求。由于概念规划侧重于发展方向和各学科的综合平衡，而不是做出详细的规划设计，因此多出现于城市的、社区的或局部地带的层面和规划范围[3]。与总体规划相比，概念规划注重客观的全局性的发展策略与设想，在微观层面具有不确定性、模糊性和灵活性的特点。对于城市设计而言，概念规划主要提供整体设计思路。

分区规划是指在城市总体规划的基础上，对局部地区的土地利用、人口分布、公共设施、城市基础设施的配置等方面所作的进一步安排[3]。

分区规划能够为城市设计提供更具体的内容包括：城市定位、人口规模、总体结构 / 交通体系、景观资源、历史资源 / 地块相关表述 / 其他相关信息。

控制性详细规划是以城市总体规划或分区规划为依据，确定建设地区的土地使用性质和使用强度的控制指标、道路和工程管线控制性位置以及空间环境控制的规划要求[2]。控制性详细规划包括以下一些内容：①不同使用性质用地的界限、各类用地内适建、不适建或者有条件地允许建设的建筑类型；②各地块建筑高度、建筑密度、容积率、绿地等控制指标；交通出入口方位、停车泊位、建筑后退红线距离、建筑间距等要求；③各地块的建筑体量、体型、色彩等要求；④各级支路的红线位置、控制点坐标和标高；⑤工程管线地走向、管径和工程设施的用地界限；⑥相应的土地使用与建筑管理规定。控制性详细规划对地块的建设有强制性的控制效力，因此，一般来说，城市设计应以控制性详细规划为前提。但是，视城市设计介入规划编制的不同阶段，经过充分的论证，城市设计也可对控制性详细规划设定的地块、指标等提出修改意见。

修建性详细规划是以城市总体规划、分区规划或控制性详细规划为依据，制订用以指导各项建筑和工程设施的设计和施工的规划设计[2]，是城市详细规划的一种。城市设计有时候会将修建性详细规划作为最终的成果，以达到最有效的控制。

2）专项规划

专项规划指总体规划在特定领域的细化，是总体规划的若干主要方面、重点领域的展开、深化和具体化，符合总体规划的总体要求，并与总体规划相衔接。与城市设计比较相关的城市规划的专项有：综合交通、商业网点、绿地系统、河湖水系、历史文化名城保护、地下空间、基础设施、综合防灾、旅游规划、景观规划等。

历史文化名城保护规划是保护历史文化名城，协调保护与建设发展，以确定保护原则、内容和重点，划定保护范围，提出保护措施为主要内容的规划。它是城市总体规划中的专项规划，其规划范围和期限与城市（县城）总体规划一致。在历史文化名城保护规划中，凡是老城的历史分区，往往同时存在历史环境保护、旧城改建、新建筑建设的矛盾与统一问题[3]。历史文化名城保护规划具有一定的法定效力，尤其在对文保建筑的保护范围、建设控制地带及控制措施、历史街区的整体风貌控制方面，对城市设计的策略与实施都具有约束作用。因此如果城市设计的场地或周边场地进行过保护规划的编制，必须将保护规划作为重要的前提。城市设计需严格遵循保护规划所规定的街区整体风貌要求、建筑文保认定、文保保护范围、建筑限高、建筑风貌要求等。

3）同类规划与设计

除上述规划之外，还有一些规划或设计可以作为即将开展的城市设计的依据或参照。比如基于分项规划开展的城市设计、不同阶段开展的周边区域的城市设计等。

4）相关法规、设计规范等

出于安全、健康等需求，城市管理部门制定了退让、日照间距等法规，针对不同类型的建筑，也有相应的设计规范，这些规范对城市形态产生直接或间接的影响。城市设计在涉及相应内容时，也应对相关的法规、设计规范等进行搜集与整理，比如城市规划管理技术规定等。

8.1.3 相关案例资料

同类型的案例或城市设计可以帮助获得诸如不同功能（用地性质）在空间上的分配、占比，空间设计策略、开发模式等参考。在找案例时，需要带着问题与明确的目标去检索，也需要运用特定的技术对案例进行解读与分析，才能获得城市设计能够使用于参照的结论。本章将围绕具体分析内容介绍案例的分析方法。

8.2 区位及定位分析

8.2.1 区位分析

当一个旅行者去访问一座新城市的时候，需要一张城市地图，以知道自己在哪里，将要到哪里去；当即将要开展一项城市设计，想要了解设计场地时，首先要知道这个场地在哪个城市以及在城市中的位置。不同区位意味着区域重要性、交通条件、人口密度等一系列的差异。

区位，是指设计场地的地区位置。除了客观的位置，与区位有关的分析内容还包括，对设计场地的可达性的分析，比如有无公交车站、地铁站，哪些交通方式可以到达。要掌握设计场地的区位，一般借助地图、规划文本等获得，通过到达场地的多种途径实际体验。

区位的分析，往往分为 3~4 个尺度层级，层级的确定取决于城市设计场地的辐射范围。层级一般包括：城际尺度、城市尺度、区域尺度等。分析内容包括空间位置、交通关系等，比如场地所在城市与周边城镇的关系，场地在城市中及周边区域内的位置、交通关系等。交代清楚设计场地的区位是所有城市设计项目的必要分析。

场地周边环境调研与场地内部调研相比，尺度更大，要求掌握整体的关系，因此调研与分析更具针对性、大批量调研精度低等特点。而且，区域与周边环境的信息在调研之前，可以通过文本、地图等信息获得。

通过文本研究来获得设计地块的区位、交通条件、资源、功能，有时，也需要通过实地调研直观地获得对这些周边条件的认知，并通过现场的调研，根据现状使用情况对周边条件进行补充。比如，通过规划文本的阅读，我们知道设计地块未来会有一条地铁线通过，但通过现场调研，则能够明确现状使用过程中，周边的公交线路、停车、道路拥堵等实际情况；以及未来将要建设的地铁线会对现存的哪些因素产生影响。

通过对上位规划文本的阅读，我们可以了解设计城市未来 10~20 年的版图、用地布局、经济文化中心、交通规划状况、城市重要空间 / 景观节点等位置，从而分析场地与这些城市重要区域或节点的空间关系、交通距离等，进而明确地块在城市及区域中的角色与定位，帮助明确城市设计任务与目标。

区位的分析通常以地图、用地性质图等为基础底图进行距离、位置等表达与绘制；按尺度从大到小表达，每个尺度的图上，都应带有基地的位置或范围，以及与周边城镇、区域等距离、交通等关系（图 8-1）。

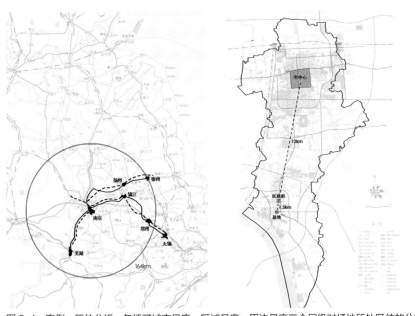
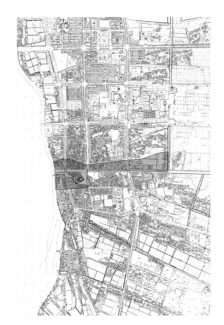

图 8-1　案例：区位分析，包括了城市尺度、区域尺度、周边尺度三个层级对场地所处区位的分析

8.2.2　场地定位分析

场地的定位即场地在城市及区域的原则性定位，即场地在城市范围内或在区域范围内"用来做什么"，可以通过检索总体规划、旅游规划等上位规划中的相关描述获得。

场地的定位，有时也需要放到更大的不同尺度层级去进行认知。会出现随着对定位的深入分析，而重新认定更适宜设计范围的情况。通过规划文本的解读，确定并调整更为准确的规划设计范围。

案例：宜兴市丁蜀区是宜兴紫砂文化的重要基地，蜀山特色风貌区是丁蜀区历史文化遗存最为集中的地点。蜀山特色风貌区的城市设计开展前，要求对整个片区从旅游的角度进行清晰的定位。因此，项目着眼于整个宜兴的大旅游框架下来研究这个片区的旅游功能定位。通过上位规划的文本总结，前期研究明确了丁蜀在宜兴旅游资源结构中的中心地位，提出整合丁蜀镇较为聚集的人文与自然资源，形成能够承载半天到一天游览时间的陶文化旅游线路。根据这个目标，将城市设计的周边研究范围扩大至资源较为聚集的区域，并根据资源的分布，重新调整特色风貌区的设计范围，以将风貌特色运作为具有一定规模与特色的片区（图 8-2）。

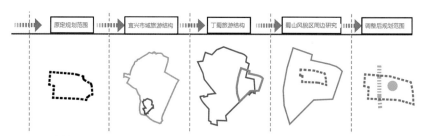

图 8-2　案例：根据场地定位分析调整规划范围

8.3　交通条件分析

场地交通条件直接决定场地的可到达程度、服务人群、承载容量等。场地的交通条件分析包括公共交通、车行交通、骑行交通、步行交通等层面。通过文本解读可以获得交通组织的系统、结构，未来的规划等；作为对现状使用状况的补充，交通条件分析还有一部分信息来源于现场调研。公共交通的分析内容包括场地与城市主要交通干道、地铁、公交系统的连接关系、公交线路、公共交通的站点布置等。车行交通的分析内容包括道路路网的类型、密度、交叉口类型等，有时还包括场地及周边的停车状况，车行交通拥堵的具体地点与时段等。步行交通的分析内容包括步行路径的位置、密度、通达程度、步行活动的密度、拥挤程度等，步行道的宽度、有没有植被、座椅、景观设施等；另外，与公共交通、停车场等接驳的方式也是步行交通分析的一项内容。

交通的认知，在城市及区域尺度上对应开展。城市尺度上，回答通过快速交通到达地块的难易程度；区域尺度上，回答慢行交通到达地块的难易程度。

交通分析所需的信息，一般来自于规划文本与现状图纸或地图，规划文本展现未来的交通道路结构，现状图纸或地图呈现当下的道路结构与状况，两者之间有时会存在差异或矛盾，因此需要对规划及规划目的、依据等进行全面解读，并与现实作对比，以作出更具有实施性的决策。

　　交通条件分析有基于路网结构进行的交通可达性分析，以及与现状条件进行比对的可操作性分析等。

8.3.1　交通信息基本呈现与分析

　　针对规划路网进行交通条件基础分析，规划路网信息来源于总规或控规文本，包括道路等级、道路宽度、道路断面、交叉口类型、地铁线及站点等具体信息。基于这些图纸即可以标明场地内或周边与城市主干道相连的重要干道、重要节点、地铁及公交汽车站点出入口位置等。

　　现状道路网络的呈现与分析： 按照车行的通行量，城市道路等级一般分为快速干道、主干道、次干道、支路等，用不同颜色或图例呈现上述类型。通过不同的图示，可分析车行交通的密度、交叉口数量、类型等（图 8-3）。

　　交通拥堵状况分析： 在设计地块或研究范围内，结合交通量的实时数据对道路的交通量进行图示，以找到交通拥堵的原因，为策略制定提供基础。

　　公共交通分析： 通过标注场地与城市主要交通干道系统的连接关系、

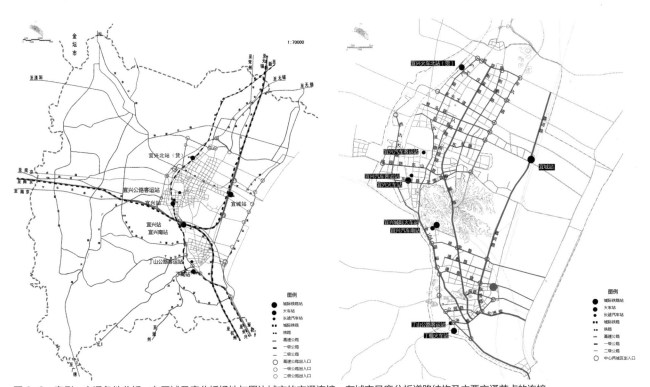

图 8-3　案例：交通条件分析，在区域尺度分析场地与周边城市的交通连接，在城市尺度分析道路结构及主要交通节点的连接

公共交通的站点、公共停车场等，我们可以对现有的交通连接是否完善以及这个区域所支持的活动类型做出判断。公交车的适宜服务半径在300~500m，地铁站的适宜服务半径在 500~800m 左右。一般需要在两个尺度范围内完成这个分析：城市范围和区域范围。

步行与自行车交通分析：标记行人拥挤的路线、现有的自行车路线等。用不同粗细的线条标记不同使用频率的道路。包括那些不属于正规交通线路中，但又有很多人走的路径，比如穿越公园或草地、穿过住宅区的捷径等。

8.3.2　交通通达性量化分析

对于需要通过增减道路来调整路网结构、或对交通条件要求较高需要发现路网结构的优势与问题的城市设计，可以对规划形成的路网结构的可达性程度进行评估。具体包括：空间句法分析、路网密度非必须、道路交叉点密度分析等。

空间句法于 1970 年代由比尔·希列尔（Bill Hillier）首先提出，经过多年的发展，已形成一套完整的理论体系、成熟的方法论以及专门的空间分析软件技术。空间句法认为，空间的构成，尤其是构成空间每个空间单元（凸空间）之间的拓扑关系，与空间中产生的运动存在着密切关系。空间句法通过对上述拓扑关系的量化表达，尝试建立一套描述空间的方法，关注空间单元在整体空间中的关系，整体空间结构的通达性等，因此在交通通达性分析中运用广泛。

可以进行空间句法分析的软件有 ArcGIS、UCLDepthmap 等。UCL Depthmap[4] 是由伦敦大学基于空间句法原理开发的一款易操作的软件，可以分析路网的连接度、整合度等。具体做法为将道路路网抽象为轴线图（axis line）或者基于道路中心线的线段图 (segment line)。轴线或线段不仅代表了视线，也代表了潜在的移动，伴随了行进、转移和运动的概念。

随后，通过软件的运算，一系列的值用来表达某一段轴线或线段在整个系统的关系，这些值包括：连接值、整合度、可理解度等。这些运算结果可以显示为彩色地图、表格和散点图等。通过从 DXF、NTF、MIF/MID 等格式导入，经过计算后，导出为 MIF/MID 或文本文件，进行下一步的数据分析。此外，地图也可以导出为矢量图形 EPS 文件，或者通过复制粘贴到其他软件中导出。经验证，轴线或线段的整合度值与街道空间中步行者的移动有很好的关联[5]。

实际城市设计中采用空间句法进行交通通达性量化分析时，一般尽量采用全城的路网来进行运算，再对场地及周边范围的道路运算值进行分析（图 8-4）。

整合度值
—— .210897-1.571429
—— 1.571430-2.762406
—— 2.762407-3.873437
—— 3.873438-5.161487
—— 5.161488-7.422276

图 8-4　案例：空间句法道路通达性分析

8.3.3　路网可操作性分析

对交通路网的分析还有一种类型，体现在城市更新类的城市设计中，由于我国规划编制往往注重大尺度的结构，而且编制过程中有时保护规划等还没有出台，往往没有充分考虑路网与现状建筑、文保建筑、具有传统风貌建筑肌理的关系，因此，在城市设计中，也会出于风貌与交通兼顾的考虑，对路网涉及的建筑拆迁进行分析与统计，以找到最优的道路组织方式。

案例：某城市设计中，规划路网拓宽了道路的断面、穿越了条件较好的自然村落，因此，对每个道路段实现需要拆除的建筑数量进行统计，并对不同路网方案进行综合比对，选择对自然地貌与村落影响最小的路网，最大程度保留村落结构（图 8-5）。

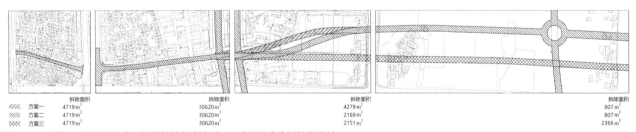

图 8-5　案例：不同路网方案可操作性的综合比对，三个道路方案拆除量比较

8.4　功能分布与地块指标

8.4.1　规划功能指标解读

在我国现行的城市规划与建设法规的体系背景之下，城市设计贯穿城市规划编制的不同层级，并经由规划管理的途径对未来的城市物质空间建设进行控制与引导[6]。因此，对于不同阶段与类型的城市设计，规划文本的约束作用不尽相同。比如大尺度的城市设计，本身即是对特定城市区域总体形态与结构的优化，为下一层次的规划和设计提供指引。

无论是总规还是控规，都会对场地的用地性质提出控制建议，而且大部分是强制性的。因此，一般的城市设计开展前，地块的用地性质基本是确定的，城市设计的任务是解决既定用地性质与指标条件下的物质形态优化的问题。这一类的城市设计只需要从规划文本中直接解读清晰对地块的用地性质、指标等具体设定，并可与现状的用地性质进行比较。

另外，有些地块进行过多轮的不同类型的规划，由于规划目标的差异，不同规划对于同一地块的用地性质的设定可能也会存在矛盾，可以通过多文本的比较，标记出有矛盾的地块进行重点讨论（图 8-6）。比较复杂的地块，也可以通过 GIS 辅助，进行指标的叠合与趋势分析。

图 8-6　案例：总规及控规用地规划的比对分析，通过比较找出有矛盾的地块进行重点讨论

　　值得注意的是，地块的用地性质往往是暂时的，会随着规划的调整而发生变化，地块的合并或细分也是经常发生。因此，在对周边用地性质进行分析时，不仅要关注到当下的功能状况，也要关注未来十年甚至二十年的规划走向。比如工业用地未来转化为办公用地、仓储用地变为住宅用地等，这些功能上发生的变化对设计场地的影响将截然不同。

　　城市尺度上，功能认知需明确场地所在区域在城市中的角色。在区域尺度上，功能认知需明确场地在区域范围内的定位及作用。

8.4.2　周边条件影响因子综合分析

　　还有一些城市设计本身的任务即要对控规对于用地性质的控制提出指导性意见，这一类的城市设计，则需要进行更多的关于用地性质及指标的设定甚至是地块的划分是否合理的研究与分析。这种分析将直接导向未来的设计决策。

1）土地开发强度分析

　　土地开发强度与自然资源、道路因子、道路通达程度、地铁站的位置有关。首先，在自然资源周边，既要考虑对自然资源的有效利用，又需考虑不对自然资源的景观产生破坏，所以，在自然资源周边，一般不建议做太高强度的开发。道路因子包括道路宽度、道路类型等，道路宽度决定了道路的承载力，也就是其他地块到达地块的能力，一般道路越宽，两侧支路及地块可能承载的建设强度越高，而有些道路类型比如生活型道路或者景观型道路，对两侧建筑的高度有要求，也应作为因子来考虑。道路通达程度指相对于整个城市来说，道路路网的可到达程度，一般用整合度值来表示，整合度越高，表示道路所对应区域可到达程度越高，意味着强度可以更高。地铁站会给地块带来及疏解大量人流，因此地铁站旁边建设强度一般很高。任何一个城市设计场地的开发强度，都是综合多个因子衡量的结果。

在 GIS 中，通过与自然资源的距离、道路的宽度、道路整合度值、与地铁站点等距离分别分析地块的开发强度，最终进行多因子加权，则可以获得对设计场地开发强度的整体分析（图 8-7）。

2）适建度分析

开发强度即建设量对应地块容积率的设定，地块的功能设定同样也受到周边条件的约束与影响，包括与自然资源、道路因子、道路整合度、轻轨站点、工厂等的距离，其中，工厂等作为住宅类地块布置的负面的影响因子，即距离越远越好。因此，基于与景观资源、地铁站点、工业区位置等距离的不同影响，可以分别进行居住适建区与公建适建区的综合分析。最终得到整个设计范围内适合布置居住地块以及公建地块的范围。结合建设强度的梯级图，可获得公建居住适建区、居住适建区、公建适建区、混合区等区域，以及每个区域的对应的开发强度，最终可转化为对应产权地块的用地性质及用地指标。

在自然条件比较复杂的区域，比如山体并存有大量农田、水系等区域，还可在上述分析层级中，加入结合地形、水系、植被等的适宜建设的阈值，以做出更综合的判断。

8.4.3　案例功能分布与指标分析

城市设计相关案例的研读可以帮助了解相同类型城市设计的策略、设计方法、运作方式、功能分配等。在功能的配比以及空间分布上，已经付诸实施的案例往往能为最后决策提供现实可参照的依据。

案例搜集：相似性原则——选择与城市设计项目在规模、资源比较相近的城市或区域，有针对性地对功能容量、空间分布模式等进行分析与研究。搜集案例时，同时搜集整理案例的基础信息比如面积、人口、发展年份、时序等作为前提条件。功能容量、空间分布模式的信息来源除了相对应的规划设计文本文献之外，还包括百度地图兴趣点等数据。

案例诠释：图示化原则——对案例的功能配比不能仅仅停留在定性的描述上，而应该尽量转化为量化的统计上，或将案例的功能空间分配转化为图示，便于案例之间的比较与规律总结归纳。具体分析包括对地块容量、功能类型的分类统计，以及对功能在平面上分配的再诠释；对于考虑功能在立体上综合使用的城市设计来说，也包括对多个案例中功能类型在高度上分配的图示。

案例总结：目标性原则——针对城市设计的具体目标进行归纳与总结。

案例：某国家历史文化名城城市设计中，在对历史文化街区保护与更新过程中的商业业态设置进行研究时，选取了同样是历史文化名城，同时运营比较成熟的同类项目，分析商业业态的分布、组合、种类和比例（图

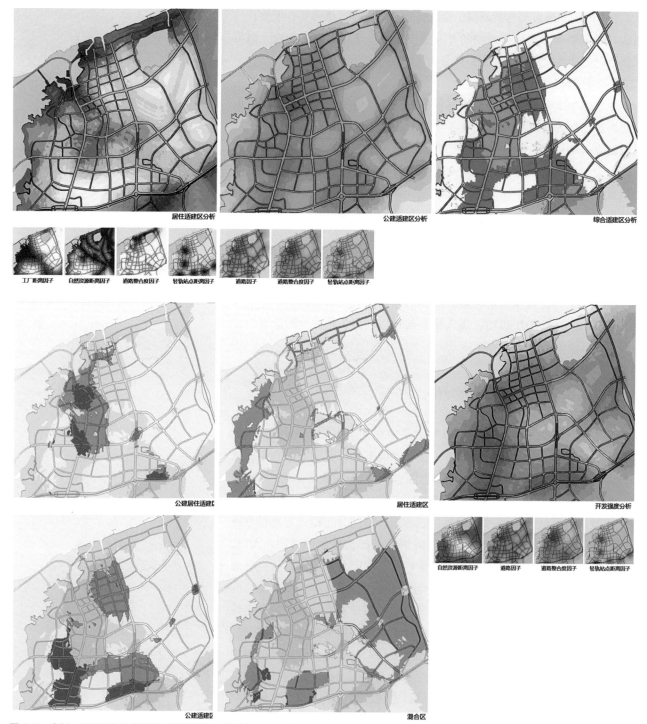

图 8-7　案例：GIS 开发强度分析、适建性分析，分别考量工厂距离因子、自然资源距离因子、道路因子、轻轨站点距离因子等

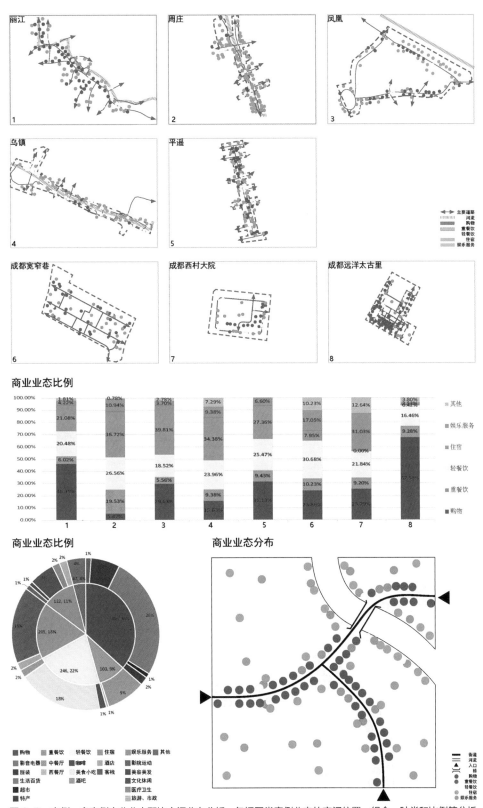

图 8-8　案例：多案例商业业态配比空间分布分析，包括同类案例业态的空间位置、组合、种类和比例等分析

8-8）。样本包括历史文化名城的核心区以及历史街区，比如丽江、周庄、凤凰、乌镇、平遥、成都（宽窄巷子、西村大院、成都太古里）等。

随后，通过对百度地图、大众点评等 app 的商业业态的数据的采集与提取，将商业业态分为五个大类：购物、重餐饮、轻餐饮、住宿、娱乐服务。首先在地图上标记出河道、街道，然后用不同颜色的点代表不同类别标记在对应位置上。同时，对这些商业的数量、比例进行统计。接着，将 8 个案例的业态分布进行归纳，总结为一幅抽象的图示，这个图示将商业业态的分布抽象为几种典型位置：沿河、沿街、街道交叉口、桥周边、不沿街。

上述案例的分析用到了统计归纳以及图示的方法，将统计归纳的结果图示为易于后期操作的抽象图。实际分析过程中，需要根据目标设定具体的图示分析方法。

8.5　历史遗存与历史文化梳理

城市物质空间随着时间、不同的使用状况而发生变迁，通过历史文献梳理具体的形态演变与空间结构变迁、重要历史时间及历史遗迹、重要事件的空间位置等，将为场地未来的策略制定提供依据与参照（图 8-9）。

在对相关文献进行梳理的时候，宜根据具体关注对象及内容进行检

图 8-9　案例：历史文献资料目录及索引，总结各文献在多方面能够提供照片、文字、地图的情况

索，并列表整理。首先，根据类型罗列相关的所有文献，并列明文献中有效资料的种类，比如照片、文字、地图等。然后，初步罗列希望检索到的信息，比如功能活动、物质形态等。这张表在阅读文献的过程中不断增减、调整，作为索引及证据。随后，将文献中对应的有效内容及图片摘出，按照年代、内容进行分类整理、归纳、图示。必要的时候，还可采用内容分析法[7]，对文本内容进行定量分析。

8.5.1　形态演变与空间结构变迁

1）街区历史形成过程

从历史变迁中认知地块在城市中的角色。任何场地对于城市或者区域的意义都不是一成不变的，随着城市的扩张或变迁而变化。了解场地的历史形成原因、历史中的定位、不同时期与城市其他区域的连接、功能的变迁等对于理解场地的定位，增强场地理解的深度有重要意义。

具体做法为，根据历史时序梳理重要的物质形态的变化，标记重要事件的事件节点，比如，重要建筑、桥梁的建设，重要街道、市场的形成，功能的具体变化等。比如图 8-10 所示，通过历史文献梳理，梳理出设计地块两座桥的建设在宋朝的记载，推断出宋朝城市才蔓延至城外，并因为是城外，不受到城墙门禁的影响，且临近水路与码头，逐渐在街区内产生了市、街、街区，逐渐发展成为当时的贸易中心，并一直延续至当代。

2）街巷网络变迁分析

街巷网络的格局变迁可通过分析历年地图及历史文献来进行。对于我国大部分城市来说，民国之前的地图大多表达相对位置，非绝对坐标的测绘图，可用来分析街巷在历史不同时期的命名、与其他街巷的相对关系。民国之后，多个城市在不同年代组织实测，比如南京，可搜索到 1927、1929、1931、1934、1936、1951 等年实测地图。这些地图上往往具备了街巷的准确位置、边界、名称等。通过对这些地图街巷网络的统一诠释，可分析街巷在历史进程中的变迁。再结合历史街巷与现状街巷的比对、历史街巷与重要遗址/文物/事件等的叠合，则可以进一步确认街巷的重要程度，为是否在城市设计中延续或再现街巷格局提供依据（图 8-11）。

另外，还可对肌理变迁、建筑类型变迁等进行分析。

8.5.2　文保建筑及建设控制地带

城市更新类的城市设计、特别是涉及文保建筑[8]、历史文化名城[9]或者历史文化街区[10]的城市设计，都会涉及对保护规划的解读。

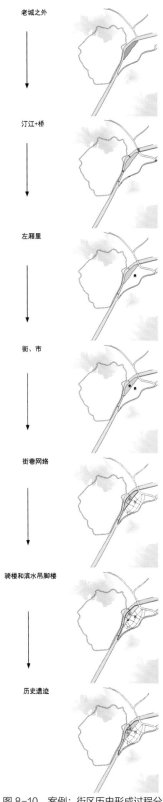

老城之外

汀江+桥

左厢里

街、市

街巷网络

骑楼和滨水吊脚楼

历史遗迹

图 8-10　案例：街区历史形成过程分析

图 8-11   案例：街巷网络变迁分析，显示南京城南老城区门东地区历史街巷的变更

相较于其他规划，保护规划自成体系，包括城市总体层面的保护规划，和街区层面的保护规划。前者包括三项主要内容：（1）整体的保护原则和方针，包括保护框架、保护区的划定、城市保护功能与结构布局等。（2）各级重点文物保护单位的保护范围、建设控制地带以及各类历史文化保护区的范围界限、高度与视线控制等。（3）重点保护地区的保护措施与整治对策。街区层面的保护规划也包括三项内容：（1）保护范围即核心保护区和环境协调区的具体界线的划定、历史街区用地性质的调整、道路交通规划、社会生活规划等。（2）建筑物、构筑物的保护与更新模式、建筑高度控制、空间环境整治、小品设施等。（3）空间整治、环境整治、和建筑整治的具体措施。[11]

城市设计有时会介入到保护规划编制过程中，帮助从城市整体形态保护层面确定保护区的划定、空间即形态控制原则等。更多时候，保护规划则作为城市设计开展的前提，作为法定规划，保护规划所划定的保护区、文保单位、保护范围、建设控制地带、限高等都具有法定的约束作用，因此在城市设计开展前，需对上述内容及图纸上的具体定位进行整理，以保证城市设计的策略与之匹配（图 8-12）。

8.5.3   空间位置考证

城市设计操作具体的物质空间形态，并落实到准确的空间位置上。通过历史文献资料的解读，落实重要历史事件、文物、建筑记载等准确的空间位置，以帮助形成空间串联的系统、加强空间历史意义的表述。

案例：某城市设计围绕史载陵墓的文化价值开展城市保护与更新，

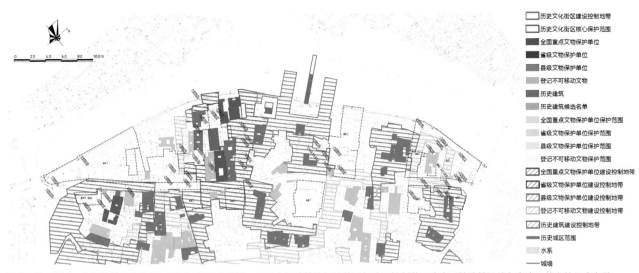

图 8-12　案例：文保单位保护范围与建设控制地带整理，根据文保建筑的保护范围与建设控制范围确定后续建筑设计在高度风貌上的限定条件

故对陵墓的位置、墓葬形制和原始周边环境三个问题进行研究。共搜集资料来源有 6 大类，数量共计 124 个。其中，专著类书籍 24 本，期刊文章 18 篇，考古报告 70 余篇，学位论文 4 篇，诗词 4 首，网站 1 个。

　　陵墓位置研究：研究资料中，关于陵墓位置的资料来源共有 3 大类，数量共计 9 个。其中，专著类书籍 4 本，诗词 4 首，网站 1 个。从古地图中，认定陵墓的方位，根据地图位置的共性认定准确的地理位置，并标记到最新地图上。

　　陵墓形制研究：在研究资料中，关于陵墓形制的资料来源共有 4 大类，数量共计 117 个。其中，专著类书籍 25 本，期刊文章 18 篇，考古报告 70 余篇，学位论文 4 篇。根据最重要的文献考古报告文字中对墓葬人物、官职、修建时间、修建等级的考证，确定陵墓的规模、朝向、形状、形制等，并通过文本的记载，从图形上复原封土堆、墓道、墓口、台阶、墓底、墓室、外椁等形状与尺寸。

　　周边环境研究：通过对诗词典故是否有具体的纪念性物质空间及物质空间的具体位置进行研究，试图挖掘出具有文化价值且可以展示的典故传说。通过对典故及诗歌的分类，分别对名人故事、百姓故事、神话故事、地方传说、风俗故事、动植物故事、其他故事的数量进行统计；诗歌中对赠友别诗、咏史怀古诗人、羁旅行役诗、写景抒情诗、其他进行归纳统计，标记类别最多的类型。随后对这些典故及诗歌中被提及历史名人的人名进行统计，总结出提及次数最多的名人，对照研究发现，这些名人中大部分具有独立纪念性物质空间，少部分无独立物质空间。随之，对现存纪念性物质空间的具体位置及空间形式在总图上呈现，为后期整合资源做准备。采用类似的方法，对地方传说、水系故事、神话故事、风俗故事、百姓故事等发生地理位置也在总图上进行标记。最终，总结一张典故分布地图，并分析这些典故与水系、城市结构的具体关系，得出"水文化"作为诉说文化的最佳载体。

8.5.4　地块产权分析

在历史比较悠久还存留有传统风貌的场地中，地块内建筑的产权分配往往还延续着历史的痕迹。这一类场地往往面临保护与更新的问题，场地内住户租户多，产权关系复杂。相较于整体开发，在小地块渐进式更新模式的前提下，地块产权分析帮助了解场地内地块的构成、公房地块、私房地块以及单位地块等的数量、分布及使用情况，为后期制定针对性的更新策略做准备。

产权信息主要来源于丘号图、结合现场调研核查。对于每个产权房屋，由于自主搭建可能还存在实际使用面积与房产局提供的房产资料不符的情况。因为公房租住政策、私房业主几经变更等因素，地块内租住的用户往往有多家，即一个地块产权对应多个房屋产权。这些住户在场地内长期居住，这一类的房屋改建或新建面临着一系列产权变更、社会公平的问题，加上不同产权对应不同投资者与管理政策，城市设计的应对策略也将有所不同。因此，产权分析时，除了统计公房地块、私房地块的数量、地块面积、建筑面积，还可统计地块内的产权数、户均使用面积。并可根据建筑密度、容积率等统计评估每个地块容量提升的可能性（图8-13）。

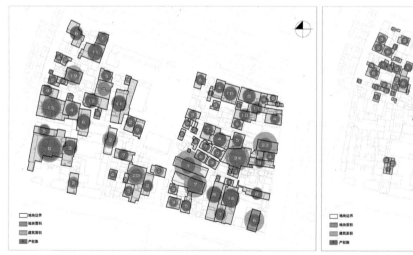

图8-13　案例：公房地块与私房地块容量分析，分别统计每个地块的建筑密度、容积率，评估每个地块容量提升的可能性

8.6　其他资源条件分析

城市设计除了要解决场地内的问题，还要能够呼应周边地块的条件，利用周边场地的资源，避免周边环境负面的影响。所以在文本解读及设计场地调研认知的过程中，要能够全面掌握场地周边的资源，比如自然景观资源（可达、可视）、建筑人文资源（可达、可视）、基础设施、公共建筑资源等（可达）。也要认知到对地块的使用有负面影响的比如噪声、遮挡物等。其中大部分内容在文本解读时，就能够获得必要的信息；场地调研时，再形成直观的印象。

8.6.1　景观资源分析

景观资源包括城市主要景点、景观带、公园、广场、有特色的自然环境区域（比如水系、山体、滨水区等）、有特色和景观意义的城市传统空间、历史街区、街道和建筑群、标志建筑、桥梁等。大部分景观资源的位置及体系，总体规划、旅游规划、专项景观规划中都会比较系统的梳理，并对景观资源的定位、规模、视线组织与控制、未来的发展等有较为明确的描述。具体文献资料还包括对场地周边区域景观环境的要求与分析；主要水文、地形、地貌、山体等自然环境资料；自然植被、有代表性植物和适宜树种、花卉栽植等；视廊、视点、视域等视线与控制建议等。

景观资源的分析至少应分为两个层级——城市尺度以及场地周边来进行。城市尺度的分析，着重图示对于整个城市有价值的景观资源，并标记与场地的交通距离、通达时间、对应旅游流线、视线关系等；着重分析场地在整个城市景观系统中的关系，比如是否作为水系中重要的一环、是否需要与其他景观资源一起整合、旅游流线是否经过等。场地周边的景观资源分析则更注重细节以及微观的联系，图示应标出临近的山体、水系、建筑的准确位置及范围，着重分析步行可达性、视线对景等关系；在后续场地调研中，也应尽量实地拍摄景观现状照片，关注人对景观资源的使用。

8.6.2　市政设施条件分析

市政设施包括电力、给水和排水系统等，一般情况下，规划会从整体的层面，对场地内的这些市政设施进行系统规划，城市设计与规划衔接即可。但也会遇到比较特殊的情况，特别在不能大片整体更新的前提之下，则需要对现状的市政设施条件以及规划提供的未来条件进行比较与分析，对市政设施更新对交通系统、景观产生的影响进行评估，以提出切实可行的操作性方法。

案例：某国家历史文化名城中历史文化街区重要地块的保护与更新。现状有两条道路，从市政设施现状图纸来看，现状的市政管网包括雨水管与污水管位于主街之下，雨水管直接排入河道，污水管由多处接口接入沿河污水总管。城市设计有一轮策略是考虑利用地下空间解决交通问题，整体更新沿江、沿街风貌，保护传统肌理建筑、更新对传统风貌影响较大的少量建筑并整合为小规模的地块。因此市政管网只能结合道路的更新在有限的范围内小规模进行，且必须协调现状市政管网、检查井的接入点标高，又为未来与整体规划衔接留出接口。因此前期基于现状管网的图纸，结合现状调研，标记清晰各接入点的位置，为后续设计提供精准的基础（图8-14）。

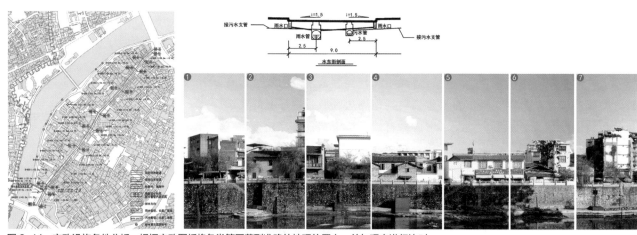

图8-14　市政设施条件分析，根据市政图纸将各类管网落到准确的地理位置上，并与现实进行比对

8.6.3　旅游资源条件分析

场地周边的旅游资源有助于与场地内资源一起形成集群效应，并能在功能上互相支撑。针对游客交通出行方式的特点，可结合铁路线、公路线、骑行线等，对一定时间与空间范围内的旅游资源条件进行整体分析。

旅游资源的信息来源包括总体规划、旅游规划，以及官方宣传等。对于城市设计而言，除了旅游资源的性质与内容，旅游资源的地理空间分布位置以及与周边交通的组织尤其重要。资料集结完毕之后，分析一般采用图示的方法，即将所有资源标记到地图的准确位置上，并对资源的类型进行分类并用不同的图例表达，比如区分重要景点、一般景点，或区分文化类、自然景观类、主题公园类等。另外，结合交通距离与交通路线，或旅游规划中的旅游流线，对资源的位置、区域范围内的密度、一定时间范围内交通可达性等内容进行分析。

　　旅游资源条件的分析不仅包括对周边现有资源的整理与整合，还包括对场地内潜在资源的挖掘与开发，对于具有旅游潜力的事件、遗址、民俗等，也应纳入到整体的对资源条件的描述中，为后期决策做准备。

推荐读物

1. 庄宇. 城市设计的运作 [M]. 上海：同济大学出版社，2004.
2. Alex Lehnerer. Grand urban rules[M]. 010 Publishers，2009.
3. 比尔·希利尔. 空间是机器 [M]. 北京：中国建筑工业出版社，2008.

参考文献与索引

1. 王建国. 21 世纪初中国城市设计发展再探 [J]. 城市规划学刊，2012，（1）：1–8.
2. 城市规划基本术语标准.
3. 百度百科.
4. https://www.ucl.ac.uk/bartlett/architecture/research–projects/2016/Dec/depthmapX.
5. Hillier B , Penn A , Hanson J , et al. Natural movement: or, configuration and attraction in urban pedestrian movement[J]. Environment & Planning B Planning & Design, 1993, 20 （1）:29–66.
6. 韩冬青. 实践中的城市设计 [J]. 建筑与文化，2014，（04）：13.
7. 内容分析法（Content Analysis）是对文献内容做客观系统的定量分析的专门方法.
8. 文物保护建筑是指历代遗留下来的在建筑发展史上有一定价值并值得保护的建筑.
9. 根据《中华人民共和国文物保护法》，"历史文化名城"是指保存文物特别丰富，具有重大历史文化价值和革命意义的城市。从行政区划看，历史文化名城并非一定是"市"，也可能是"县"或"区"。截至 2018 年 5 月 2 日，国务院已将 135 座城市列为国家历史文化名城，并对这些城市的文化遗迹进行了重点保护.
10. 历史文化街区，是指经省、自治区、直辖市人民政府核定公布的保存文物特别丰富、历史建筑集中成片、能够较完整和真实地体现传统格局和历史风貌，并具有一定规模的区域.
11. 阮仪三，孙萌. 我国历史街区保护与规划的若干问题研究 [J]. 上海城市规划 （04）：3–10.

图片来源

扉页　不同城市旅游模式解读与分析，从上至下从左至右分别为：模式一——丽江、凤凰；模式二——平遥、正定；模式三——周庄、乌镇。丁沃沃工作室项目成果.

图 8–1~ 图 8–10，图 8–12~ 图 8–14　丁沃沃工作室项目成果.

图 8–11　南京大学赵辰工作室项目成果.

第9章

城市设计场地数据获取与分析方法

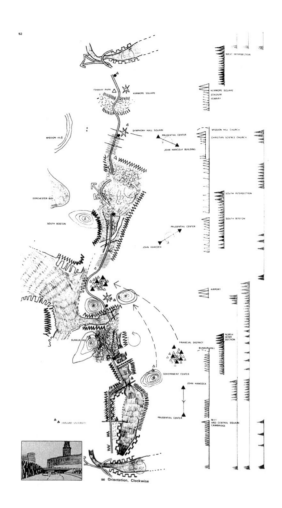

　　每个城市设计场地都具有独一无二的物质要素、活动与记忆，场地承载设计结果，需要与先前存在的场所保持某种连续性[1]，因此对场地条件的充分掌握是城市设计决策的最基础工作。场地的基础数据包括场地内及周边的建筑形态特征、街巷等空间形态特征、感知与活动等方面。场地基础数据的获取包括如何调研、如何记录、如何提取有效数据、如何分析数据等一系列问题。通过有效的调研与分析方法，能够快速发现场地的优势与条件，并发现根本问题。

每个城市设计的场地，都是独一无二的，由物质的事物（比如建筑、铺地、植被等）、建筑之间的空间以及其中的活动共同构成。任何城市设计，总要与先前的场地保持某种连续性，与场地周边的条件发生某种关系，才能确保城市设计能够最终解决场地的问题，为未来的活动供给可能的物质空间，并延续人们对场地的某种记忆。

场地分析是对设计地段相关的多种外部条件的综合分析[2]。城市设计中，场地分析与场地的用途所对应，需要充分认知场地的限制条件的基础上，包括文本解读中场地的限定条件，才能充分考虑未来用途的可能性；也只有在用途及要求提出后，场地分析才能有目的地进行。

通过场地调研，明确城市中内涵好的、值得保护的遗产，不仅仅是文物建筑，还包括一些重要的场景等。设计师要熟悉场地信息，需要亲自调研，全方位地掌握场地的基本特征，进而通过资料的搜集、场地信息的采集、分析等，获得对场地的基本认知。我们要能知道哪些是基础数据，必须采集；哪些是经过筛选后重点搜集的数据，有针对性地采集，比如具有地域独特特点的要素；哪些是本书没有列出，但有可能是重要信息的内容。

选择什么调研内容，采用什么样的场地认知技术，取决于城市设计项目的性质和规模。传统街区更新的城市设计与新城开发的城市设计所要了解的场地内容与深度可以不同，小范围的城市设计与整体城市设计对场地的调研范围与深度也有所差异。

在场地认知前，通过文本解读以及原始资料搜集，可能已经掌握并作为场地调研的资料有：近期测绘的城市地形图；城市的航空和遥感照片；城市人口现状及规划资料；城市土地利用现状及规划资料；城市社会、经济发展现状及发展目标；规划范围内其他相关规划资料和规划成果；城市相邻地区的有关资料。这些资料为场地数据的获取与分析提供图底与参照。

9.1　场地数据认知内容

9.1.1　实体形态要素

场地的实体形态要素，包括可见、可触摸的相对固定的建筑实体、树木、基础设施等，其中，建筑实体是构成城市空间的主体，是最主要的认知内容。通过对场地实体形态要素的认知，我们可以分析场地在城市设计之前的肌理特征、建筑形态特征、有价值的物质遗存信息、地段的识别性特征等，以作为城市设计决策的重要依据。对场地实体形态要素的认知包括对形态结构、形态属性、建筑形态等认知内容。

对场地实地要素的认知不仅限于需要设计的场地范围内，可根据需要扩大场地的研究范围，以认知场地及对场地有影响的周边街区的形态特征。

1）形态结构

形态结构指建筑组织在一起的方式，形态结构与地块模式、街道模式、土地使用等都有关。形态结构的认知包括场地的建筑肌理、建筑高度分布、整体的建筑轮廓线、总体形象等内容。在认知具体的个体细节之前，先了解场地内的不同城市意象的"区域"[3]类型划分，将具有普遍特征的范围认知为一个"区域"，通过片区的范围、片区与片区之间的关系来认知形态结构。

2）形态属性

形态属性指形态的内在形成因素。包括建筑功能、建筑年代、建筑结构、建筑质量、建筑产权等。

建筑功能：建筑建造的具体目的和使用要求，称为建筑功能。由于建筑用途的差异，因此产生不同功能种类的建筑。建筑功能往往对建筑的结构材料、平面空间构成、空间尺度、建筑形象等产生直接影响。另外，各类建筑的建筑功能随着社会发展和物质文化水平的提高也有不同的要求。对建筑功能的认知是认知城市肌理的基础。

建筑年代：建筑建造的时期与年代。年代对应特定的历史时期。不同历史时期建筑呈现不一样的风貌。

建筑结构：建筑结构是指在房屋建筑中，由各种构件（屋架、梁、板、柱等）组成的能够承受各种作用的体系。常规的建筑结构有木结构、砖结构、夯土结构、砖木混合、混凝土结构、砖混结构等。在城市设计中，对建筑结构的调研往往伴随着对建筑风貌的评估、建筑改造及更新等不同的措施。

建筑质量：建筑质量针对房屋质量的维护，特别是对年代较久的建筑维护程度的描述。城市设计中，建筑质量的调研一般出现在对建筑存留进行评估、建筑更新策略的情况下开展。

3）建筑形态

这里的建筑形态指构成城市实体形态的建筑形式的具体特征。

建筑群组特征：更多时候，建筑是作为群组存在的，群组建筑构成城市肌理，不同肌理呈现不同形式组合的类型，比如行列式、点式等。

建筑体量：建筑体量指建筑物在空间上的体积，包括建筑的长度、宽度、高度（层数）。建筑的体量决定了城市肌理构成单元的基本尺寸。同时，建筑的体量大小对于城市空间有着很大的影响。建筑的体量与建筑年代、功能、结构等均有一定的关系。

建筑风貌特征：门/窗开口、规律性、超出墙/屋顶线的突出物、比例、特殊特征（装饰性的天窗）、统一的屋檐 / 檐口线、屋顶形状、普遍使用的材料、装饰特征（圆柱、壁柱、山墙、线脚、楔形石）、专有的特色（转角特征等）。

建筑屋顶轮廓线：建筑屋顶轮廓线是一个城市引人注目的特征。它是某一历史时期权力、财富分配的结果，比如一些标志物塔、或者高层建筑。对于既有城市中已经形成的具有特色的建筑屋顶轮廓线，在置入新建筑时，需要对轮廓线的特征、构成进行多视角的分析，以保证新建筑不会破坏已经形成的特征。

建筑材料、色彩：大多数传统城市由于地方材料的关系，都有一套色彩体系和建筑材料体系，它们构成了该城市独有的特征。从被研究地区采集材料及色彩样本，用这些样本制定一套材料列表或色彩范围，供未来开发选用。在城市长期发展的过程中，在不同的区域，色彩、材料的细微变化，也会构成区域不同的特征。

4）其他实体要素

场地内其他实体要素，比如树木、古树分布、基础设施、场地内的河流、山川、特征植被等，也是场地数据认知内容的一部分。

9.1.2　空间形态要素

场地空间，指建筑与建筑之间的空的部分；场地空间形态认知包括对空间结构、形态特征、节点、界面等要素的认知。

1）空间形态结构

空间结构用来从整体上描述场地空间的构成特点，空间结构包括街巷结构、公共空间节点结构等，比较街道网络密度、交叉口数量、交叉口类型等。纳入空间结构的既包括正式空间，也包括非正式空间，比如使用中形成的街巷、建筑内部公共通廊等。

2）空间形态特征

空间形态指空间二维的平面形式以及三维的立体形式。二维平面形式包括地平面的形状、尺寸、高差、材料、纹理、组合等。三维的立体形式包括空间的天空轮廓线（屋顶轮廓线）、界面高度变化、界面连续特征等。空间形态还包括空间的类型、空间层次、空间过渡方式等。

3）空间节点

场地中重要的人们聚集的场所，比如一个重要的广场、绿地、街角、出入口、大树构成的活动场所，夏天可乘凉、冬天可晒太阳、理想的、避风向阳的场所。也包括现状场地中特色区域和重要地段。

4）空间界面

空间由界面围合出来，空间界面一般由多个建筑立面构成，空间界面的位置决定空间的轮廓，空间界面的细节决定了空间的特征。界面的细节包括沿街建筑的开间尺寸、材料、门头、过街楼、阳台、门廊、台阶、走廊和门等，特别是能够形成特征的做法、装饰等。

9.1.3 场地感知与活动

城市设计的目的是为场地的使用者营造舒适的空间，因此，除了场地自身的属性与特征之外，了解使用者在场地的感知与活动，也是场地认知的重要一环。使用者不仅包括现在及未来居住、工作、生活在场地中的人，也包括旅游者及所有会到达、路过及使用场地的人群。

对于使用者，我们可以通过规划文本等资料，首先掌握人口统计等信息，比如城市常住人口数量，周边居住者数量及人口构成等。我们会了解到使用者在年龄、性别、受教育程度、生活方式等的基本状况。比如以年轻人为主的社区、还是以旅游者为主的传统商业街区、抑或是以长租户为主的高密度住区，不同使用人群对场地的要求以及会发生的活动，都将有所差异。作为城市设计师，除了考虑投资者以管理者的要求之外，也要充分考虑具体的使用者，尤其是长期使用场地的人的活动与需求。

场地感知认知包括对使用者感知到的景象、声音、需求、满意度、环境意象、认知地标等进行的调研。活动认知包括对活动的类型、时间、人流密度、事件、路径等进行的调研，还包括对人的活动与场地的关系进行的分析。对于使用者，区分老人、年轻人、幼儿、男人、女人、旅游者、上班者等；活动发生的时间区分工作日，周末，白天、中午、晚上等。可以观察活动路径，即人们在一个区域内穿越或活动所习惯的路径与地点；也可以观察人们常聊天、聚集、站、坐等活动类型，以及对应的准确空间位置。最终，找到场地中对于感知与活动产生积极影响或消极影响的方面，为后续城市设计延续活力、解决问题提供基础。

9.2 场地数据调研方法

9.2.1 表格记录法

1）适用范围

将在场地内通过照相、测量等调研到的内容以表格的形式系统的呈现，称为表格记录法。对肌理类型、建筑组群、建筑单体、城市空间、建筑立面等调研，均可采用表格记录的方法。表格记录的特点在于可以比较综合地反映调研对象的特征与信息。基于表格内容建立调研对象的数据库，为后期的分析打下坚实的基础。

2）表格设计

表格设计之前，最好体验过现场，对场地的特点有个大致了解。表格设计时需根据城市设计的性质，明确调研的目的、调研范围与调研对象，以此设置表格内容。比如传统风貌片区的保护与更新城市设计，需根据现状建筑状况等确定后续策略，那么表格设计时需对应每个建筑单体对象，记录平面位置、层数、风貌、结构等一系列的信息。对于一些具备独特特征的建筑，还可专门针对特征内容进行专项信息的记录，比如对于沿街建筑的风貌特点设置檐口高度、开间数量、有无门头等调研项（图 9-1）。当遇到大尺度的城市设计，并不需要对建筑单体进行决策时，调研对象还可以设置为地块、同一类型肌理等，并因此设计调研内容（图 9-2）。

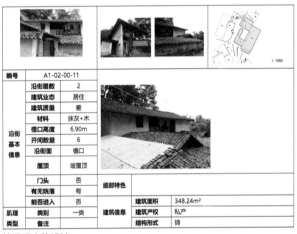

图 9-1　左：针对肌理类型的肌理调研表格设计 / 右：针对沿街基本信息的建筑调研表格设计

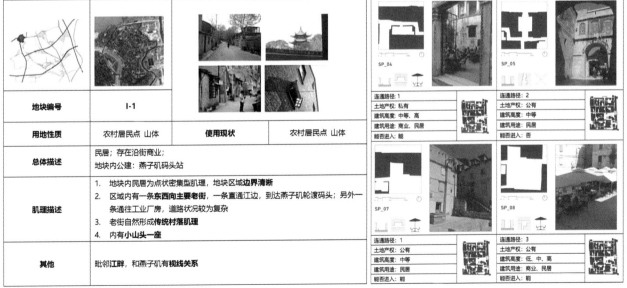

图 9-2　左：建筑基础信息调研表格设计 / 右：针对空间的调研表格设计

无论表格记录的具体内容有多大差别，表格内有几项基础信息是必不可少的。首先是调研对象的编号，用于区分、索引以及后期数据库的搭建。在调研开始前，在调研范围的总平面上，逐个对调研对象进行编号并标记，编号与表格内的编号相对应。其次，是调研对象所在的位置，亦可用于索引。如果在调研前已经获得调研场地的基本图纸，调研对象的平面图也可在表格中呈现。另外，建议单独有比较大的表格区域供呈现对应的调研照片，照片最为直观，也可作为填充表格项的参照。

3）调研与表格填写

表格确定之后，下一步就是全覆盖的实地调研，记录表格各项信息。为了更有效地利用时间，实地调研与表格整理往往分开进行。现场调研时，一般只需携带打印出的场地的总平面图及影像图等、供记录各项信息的简化过的记录表、拍摄设备、纸、笔、尺等设备。除了一些必要的测量之外，现场调研拍摄充分的照片最为必要，整理表格时，很多信息都可从照片中验证或获得。照片拍摄时，可在对象与对象之间，拍摄一张编号图作为过渡，防止信息太多造成混淆。调研过程中，会出现有些表格的设项无法填写、或还有附属信息需要增加的情况，可适当对表格进行调整。

4）表格汇总及统计

表格全部整理完成后，除了作为档案可进行检索之外，由于每张表格的编号能够对应到总平面上准确的位置上，因此可以在 GIS 中将表格的多重属性关联到相关的对象上，进行一系列后续的分析（详见 9.3 一节）。

9.2.2　地图标记法

1）适用范围

场地调研时，直接用图片、文字、记号、数字编号等在地图上标记场地与空间的各种信息、人的活动、感受等，称为地图标记法，与"空间注记"法[4]类似。地图标记法是场地调研最基本也是最直观有效的方法，可以帮助设计者加深对场地与空间的特征的观察与认知。地图标记法主要适用于对场地实体及空间特征要素、人的活动等调研与认知。

2）调研过程

为记录不同深度的信息，一般会用到不同比例的平面图，作为地图标记的底图。常用比例有 1∶1000、1∶500、1∶300 等。在调研的不同阶段、应对不同的观察目的，地图标记的深度与系统性有以下几个过程：

过程一：形成场地初步的印象。初次进入场地时，行走路径是随机的，视点是分散的，目标是不明确的，但调研者会被场地中的特别的、重要的、有趣味的空间或要素吸引，比如一个特殊的门头、一处安静的街边绿地、进行民俗活动的人群等。调研者把这些空间或要素记录下来，用符号或图片标记在地图上，就是应用地图标记法，形成了场地的大体印象。由于获得的结果比较随机，这种方法仅限于初次到达场地，或需要对场地建立最直观最初步的印象，以及为后续制定更详细的调研计划、确定后续调研具体对象时采用。

过程二：形成场地普遍的认识。为了对场地有全面系统的认识，规定具体的区域、路径以及视点，明确记录、提取、标记等技术方法，对场地内特征要素进行地图标记。

过程三（必要时进行）：形成历时的场地认识。在系统标记之上，叠加时间的因子，比如区分工作日与休息日，对一片街边广场人的使用进行标记。

3）技术方法

空间注记法涉及对场地特征要素的记录、提取以及符号标记等技术。

场地特征要素的记录：在场地特征要素比较简明、直接可以通过现场识别的情况下，"记录"这个环节可以省略。但有些情况下，场地特征要素不是很明确或相对复杂，可以借助一些现场记录的手段，比如拍摄照片、序列街景、定点拍摄录像（记录人的活动）等。拍摄序列街景时应明确拍摄的路径、间隔、相机角度、高度等以保证样片的一致性。

场地特征要素的提取：可直接现场进行，也可借助记录的街景序列照片、录像画面进行。对应场地空间特征要素，提取标牌、树木、标记物、出入口、可进入程度等。对应人的活动，区分人的性别、年龄；区分人的行为模式，行走、骑车、站立、坐、坐在长椅上、围着桌子坐、推着婴儿车、与小孩一起行走、牵狗行走、坐在婴儿车旁等；记录每小时步行者的数量、停留者的数量等。

除了直接提取要素，也可对要素进行分类分级，用指标或数值的方式进行信息提取。可以提取并描述场地空间特征的形式指标有：建筑自身相关要素如窗、廊、阳台、台阶等的统计；人行道宽度的分等级统计；沿街停车状况（平行停车、有停车位、无停车位）；街道宽度；双向交通状况描述；建筑与人行道关系；树木；硬地；草地；围墙形式（墙、木、金属、砖等）；屋顶形式（屋脊、有天窗、平屋顶、复合等）；各种类型窗面积（固定窗、雨棚窗、落地窗、天窗、水平窗等）；涂鸦统计；各种类型门廊统计（露天、幕布围合、金属栅栏围合等）；居住、商业、公共机构、空置等街区各自的比例。还有比如：天空裸露度、立面连续性、立面可参与或进入程度，社会宽度（衡量人行道、道路宽度、停车状况等），视觉复杂性（颜色、明度、围栏、细节、材料、街道家居、路面变化等），建筑数量，坐下的可能性（座椅），破坏物等。

场地特征要素的标记：采用不同的符号对应提取信息，在地图上进

图9-3 场地特征要素记录、提取与地图标记，从街景图中提取建筑界面类型、绿化、天空等，按类型或面积量化到平面图上

行标记。图示可采用标记（点、线、面）的形状、尺寸、颜色表达不同的信息（图9-3）。

9.2.3 问卷法与访谈法

1）适用范围

对于场地内意愿、行为、认知、事件、故事、环境评价等非物质形态层面的调研可采用社会调查中常用的访谈、问卷的方法。问卷法通过请空间使用者填写问卷或调查表来搜集资料；访谈法通过调研人员对空间使用者、管理者等进行的有目的的谈话来获得信息。

2）问卷、访谈设计

问卷与访谈设计应围绕调查目的而展开。对于城市设计场地认知而言，通常通过问卷或访谈想要了解的内容有使用者的背景、年龄、职业、对特定环境的印象、愿景、认知等。

问卷设计时，可以采用问题与答案全部列出，让被调查者选择的方式（封闭式问卷）；也可以采用开放式的问题，让被调查者回答（开放式问卷）。前者带有明确的引导性，在调查者已对环境有明确认知、着重想知道使用者的相对意愿时采用，这种方式采用标准化的答案，易于对结果的统计获得明确结论。后者在调查者尚未完全熟悉环境，或希望探索出更多使用者意愿或环境特征时采用，但也可能存在调查结果过于宽泛等问题。有时，两者可进行结合。

问卷包括问卷目的介绍、被访者信息、被访问题等三个方面，应做到问题明确、目的明确、缘由明确、对象明确。被访问题设置时，宜采用简明易懂的日常语句，避免专业术语；问题可先易后难、先一般后敏感性、先封闭性后开放性；答案设置时，避免重复选项、不明晰选项等。

举例来说，在一项针对自然村环境整治意愿的问卷中，问卷的设置带有明确及清晰的目的，详尽合理；问题的选项也为统计及下一步工作提供依据。被访者信息包括性别、职业、家庭人口数、家庭人口年龄构成、老人养老方式等；自住宅信息包括宅基地面积、住宅建造年代、造价、建造方式、图纸来源、是否愿意按提供图纸施工、住宅形式等；家庭生活方面，包括孩子上学地点、家人就医地点、购物地点等；新建房屋意向方面，包括有无买房打算、最高能承受费用、建房方式、希望获得资助方式、是否愿意为节能/抗震增加投资、能够接受增加多少费用、住宅形式要求、环境改善方面、对宅基地、自留地的态度、补偿形式等；整体环境改善方面，包括集中居住点环境优点与不足点的认知、愿意投入的形式（出资出力出物料等）、村庄环境整治的好处、城市生活的好处、农村生活的好处、本村居住环境的好处、需要改进的方面、有趣的场所、重要的公共活动；最后总结性的问题，愿意生活在哪里，希望孩子生活在哪里。

访谈分为随行访谈、有结构访谈、无结构访谈、集体访谈、口头叙事、个人访问、日记等。访谈的特点在于互动性，可在正式或非正式的情况下进行。比如场地调研时，正好遇到了空间的使用者，顺便进行的提问式的对话，比如"您平时经常到这个广场来吗？""一般什么时间段来？""对广场的使用有什么意见？"。正式的访谈，通常提前对被访问的对象、问题内容、提问顺序有一个前期设定，有组织的对单人或多人进行访问，这一类访谈更有针对性，目标也更明确。比如针对现有使用者对于环境提升意愿及成本的集体座谈等。

在对被访者的活动进行访谈时，也可结合地图标记被访者所处的位置。凯文林奇的认知地图则将访谈直接转化为空间的符号与图形，形成认知地图。

3）对象选取

社会学调查中针对不同的对象，分为普遍调查、典型调查、个案调查、重点调查、抽样调查等类型。对于普遍的大量的私有建筑的使用、意愿等问卷或访谈，我们采用普遍调查或典型调查的方法；对于特定的某几栋建筑的使用、产权等情况的访谈，我们采用个案调查或重点调查的方法。对于公共性较强的空间的使用、意象、意愿等，我们可以采用抽样调查的方法，比如在进行前期的观察对使用人群的年龄、构成有一初步判断的前提下，区分不同的时间段，分别针对不同年龄层、性别的人群发放问卷或进行访谈，加强调查样本的代表性，并能分门别类了解不同人群的意愿。

9.2.4 大数据信息提取

城市空间环境中的"大数据"技术受到越来越多的关注。相较于传统调研手段与收集到的信息，这一类"大数据"样本量大，动态性、实效性强，更精细化，也更多样化，能够从多个维度描绘物质形态的特征及变迁、人类的活动和移动等。其中能用作城市设计场地认知的信息主要有以下几种类型。

1）街巷网络信息

城市主要交通的街巷网络信息可以通过 google 地图、百度地图、高德地图等获得，与使用者更相关的、有时能显示更多信息的街巷网络信息还有以下一些来源：

OSM（Open Street Map）[5] 是一个网上地图协作计划，是由用户共同打造的免费开源、可编辑的地图服务。OSM 由用户根据手提 GPS 设备、航空摄影照片、其他自由内容绘制，通过网络工具将数据添加到地图上，全球各地的用户都可以通过这个平台制作他们自己当地的地图。OSM 地图中主干道、自行车道、步行道、地铁等路径以线的数据形式呈现。OSM 官网可在线浏览全球地图数据，提供在线区域下载和镜像下载服务。

很多城市有比较完整的并向公众开放的城市环境数据库，比如纽约[6]，街道网络是其中重要的一部分。中国香港政府开放的道路中心线网络数据，作为"资料一线通"[7] 的一部分，于 2011 年启动，2015 年 3 月全面更新，开放包括公共设施的地理参考数据和主要道路的实时交通资料等在内的数据。当然，香港的室外步行网络是三维的，远比上述中心线网络要复杂，香港大学建筑学院基于 GIS 平台，绘制了立体的包括人行道、台阶、坡道、人行横道、步行天桥、地下通道、自动扶梯、电梯等超过20 个类别的步行路径，步行网络总长度超过 8000km[8]，超过官方道路中心线总长 3365km 一倍多。随着城市可步行性的推进，相信这一类的数据也将作为城市的基础数据面向公众。

2）街景图信息

自从 2007 年 google 正式推出 google 街景地图之后，街景地图成为城市设计场地认知的重要信息来源之一。街景地图由专用街景车进行拍摄，360° 实景拍摄照片放到地图中供用户使用。对于中国城市来说，百度街景、腾讯街景等提供了更详细的数据。

我们除了可以直接通过街景图来观察、辨别场地周边、场地内部的街道景观、沿街建筑状况之外，还可以通过一些街景分析软件，比如以 SegNet 等为代表的机器学习算法，有效识别街景图片中的天空、人行道、车道、建筑、绿化等多种要素[9]，进而通过这些要素的量化图示来反映街道空间的特征。

3）物质形态变迁信息

Google 历史地图、google 街景地图时光机器以及百度历史街景图等，都能够提供场地不同年代的影像信息，对这些信息进行提取，可以分析场地的物质形态变迁。

4）功能兴趣点信息

兴趣点 POI（points of interest）原是为了方便用户检索路径，在地图上标记的地点名称，包括日常生活涉及的各个地点，比如小区、商业机构、旅游景点、交通节点、政府机关等。每个 POI 包含四方面信息，名称、类别、经度、纬度。在城市设计中，POI 点可以用于统计与分析某个区域可进行功能活动的特点，具体做法为通过对 POI 名城关键词的提取，分类显现与统计。

5）人流密度信息

个体行为密度指在特定空间与特定时段分布的聚集强度。手机信令可记录所有开机状态下手机设备的定位信号，并且每 5~10 分钟更新一次，数据具有高取样率和高更新率的特点，因此，选用合适的算法用手机信令密度来替代个体行为密度，可以比较准确地分析不同时间段的人的空间分布密度。

手机信令数据非开放数据，在无法获取数据的情况下，可以通过百度地图热力图来实现对人的密度的分析。百度地图热力图，通过手机基站定位某个城市区域的用户数量，然后直观地用色阶层级显现在地图上的一种图示方式。因此，从某种程度上来说，热力图可以展示某个区域的人员密度，尤其能够显现人比较集中或拥挤的地方。虽然这项数据的来源依赖于城市空间中的人是否安装了百度地图，但也基本能反映人在城市中的分布，所以常常被用来作为评估场地及场地周边热闹程度，是否能够吸引人的活动等。

还有一类数据，对城市场地中人的活动密度认知有一定的辅助作用。Strava[10] 是一款风靡欧洲的测速应用，主要功能是把跑步者或自行车爱好者的速度及运动路径共享并进行排名。由于这些活动在城市空间中发生，大量数据进行叠加之后，即可获得城市"热图"，颜色越亮，人们在这段路径进行的骑行或跑步活动越多。热图显示过去两年来汇总的公开活动的"热度"，每月更新。

9.3　场地实体要素分析

9.3.1　肌理认定与统计

将调研与记录到的场地数据信息分别呈现到场地平面图上，可以全面展现肌理特征，进而帮助确定不同肌理类型的平面分布区域与趋势，这个步骤通过 ArcGIS 的数据呈现功能来实现。常见的平面呈现有建筑屋顶类型、建筑结构、建筑高度、建筑功能、建筑材料、建筑质量、建筑风貌等内容。常用的方法是用不同颜色或填充来对应不同的数据层级或类型；呈现平面图的同时，对于数据层级的分类，辅以照片来表达，比如区分平屋顶／坡屋顶／木结构／砖混结构／夯土结构／混凝土结构等；另外，还可以根据数据做一些统计，表达每种层级的数量、面积与占比。

案例：对于肌理类型的认定有特殊要求的城市设计，比如以历史文化名城的更新为主的城市设计而言，甄别传统肌理的存留区域、占比是制定肌理修复策略的基础。那么除了最基础的信息呈现之外，将具有传统特征的信息综合并进行价值判断则十分重要。比如将肌理根据传统风貌的价值由高到低分为一类肌理、二类肌理、三类肌理并分析每种类型的空间分布，从整体上分析出一类肌理的占比，帮助判断如何最有效整合传统肌理。一类肌理由能够体现当地传统风貌的建筑构成，这类建筑体量较小、1~2层、坡屋顶、木结构、砖木结构或夯土结构，多为传统住宅，并包括所有的文保建筑。二类肌理由体量与一类肌理类似的非传统风貌建筑构成，这类建筑屋顶形式平坡间杂，结构形式多为砖混结构，多为在原宅基地翻新的住宅。三类肌理由体量较大的现代建筑构成，这类建筑一般为平屋顶，框架或砖混结构，如医院、小学、小区住宅楼等（图9-4）。

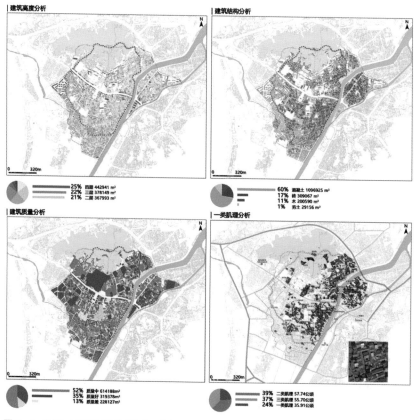

图9-4　案例：肌理特征图示呈现，分别呈现建筑高度、结构类型、质量、传统肌理分布等

除了常规的呈现与分析之外，还可以通过量化分析的方法，对肌理的特征进行深入描述。比如采用破碎度指标对肌理建筑的体量及匀质程度进行表达、采用孔洞率对肌理内的院落分布数量及位置进行统计。

9.3.2 建筑拆留分析

通过综合分析建筑的风貌与质量，进而确定单体建筑的拆留及修缮策略，是保护与更新类城市设计中常见的分析。首先设定建筑风貌的评定标准，一般以是否具备传统特色为依据，比如具有传统构件——山墙、门头、院落等，或者具有典型建筑特点，比如有特色的工业建筑等；根据具有传统或特色风貌、具备一般风貌、影响传统风貌来分为三级。每个城市设计由于地域、文化等差别，风貌的等级设定应根据实际情况调整，但应明确描述清晰，并以典型图片为例。风貌分级后在平面图上用渐变颜色来显示，通过对平面图的解读，可以发现，具有传统风貌建筑的分布态势，是否集中。

建筑质量也需要设定评定标准，一般也分为三级，一类质量建筑指结构完好、保存完整的传统建筑以及结构稳固、质量完好的一般建筑；二类质量建筑指结构较好、保存较好的传统建筑，以及结构一般、质量一般的现代建筑；三类质量建筑指结构有问题的传统建筑以及结构一般、质量较差的现代建筑。建筑质量对应建筑的修缮程度、新旧程度。质量分级后也平面图上用另一种渐变颜色来显示，与风貌的色系有所区分。一般风貌如果用红色系，质量则可以使用蓝色系。

将建筑风貌与建筑质量的平面图进行叠加，红色与蓝色进行了混合，纯粹从颜色的组合色系上，就能直观区分出风貌好质量好、风貌好质量差、风貌差质量差、风貌差质量好等类型，进而分别制定不同的拆保修缮等策略（图 9-5）。当然，借助 GIS 的数据分类与分析，也可以区分出这些类型，并统计其数量与分布态势。

9.3.3 特色建筑风貌特征分析

建筑风貌特征是城市设计场地特征的重要方面，不管是对于保护类还是更新类的城市设计，对现存或者曾经出现在场地或周边区域的建筑的形式特征进行总结，不管是对保护还是传承风貌，都有很大的作用。如果说肌理认定与分析是从"片"的角度整体认知场地、建筑拆留分析是为建筑的去留制定策略，建筑风貌特征的分析则为建筑的保护与新建提供具体的形式参考。当然，这些有特色的建筑，本身也是场地的重要资源。

图 9-5　**案例：**建筑拆除与保留认定分析，采用红色系表达风貌，蓝色系表达质量，通过风貌与质量的叠加区分出风貌好质量好、风貌好质量差、风貌差质量差、风貌差质量好等类型

　　建筑风貌特征分析包括对建筑的屋面形式、檐口形式、建筑材料、结构形式、空间格局、构造节点、细节做法、传统符号等具体的整理与分析。分析方法有照片整理、图示抽象等。

　　案例：为了在传统建筑保护、更新与改造中修旧如旧，在新建建筑中充分延续传统风貌，项目对当地传统建筑的建筑布局、风格、屋脊、檐口、山墙、门楼、门窗、栏杆、铺地、骑楼、吊脚楼的样式和做法进行了大量的调研与整理。并结合当地工匠的手艺，将做法整合为工法，运用到城市更新的具体做法中（图 9-6）。另外，也可对设计场地周边的传统公共及居住建筑形态类型、组合方式、院落尺度以及立面造型进行分析比较，为设计中的建筑布局、院落布置、细节元素及做法提供设计依据。

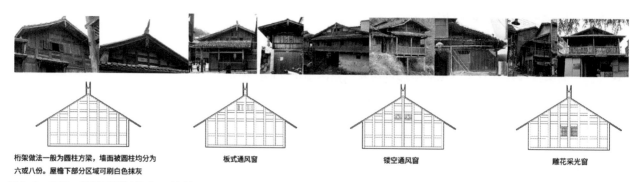

图 9-6　**案例：**建筑细节做法整理，对当地历史文献中以及现状存留建筑的山墙做法进行整理，并绘制图纸，用于指导新的设计工法的参照

9.3.4　场地高程分析

对于地形比较复杂的城市设计，一项对于场地常见的分析内容是场地的高程分析。场地高程的数据来源是测绘图，一般来说测绘图的精度达到 1∶500 为佳。通过 ArcGIS 的分析，可以生成坡度图、坡向图、汇水图等。通过坡度图，可以判断地块的整体高度趋势、坡度最陡的区域等，也可根据坡度等级进行场地的适建性分析、道路的适建性分析、最低成本路径计算等（图 9-7）。

建筑适建性分析：根据实际条件区分出不同等级的用地：第一类，适宜修建的用地，指地形平坦、规坡度适宜、地质良好的用地，地形坡度小于 10%；第二类，基本可以修建的用地，指采用一定的工程措施，改善条件后才能修建的用地，地形坡地在 10%~25% 之间；第三类，不宜修建的用地，指地质条件极差、必须赋予特殊工程措施后还能用以建设的用地，地形坡度在 25%~30% 之间。通过在平面图上呈现这几个等级，找到适合建设的区域。

道路适建性分析：适合道路的坡度设定与建筑适建性稍有不同，坡度等级设置为，一类 8%，二类 8%~15%，三类 15% 以上。

最低成本路径计算：根据预先设定的地块入口节点生成出地块内部最小坡度成本环路；将环路重要节点和地块入口连通进行计算，生成最小坡度成本路径；将计算结果作为路网参考依据，结合其他因素设计出最终路网。另外，连通重要景观节点，根据坡度成本最低生成水域路径，并尽量贴合基地现有的沟渠。

土方平衡分析：根据场地高程及土地平整计划，对挖填方进行估算，力求土方工程量最少。首先确定场地平整标高，计算土石方工程量，然后通过土方平衡力求使填方总量最小，并在设计场地范围内保持平衡。

此外，坡度分析、坡向分析、高程分析，还可以指导不同区域的树种选择。

9.4　场地空间要素分析

除了对场地内实体要素的认知，场地内的空间即建筑与建筑之间的部分，尤其是公共部分，也是场地认知的重要对象。

9.4.1　空间结构分析

空间结构指空间与空间的组织方式与连接关系，即整体的组织方式。除了第 8 章所描述的道路层面的空间连接之外，本节主要讨论步行层面的

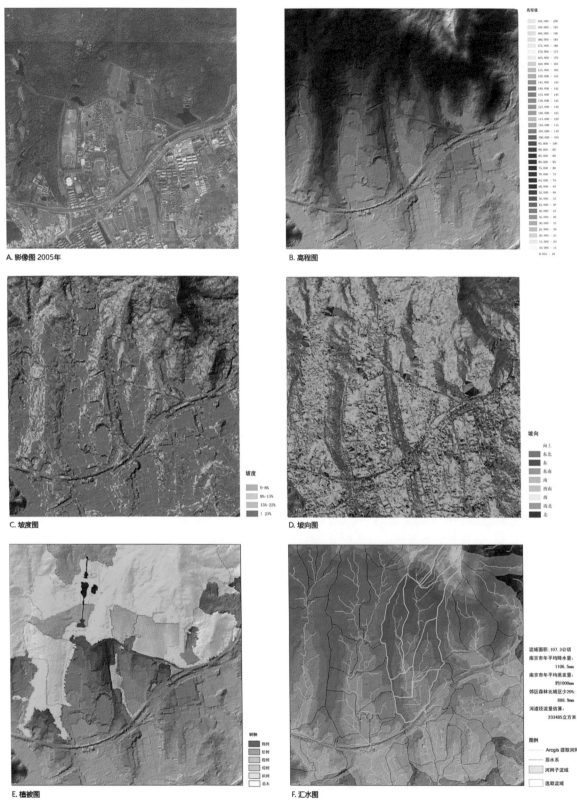

图9-7   案例：场地高程分析，基于测绘图在 ArcGIS 中进行坡度、坡向、汇水等分析

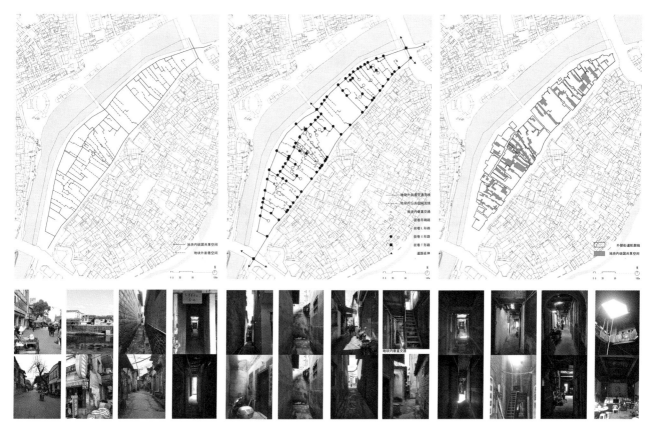

图 9-8　案例：空间结构分析，将每个线性空间、交叉口及院落抽象为线条、节点与斑块，统计数量、长度、类型、密度等

空间结构的分析方法。道路层面的空间结构通过地图、规划文本获得基础资料；步行可达的空间，则更依赖于场地调研，特别对于现存的传统肌理来说，实际贯通的空间是使用的结果。

空间结构分析强调对关系的分析，因此常用的方法是将空间抽象为线、点或面，随后分析整体的连接关系。对于以街巷为主的空间，将每个线性空间抽象为线条，线条与线条直接的交汇处则为节点，接下来可以统计单位范围内街巷的数量、长度、节点数量、节点类型等（图 9-8）。并可借助空间句法等分析方法，确定空间的主要轴线以及其他空间与轴线的关系。

除了供公共活动的街巷之外，相对私密的院落空间的分布规律也构成空间结构的一部分。对院落的分析可采用图示及量化统计的方法，统计孔洞率、平均尺寸等。

9.4.2　公共空间形态分析

城市的物质实体由实体建筑与虚体空间所构成，实体与虚体可以用格式塔心理学中的图底理论来强化与分析。图底分析一般通过黑白两色，

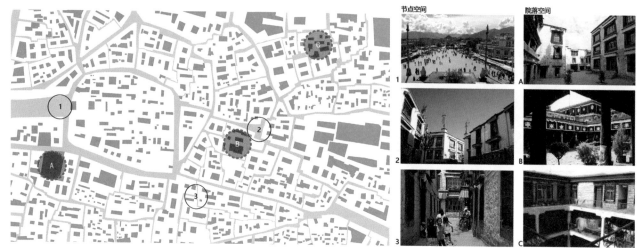

图 9-9　案例：空间节点与院落空间形态分析，留白部分为建筑，绿色为院落，灰色为街道，分析街道节点、院落类型等

将城市空间的建筑实体部分与空间部分区分表达与图示，以着重突出实体或虚体的形式，以及表达两者之间的关系。

图底分析一般用来认知场地的肌理平面分析、空间平面特征，通过准确描述空间的平面形态，帮助直观地、整体地以及定性地描述肌理及空间特征。在记录城市公共空间，并对其分布和连接进行分析时，这一技术非常有用。这一图示方法引导读图者将视线聚焦在空间的轮廓、而不是建筑物具体的形式上（图 9-9）。

9.4.3　空间界面形态分析

1）整体分析

空间是由周围的建筑围合出来的，同时连续的建筑界面构成了空间的特征。对空间界面形态的分析与分析单栋建筑不同的是，将围合空间的一系列建筑界面作为分析对象。对于特色显著、并且也是未来城市设计重点打造对象的空间，可以对其界面形态进行专门的分析。

首先，信息记录时，即可针对界面形态进行专门调研，并将信息直接记录到每一段街道界面上，比如界面的立面类型、檐口高度、立面材料、传统建筑符号、有无特色门头等。将每一段建筑界面的信息用颜色、粗细、图例等呈现到对应平面位置上，则可以从整体上统计与分析不同界面类型的平面分布趋势、传统建筑符号在一条或多条街道上是否集中呈现等，比如统计单位长度内传统材料出现的次数、特色门头的数量等，从而帮助选出有界面特点的街道。

2）类型分析

除了分析界面特征的平面分布趋势，还可以把围合空间的连续建筑立面作为研究对象进行类型与要素分析，为后续的设计策略提供依据。

案例：根据沿街立面的主要构成屋顶、墙面与开口的形式将立面单元划分为若干类型，并抽象为字母代码，将连续立面转译为代码。具体将建筑立面区分为基本单元、连接单元、中介单元，分别用不同符号序列来表达。通过分析现状立面的代码构成规律，生成新的建筑立面（图 9-10）。

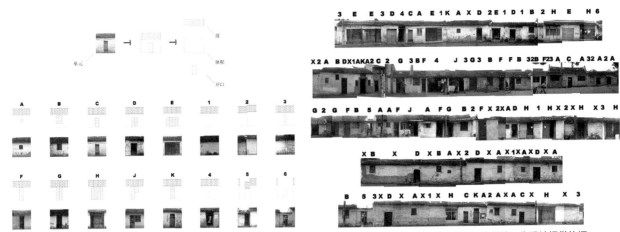

图 9-10　案例：立面类型分析，根据屋顶、墙面、开口的不同做法定义立面单元类型，通过编码总结立面单元组合规律，为设计提供依据

9.5　场地感知与活动分析

9.5.1　场地感知分析

场地的感知分析帮助把人在空间中的体验直观呈现，并通过整体的分析获得场地空间的特征。比如序列空间的宽窄变化、材料变化、空间中的细节多少、能观察到人的活动的多少、树木在行进中的变化等。感知分析能够帮助我们找到场地中体验丰富或单一的区域，找到场地现状空间体验的问题与症结，从而在后续的设计中延续空间特征，或通过设计解决空间问题。

感知分析中一项重要内容是视线分析，城市设计有在特定地点或路径呈现特定景观的目标。比如在进城重要的高架节点上看到城市的轮廓、地标性的建筑或景观在重要节点处可见、重要的景观大道上呈现整齐划一的秩序等。因此在场地认知的过程中，需要确定这些特定景观以及可以 / 需要看到这些景观的节点与路径。这个过程，还可通过访问当地居民来获得对观察点的选择与喜好。

比如，在城市设计中，会遇到下述一些情况：自然山体作为重要的景观目标，分析重要的景观道路上可见与不可见山体的区段，并进一步分析，被建筑、树木、山丘、挡土墙等遮挡的情况，为后续决策做准备。重要的建筑标志物作为重要的景观视觉目标，在重要的城市交通路径上，分析标志物无遮挡与被遮挡的路段，在新地块开发或新建筑置入的过程中，分析新建筑的最高高度以保证视线的通畅等。针对重要视点或路径上的景观需求，从人眼透视的角度上确定每个地块高层的适宜位置（图 9-11）。

无论是传统的通过固定视点透视来模拟的方法，还是 GIS 的可视性分析、UCL Depthmap 的视域分析、Grasshopper 的 Decoding Spaces 插件中的二维及三维的视域分析，都为上述分析提供了技术方法。

图 9-12　案例：居民生活观察与分析

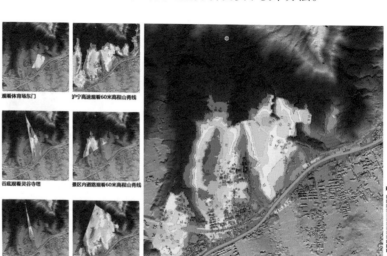

图 9-11　案例：通过多个视觉目标 GIS 视线分析确定场地建筑高度控制，在重要的交通路径上，分别分析路径与重要的景观视觉目标的遮挡情况，确定地块建筑高度

9.5.2　场地活动分析

通过观察、访谈，发现、了解居民的生活方式，以及对空间的使用方式。场地活动分析可以围绕活动类型、活动路径、活动密度等方面展开。

活动类型方面，围绕居民的生活，记录他们在场地空间中不同时间段的行为。比如在公共场地进行的聊天、下棋、吃饭、会客、孩子们的玩耍、涂鸦等活动。根据活动标记公共活动发生的场地的具体位置与范围、参与活动的具体人群类型等，发现活动背后可能隐藏的邻里交往的诉求、活动场地的不足等问题（图 9-12）。

活动路径方面，可根据初步观察的结果，在经过当事人同意的前提下，着重跟踪几位不同年龄段或不同职业背景的居民的活动，并记录路

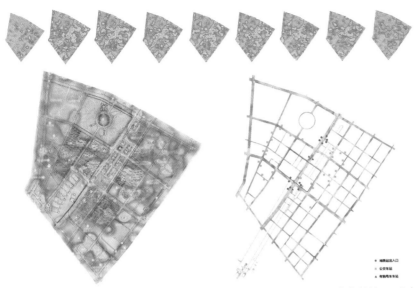

图 9-13　案例：多时间段百度热力图人流密度分析，并提取道路人流密度，分析与地铁口、公交站点的关系

径、停留的地点、进行的活动等，根据结果了解居民日常对场地的使用路径、交通方式、通勤方式、沿街商业、街边广场等使用频率，还可以分析场地内步行通道安排是否合理，是否有不连通不畅通的情况出现。

　　活动密度方面，一般的城市设计没有特别长的时间周期来进行调研与研究，如果是城市热点区域，可以借助已有类似研究的成果。短期的调研可借助百度热力图，区分工作日与休息日进行，时间节点尽量覆盖全天，分析则可根据具体的活动类型进行细分，并且有针对性的关注人群聚集的区域、时间段，并可与周边的商业设施、地铁站、公交站的分布进行比对（图 9-13）。

推荐读物

1. 凯文·林奇，加里·海克. 总体设计 [M]. 北京：中国建筑工业出版社，2006.
2. Cosgrove D. Mappings[M]. Reaktion Books，1999.
3. 汤国安，杨昕. ARCGIS 地理信息系统空间分析实验教程 [M]. 北京：科学出版社，2012.

参考文献与索引

1. 凯文·林奇，加里·海克. 总体设计（精）[M]. 北京：中国建筑工业出版社，2006.
2. 王建国. 城市空间形态的分析方法 [J]. 新建筑，1994，（01）：29–34.
3. 凯文林奇所定义的"区域"，是观察者能够想象进入的相对大一些的城市范围，具有一些普遍的特征.

4. 王建国. 城市设计 [M]. 南京：东南大学出版社，2004：255–261.

5. https://www.openstreetmap.org

6. https://www1.nyc.gov/nyc–resources/nyc–maps.page

7. https://data.gov.hk/

8. 张灵珠，晴安蓝. 三维空间网络分析在高密度城市中心区步行系统中的应用——以香港中环地区为例 [J]. 国际城市规划，2019，34（01）：50–57.

9. BADRINARAYANAN V, KENDALL A, CIPOLLA R. Segnet: A Deep Convolutional Encoder–decoder Architecture for Image Segmentation[J]. IEEE Transactions on Pattern Analysis and Machine Intelligence, 2017, 39（12）：2481–2495.

10. https://www.strava.com/heatmap#3.00/–299.17969/31.80289/hot/all

图片来源

扉页　Appleyard, Donald, Kevin Lynch, and John R. Myer. *The view from the road.* Vol. 196. No. 3. Cambridge, MA: MIT press, 1964:52.

图 9–1　丁沃沃工作室项目成果.

图 9–2　左：丁沃沃工作室项目成果 右：Radovic D, Boontharm D, Kuma K, et al. The split case: density, intensity, resilience[M]. Flick Studio, 2012:128.

图 9–3　南京大学本科一年级设计基础课程作业.

图 9–4～图 9–12　丁沃沃工作室项目成果.

图 9–13　南京大学本科四年级城市设计课程作业.

第 10 章

城市设计图示与表达方法

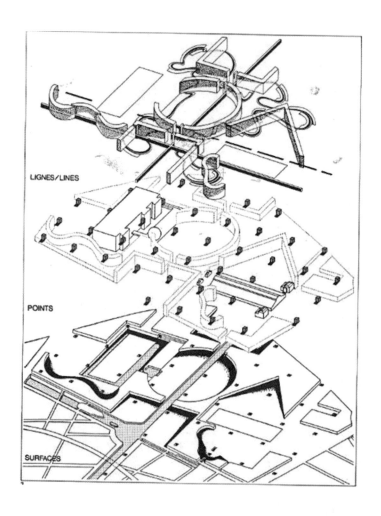

城市设计成果具有一定的复杂性、综合性，有必要对其进行系统而条理清晰的表达（presentation）。不同于建筑设计技术图纸与城市规划的规范化编制，城市设计成果的表达具有一定灵活性。尽管如此，城市设计表达也有一定章法可循。本章主要讲述城市设计的成果表达。首先将介绍城市设计的表达与成果组成。在此基础上，依据常规而通用的方案表述逻辑，重点对城市设计方案的表达及其对应图示进行介绍。实例部分，对若干经典的方案表达案例做出解析。最后，对城市设计成果中较为规范化的内容——图则，予以介绍。需要强调的是，图示的运用是城市设计成果表达中最重要的方法。

10.1　城市设计表达概述

10.1.1　表达的内容与形式

所谓城市设计表达的内容与形式，简单讲，就是城市设计画什么图，以及怎么画？在建筑设计中，表达在日常实践中似乎并不成为一个问题。表达设计概念，草图或图解是自然而然的选择；展示方案，则有规范化的平立剖技术图纸；三维效果，有模型或逼真的电脑渲染图。在城市设计中，我们面临的表达问题，要复杂一些，需要对表达的内容做出编排、取舍；对表达的形式，进行推敲和试验，以便将城市设计方案的信息有效传递给受众（委托方、评委、公众等）。

表达的标准。与几乎所有的视觉媒介的要求类似，城市设计的表达要求清晰而明确、简洁而准确、富有感染力。

清晰而明确是图像的基本要求。要求每张图有明确的表达对象与需要传递的信息，并且以清晰的图像方式予以呈现。实际上，二者是相辅相成的。当表达的目的明确时，图像的表达的轻重缓急也就明朗起来，从而带来图形的清晰感。

简洁而准确。城市设计方案内容庞杂，信息量大。要求对每张图能承载的信息和表达的内容进行取舍，避免过度信息的无效堆砌。对于辅助的、背景性的内容要进行必要的简化，避免喧宾夺主。对于重点表达的内容，则要求准确而肯定。

感染力。城市设计项目往往并不具体设计单体建筑、景观小品。因而其系统层面的设计内容，往往显得抽象。为了将城市设计拟塑造的场所的愿景（vison）与氛围准确地传递给别人，需要图面具有较强的感染力。这需要足够多细节的铺陈、场景的设计、画面调子的整体把握等。与此同时，我们还应认识到，所谓的设计方案的感染力，并不仅仅是效果图的逼真问题。城市设计画面产生的场景感、整体氛围与风貌，也同样是城市设计方案的内容之一。这也是同样面对中大尺度，城市设计不同于城市规划的地方所在。

表达的内容与形式是一个硬币的正反面，二者相辅相成。需要掌握城市设计常用的表达逻辑、表达方法与形式。

10.1.2　城市设计成果的组成

城市设计项目的最终成果具有系统而全面的特点，往往由以下三个部分组成——调研资料附件、设计方案文本、城市设计导则与图则。

设计方案文本：城市设计成果的最主要的内容，是设计者面对城市设计问题，提交的答案。方案文本的内容，依据表达的逻辑而展开。要让人容易理解方案，并做出理性的判断，要求表达逻辑应紧扣城市设计问题展开。即发现、定义问题，形成解决问题的概念与策略，提出解决问题方案。为了有效地展现设计方案，准确传递方案的愿景、对设计问题的解决，城市设计方案也使用类似建筑设计的表现图纸，对空间效果进行示意。

城市设计导则与图则：设计导则、图则是城市设计成果面向规划管控的转译。在我国，城市设计方案本身并没有法定地位，不能被城市规划职能部门依法实施。要有效地落实设计方案，需要将其转译为规范化的图则，或易于理解和执行的导则。图则、导则的编制，对城市设计成果的质量和属性提出了较高要求。要求城市设计方案理性而易于规则化，避免设计师个人化的、纯美学的"设计"。

调研资料附件：在许多更新、保护类城市设计项目中，场地现状复杂，其上有大量房屋。城市设计需要对其展开深入细致的调研，方可能拿出具有针对性、操作性的方案。因此，项目组往往在方案设计开始前，对场地现状展开调研。调研的成果，主要用来支撑方案设计。同时，由于调研资料详细地记录了场地信息，因而也是检验、核查方案本身的重要依据。除此之外，调研资料本身对于项目的业主（尤其是规划部门）还具有摸底的基础资料价值。因此，调研资料也作为成果的组成一并提交。但由于其不是设计方案，因而采取附件形式。

需要指出的是，对于城市设计成果的组成，并没有统一的规定。许多省份、地方出台了城市设计成果编制的相关规定，可以在成果表达时进行参考。在实践中，不同的项目依据自身的需要，内容上灵活取舍，不局限于以上三个部分。如对于一些大型的城市设计项目，往往将设计方案分为正本与副本进行表述。正本是方案的概览与成果，适用于方案的审阅与快速了解。副本主要是方案研究、方案细节等辅助性内容，用以支撑说明正本中的方案主体。也有些新区开发的城市设计项目，场地现状是非建成区域，不涉及复杂的现状建筑的调研，因而在成果组成中，可以省去资料调研附件部分，而将现状场地的一些常规与调研，纳入设计方案文本。同时，并不是所有的城市设计项目，都需要编制导则与图则。很多概念性城市设计、城市设计方案投标项目，只需要提交方案文本，并不涉及图则、导则内容。

10.1.3　城市设计方案的表达

城市设计方案是城市设计成果的主体，是设计工作的主要内容。城市设计方案多采用的陈述逻辑为：设计问题解析—设计策略与概念—设计方案概览—设计方案解析—设计效果展示。某些时候，效果展示也可能置于方案表达的前部，以在方案解析之前，形成感性和总体的认知，便于理解之后较为理性和抽象的技术性内容。无论城市设计陈述表达的叙述结构如何变化，如何形成新颖的、戏剧性的叙事，万变不离其宗的是城市设计表达的基本逻辑：问题导向的三部曲——发现问题、形成解决问题的策略、解决问题的具体设计方案。

10.2 城市设计方案的表达方法与技巧

10.2.1 城市设计常用图示

城市设计表达的对象，相比于建筑设计，要显得抽象、更关注于结构形态层面。由此决定，其表达的方式不同于常规的建筑表达。城市设计很少采用建筑设计类的工程图纸，如详细的平立剖技术图纸，而更接近于城市规划的表达，使用称为"图示"或"图解"（diagram）的图像语言或媒介。与此同时，城市设计对图示的应用具有空间、三维的特征，这是不同于城市规划纯粹二维图示的重要区别。

作为一种视觉化的符号，著名的符号学家皮尔斯（Charles Sanders Peirce，1839-1914年）在其对符号的三分类（图像 image、索引 index、象征 symbol）中指出图示是介于图像与象征之间的一个亚类，其特点是与其表征的对象具有一定程度的相似性，但又不似图像那么具体和逼真；也不像象征那样任意和牵强。图示的力量，就在于它以一种抽象的、甚至有点含混的方式，将尚未凝结为具体物质形态的对象，以简洁、有力而充满暗示的方式呈现于我们眼前。

以下列举城市设计中常用的图示。

1）线性要素相关图示 力与流。线性的图示符号可以清晰地呈现设计方案中的线性关系，如线性的空间、廊道，或表达某种线性的运动，如不同速度与流量的交通流。形式有矢量箭头、各类样式、色彩、粗细的线条等（图 10-1、图 10-2）。

2）块面要素相关图示 1 模式。设计方案中面域、斑块等，往往具有某种独特的空间组织样式（pattern），使用类似图案填充一样的模式图示，可以有效地表达城市设计方案中对组织样式的设想，避免误解为具体的建筑总图布局的安排。形式是各种样式的图案（图 10-3、图 10-4）。

3）块面要素相关图示 2 场与域。城市设计中另一类块面要素是某些领域与场所（territory and field）。这类要素，可能是由某个强有力的吸引点，也可能是某个特定的场所、开放空间要素产生的对周围城市区域的辐射区。常用服务半径、颜色浓度渐变等形式予以表达（图 10-5）。

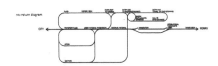
图 10-1 日本横滨码头项目流线图示 flow diagram（FOA）

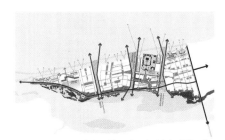
图 10-2 用各种线形符号表示场地多种线形运动与空间矢量，如通向大海的绿色廊道、机动车交通流、看海的景观视角、商业区的步行人类等（Sasaki Associates）

图 10-3 表示不同场所肌理的图示（Stan Allen）

图 10-4 以不同肌理样式表示城市不同区域

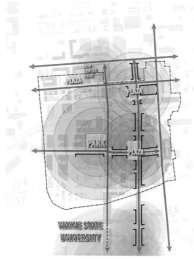

图 10-5　节点的场域图示
（Sasaki Associates）

4）属性分析图示　城市设计为了对城市地表复杂的变化做出描述，常常采用属性分析的图示。这种图示来自地图学中的地图化（mapping）技术，对某种空间属性，如常见的建筑高度、年代、地块开发强度、功能属性等，予以色阶染色。从而反映出该种属性在一个较大地段范围内的分布面貌，有助于我们形成全面的认知，并作出结构、趋势的判断（图 10-6）。

5）图底分析图示　图底图示能够清晰、有力地表达某种空间的二元性，最显著的就是城市空间中的公共、私人领域。尽管当代城市的空间日趋立体化、复杂化，图底图示，由于其简洁的形式，仍然不失为一种重要的城市空间表达工具（图 10-7）。

6）要素解析与层叠图示　城市设计方案是一个关于城市形态的三维空间设计。各种城市要素往往呈现出同一平面位置立体叠加的空间关系。为了避免空间信息产生的视觉混乱和理解障碍，常采用要素解析与层叠的图示语言，来对设计方案展开清晰表达（图 10-8、图 10-9）。

图 10-6　用不同色阶反应同一块场地不同方面的空间属性。从左至右分别为建筑高度属性、肌理属性、地块破碎程度属性（长汀县水东街历史街区城市设计文本，丁沃沃工作室）

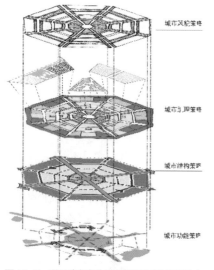

图 10-8　以要素解析与层叠的图示表达设计方案中城市形态的若干方面与相应设计策略（丁沃沃工作室）

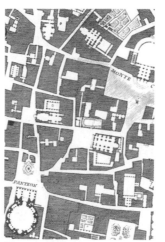

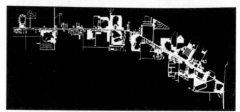

图 10-7　图底分析图示左图为诺里绘制的罗马地图，右图以图底方式呈现的拉斯维加斯商业带上的城市空间

　　7）空间趋势与结构图示　城市设计方案中的总体结构与趋势，是一种抽象的存在，隐含在方案勾勒的具体三维城市形态中，但却是设计方案的中心思想所在，具体的三维空间形态只是总体结构的佐证和表现。为了使得我们准确而概括地认知到总体结构，使用抽象的图示符号，对其予以表达。结构图示符号因结构本身的变化而各有差异。最常见的是各类轴、环、节点符号，也可能结合其他要素符号。采用何种符号，取决于设计方案所构想的总体结构具体样态（图 10-10）。

　　8）过程性图示　近年来建筑学科内日益盛行一种过程性的图示，以解释形式的生成过程，所谓的操作性图解（operative diagram）。城市设计表达中，也开始使用这种图示语言，以一种连环画的方式，解释城市空间的操作生成过程。过程性图示，尤其适合设计概念的表达，能赋予方案结果一种形式逻辑与理性。过程性图示，多从某个现状开始，经过一系列空间形体的操作，最终呈现为设计方案的结构形态（图 10-11）。

　　9）功能任务图示　城市设计的一项重要的工作，是在城市空间中组织安排功能活动。这类似于建筑设计中功能组织，或城市规划中的土地利用规划。对这部分设计内容的表达，往往就需要使用功能任务图示。功能任务对应的英文是 program，与功能（function）一词相比，更强调功能活动的组织策划属性，也即，功能活动是被"设计"的，而非单纯地依据常规和惯例。我们在许多当代知名事务所（如 OMA、MVRDV、Field Operation）的项目中，经常会看到功能图示的娴熟运用，在某种程度上，方案本身就是被功能计划所驱动的，功能计划图示不仅仅是一种表达工具，也同时是一种设计工具，构思工具（图 10-12）。

10.2.2　城市设计方案表达的逻辑与形式

　　城市设计方案的表达，要求具有一定的逻辑理性，以使得成果的沟通不是纯粹感性和视觉性的，而同时具有理性与逻辑。通过一个类似文本写作的大纲结构，可以使得一个庞杂的城市设计项目，得以条理清晰，有条不紊地表达，使得受众能够理解方案，从而在理性的基础上评价、研讨方案。从某种程度上，将方案成果组织为一个清晰表达，也是方案设计重要的一环。尽管方案表达形式与技巧各式各样，但都遵循城市设计问题导向的基本逻辑——问题、思路、结果。这个简单的三段式，可以进一步细化为如下的常用的表达结构：

　　1）调研与问题分析表达　运用于城市设计分析阶段，以分解、分析城市系统的诸多要素，梳理设计问题为目的。

　　2）概念与设计策略表达　对城市设计的策略、概念进行表达与展示，多以抽象、图解化的图像语言出现，特点是抽象性、结构性。

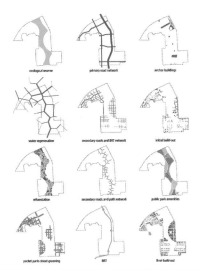

图 10-9　要素解析图示。对方案总图的分层解析（Taichung Gateway Park，Stan Allen Architect，2004）

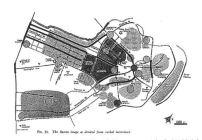

图 10-10　空间趋势与结构图示。波士顿的城市结构形态（Kevin Lynch）

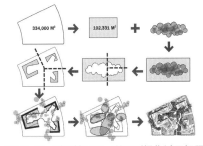

图 10-11　过程性图示。以系列操作过程解释方案的形式生成逻辑（H Architecture）

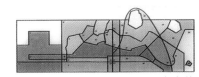

图 10-12　功能计划图示。以不同颜色的形状表示不同活动与功能在空间上的复合与叠加（OMA）

3）方案概览　对城市设计方案本身予以展示和表达，常使用总图、地面层平面、剖面等图纸形式。类似于建筑设计方案中的技术图纸部分。在大多数方案中，最为重要的是城市设计的总图。总图是设计方案的概览，能让观众同时把握方案的整体结构和诸多层级。由于城市设计方案中有关公共空间系统的设计往往是最核心的环节，所以在许多总图表达中，会将公共空间部分以某种颜色、明度加以凸显，以使得我们可以快速地从周围的城市肌体中识别出方案的核心架构。这种图像表达技巧，体现了设计者在城市设计方案表达时，对各种信息进行有意识的取舍。

4）方案解析表达　对城市设计成果的分解展示。图像形式同分析图示。区别在于内容与城市设计陈述的阶段中先后的不同。解析图出现于城市设计完成后，是对设定的城市复杂的物质形态系统的分解展示，以帮助观者（委托方、评委、公众等）有效理解设计成果。常见解析图有：动静态交通系统分析图、景观系统分析图、公共空间系统分析图、高度控制分析图、建设强度控制图、用地性质与功能业态分析图等。

5）空间效果表达　表现图有多种形式——鸟瞰图、人眼透视图、轴测图、轴测分解图、卡通漫画、文配图等。表现的重点，不是某个具体的空间形态、建筑形式；而是以其为载体，呈现城市设计所设想的城市愿景，城市空间的氛围，城市形态的整体面貌。

上文给出的表达条目，是一种较为常见、也容易掌握的表达形式。在熟练掌握，并对城市设计的本质有进一步深入理解基础上，可以对条目进行归并、细分，重组，甚至创造性地提出具有新意的表达方式。

10.2.3　方案表达范例

下文中两个范例，分别针对方案表达的逻辑与风格。逻辑是方案表达的根本，风格是方案表达的境界。

巴黎大堂地区（des Halles）城市设计——方案表达逻辑的范例

该地段位于巴黎历史城区中心地段，卢浮宫的西北方位。现状地面上是一处规模较大的公园，地下包含两个部分。首先是围绕两处下沉的广场展开的一系列商业、文化设施。第二部分则是巴黎市中心最重要的公共交通枢纽，地铁和区间交通（RER）在此处分别设有站点。

OMA（2004）的方案首先从对场地问题的分析入手——地下交通对地面、近地面层公共流线的阻断，导致整个广场地区分裂为东西两个部分，相互联系较弱。OMA采用代表流线的箭头图示，准确地表达出该地段的现状问题（图10-13）。同时，OMA还注意到现状的另一个问题或有待开发的潜力，并通过一个类似漫画图示予以表达——伴随巨大通勤量而来的可观商业价值被完全封闭于地下，难以释放。这个漫画图示，简

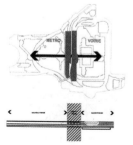

图10-13　巴黎大堂地区城市设计中问题分析图示，OMA

洁而有力地将问题与潜力呈现出来（图 10-14）。

　　在问题分析的基础上，方案转入到设计概念和策略阶段。针对商业潜力难以释放的问题，OMA 发展出"冰山"的设计概念，并用一个冰山的图片予以表达（图 10-15）。尽管图片是真实，但在此处却应被理解为图示或隐喻，表达出通过露出地面小体量暗示地下别有洞天的设计概念。进一步发展此概念，逐渐形成空间设计策略。OMA 用一组过程图示表达出设计方案所要进行的空间操作——揭开地面，让商业价值以"冰山"的方式向地面释放（图 10-16）。

　　针对交通阻隔的问题，OMA 发展出一种立体交织的公共系统策略，实现从地下站点层南北向公共流线向近地面层东西向流线的转化。有趣的是在表达这个策略时，OMA 采用了图底的图示，并在图像表达上做了一些特殊的处理（图 10-17）。场地周边的城市肌体采用传统的黑白图底，反映出历史城市特有的公共空间品质。而对于场地内的立体公共空间系统，传统的黑白图底语言就不再有效，于是 OMA 采用了图底＋叠加的图示语言。即仍然用图底反映公共空间的整体轮廓，同时用不同的颜色区分这些立体交织的流线，表达出一种空间上的叠加效果。这个看似简单的策略表达，继续延续了 OMA 准确而简洁的表达风格。更具深意的是传达出一种传统公共空间形态（平面图底）与当代公共空间形态（立体图底）的对比与并置关系。

　　在方案的概览阶段，OMA 使用了常规的总图、平面图等形式（图 10-18、图 10-19）。在平面图中，我们可以看到非常建筑化的墙、柱、门等元素，非常接近一张建筑平面图。但需要注意的是，这张平面图并非建筑图纸，它所要反映的并不是那些具有细节的建筑部分（已建成），而是嵌入其中的公共空间部分。后者直接覆盖在原有的建筑平面之上，并且内部的建筑细节较少。这并不是在方案上偷懒，而是作为城市设计，与建筑相关的设计工作主要在结构、轮廓、类型等层面展开，不需要深入到建筑设计方案阶段。这既不是城市设计的工作，也不应该是城市设计的范围。OMA 之所以在平面图上使用具有较多细节的建筑图，更多还是一种表达技巧，即将方案设计的公共系统置于一个真实的建筑背景中，从而使得前者也更具有落地感和真实感。

　　在完成该地段复合、立体的方案设计后，OMA 展开了对方案的解析。如此复杂立体的方案，必须通过有效的解析手段，才能让公众和评委理解。解析主要在剖面上展开，因为剖面最能清晰地反映空间关系。我们看到 OMA 用两个层次的图像语言对方案的剖面展开表达。层次一，是一种剖面的功能图示，用不同的颜色反应剖面上不同的功能设置（图 10-20）。层次二，类似于建筑的剖面表现图，既是对方案的解析，也是对方案的表现（图 10-21）。从中我们可以看到一种类似真实场景的空间效

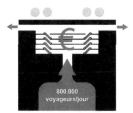

图 10-14　巴黎大堂地区城市设计中地段潜力分析图示，OMA

图 10-15　巴黎大堂地区城市设计概念图示，OMA

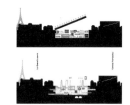

图 10-16　巴黎大堂地区城市设计中表达设计策略的过程性图示，OMA

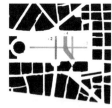

图 10-17　巴黎大堂地区城市设计中分析公共空间系统时采用的图底分析图示，OMA

图 10-18　巴黎大堂地区城市设计总图，OMA

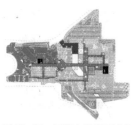

图 10-19　巴黎大堂地区城市设计建筑平面图，OMA

图 10-20　巴黎大堂地区城市设计中概念性剖面图解，OMA

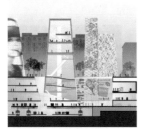

图 10-21　巴黎大堂地区城市设计中表现性剖面图，OMA

图 10-22　巴黎大堂地区城市设计表现图，OMA

果。两个层次各司其职，层次一的抽象功能图示，有助于清晰表达功能（program）的整体结构与形态；层次二具有更多的建筑细节，而更能反映空间的特质。除了剖面的解析，OMA 还在平面、轴测的维度上对方案进行了解析，包含对景观系统、公共空间系统的进一步分析。

在方案表达的最后，也往往是最重要的部分，是方案的空间效果表达，即常说的表现图。OMA 表现图大量使用场景的拼贴（collage），模型照片之类的手段。相比于建筑方案常用的具有真实感（同时也容易欺骗眼睛）的渲染图，拼贴和模型在城市设计方案中具有不可替代的作用。方案中一张鸟瞰图拼贴，是在真实的城市鸟瞰照片中，巧妙地融入模型照片而成（图 10-22）。相比于那些气势磅礴的电脑渲染图，这种拼贴具有更加真实的场景感，非常准确地虚拟出方案实施后的场地效果。

通过对上述方案与表达的解读，我们可以看到，方案的表达尽管千变万化，各种技巧手段层出不穷，但其内在的表达逻辑是共通的。掌握城市设计方案的表达逻辑，也有助于我们更好理解并学习那些优秀的城市设计案例。

拉维莱特公园竞赛——表达风格的范例

法国巴黎拉维莱特公园竞赛，是 20 世纪 80 年代初举行的一次具有深远影响力的城市设计竞赛。关于方案的一些背景信息，可以参见 7.3.2。此处收集了 3 个设计方案，以展现表达风格与内容的统一。

里昂·克里尔（Lion Krerier）方案（图 10-23）。此方案是国际竞赛之前完成的一个方案。但在项目内容与范围上，与国际竞赛一致。克里尔方案延续了设计师一贯风格与设计理念，大量运用轴线组织场地，以

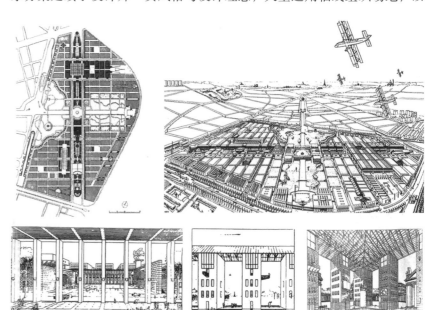

图 10-23　里昂·克里尔，拉维莱特公园方案

建筑体量围合各种广场，建筑形体规整，建筑风格具有古典的样式。设计师娴熟地运用上述古典城市设计的语汇与技巧，在场地上规划设计出一系列典雅端庄的空间序列，将公园塑造为一处具有"新古典"风格的城市公共空间。方案以墨线图为主要图像方式，与方案内容与风格高度契合。

OMA 的方案。由库哈斯与其老师昂格斯（Oswald Mathias Ungers）合作的竞赛方案，屈居第二，但其前卫的设计理念和表达方式让人耳目一新。方案采取了日后成为 OMA 常用范式的功能计划（program）的方法，生成总体规划。具体以平行条带空间组织场地，在其中安排差异而多样的各类活动。用设计者的话讲，这是一个放倒的摩天楼。每一个水平条带，就是一个独立的楼层（图 10-24）。我们此处无意对方案本身的设计思想展开评述，而需要关注 OMA 方案采取的独特表达形式或风格，一种插画式的风格。以一种带有超现实主义美学色彩的画风，赋予了方案大胆前卫的实验气质，与方案先锋的设计理念相得益彰（图 10-25）。

屈米的方案。此方案在本书之前章节中已经有过介绍。由于是获奖与实施方案，相应的图纸较为齐全。有设计理念的演绎、城市区位分析、城市设计系统层面的解析以及空间效果的渲染。设计理念方面，屈米采用了过程性图示（图 10-26），将场地规划形态演绎为一系列过程性的操作，不仅清晰地还原了设计者的工作思路，还使得最终形态具有了一种逻辑合理性。在城市区位分析中，屈米突破常规形式，采用了图底分析的技法，将巴黎老城致密的图底与公园抽象的图底并置，从而反映出方

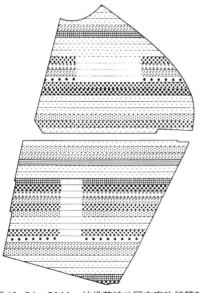

图 10-24　OMA，拉维莱特公园方案功能策略图示

图 10-25　OMA，拉维莱特公园方案表现图

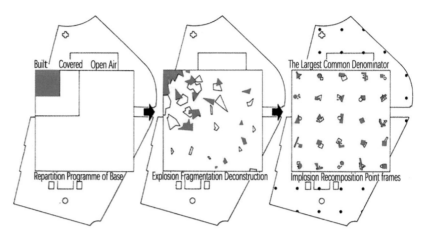

图 10-26　屈米，拉维莱特公园方案，过程性图示

案的"创新"。即方案塑造的是一种现代的、新的城市空间（图 10-27）。系统性的解析，屈米采用了分层解析的图示语言，既清晰地展示了方案点线面的 3 元系统构成，更由于层叠的画法，表达出由上述简单元素并置后产生的空间复杂性和丰富感（见本章扉页图片）。最后，是极具感染力的空间表现图。用夸张视角的透视以及高饱和度的纯色，将各种要素在人眼视野中的动态构成感，表达得淋漓尽致（图 10-28）。还需要注意的是，屈米尝试在表达中引入时间维度，用一种类似电影动画的关键帧，由远及近地表达空间序列的感受，超越了传统的固定视点的二维表达。今天，用动画来表达城市设计的场景已经成为常规表现手段，更有助于人们理解、检验构想的三维空间的真实体验。

　　屈米方案整体的风格，可以大略被归为当时逐渐兴起的解构主义美学风格。倡导打破古典主义的四平八稳，突破正统现代主义的横平竖直，

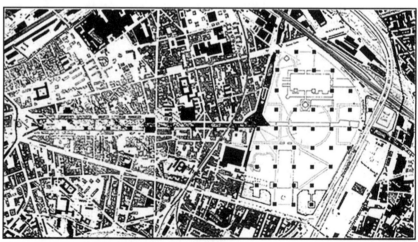

图 10-27　屈米，拉维莱特公园方案，城市图底分析

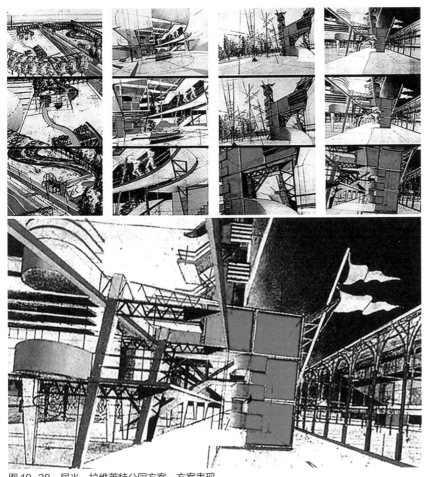

图 10-28　屈米，拉维莱特公园方案，方案表现

而倾向于一种动态的、不完整的、反系统化的美学特质。其方案图纸表
达，无一不与其设计风格契合，将方案所要塑造的动态、前卫的新型城
市公共空间，以极富感染力的视觉形式呈现于大众眼前。

　　上述 3 个方案，均是非常优秀的城市设计方案。它们在设计思想、美
学风格以及方案形态上都有巨大的差异。与此同时，我们看到设计师为
了更加有力地表达内容，传递设计信息与设计美学，对表现形式进行了
多样化、甚至是大胆的试验与创新。然而无一例外，其表现方式与方案
本身取得了高度契合，甚至其表现方式就是方案的一部分。让表现方式
与表达内容融为一体，是城市设计方案表达的目标与境界。

10.3　城市设计的导则、图则

10.3.1　城市设计导则

城市设计导则（design guideline），顾名思义，引导与规则，是将设计方案中的设计原则、形体成果转化为各种便于实施与管理的设计管控条目。换言之，城市设计导则是对城市设计方案成果的规范化翻译，以将其纳入到规划管控中，有效指导后续的城市建设活动，是城市设计方案得以实施、落地的重要途径。

因为城市设计方案，主要是对城市空间形态的设想与塑造。相应的，城市设计导则主要是将方案设想的空间形态落实为规定与控制。历史地看，对城市空间形态的设计控制，古已有之。如中世纪某些西方城市对街道界面的控制，以及巴洛克时期对城市风貌的严格控制。这是古典城市设计、城市规划的重要内容。随着现代城市规划的出现，尤其是20世纪中叶以来，城市规划日益纳入社会、经济等非物质要素，而对物质形态有所忽视，导致人们普遍感受物质环境的恶化与失控。这使得城市设计、城市设计导则复而得到重视，成为对现代城市规划的重要补充。

西方欧美国家，普遍在规划编制中纳入城市设计导则内容，以有效指导城市三维空间与活动。我国情况有所差异，在现行的城乡规划法中，并未赋予城市设计以法定地位。这导致城市设计方案与规划管控有所脱节。在近年来城市设计重要性日益得到重视的背景下，许多城市在地方法规层面，都着手进行城市设计导则、图则的编制研究工作，并出台一系列编制方法与成果。从制度角度看，城市设计导则产生的原因，是因为城市设计方案不同于建筑设计方案，不能直接指导建造活动；也不同于规划编制，无法直接用于规划管控。因此，要使得城市设计方案被有效实施，就需要将其翻译转化为可以被规划管控的要点和条文。这必然涉及对方案成果的概括和提炼，适度简化。但这并不意味着对设计方案的削弱，恰恰相反，这涉及对城市设计方案成果内容的正确理解。即，城市设计方案内容，绝大多数情况下，并非蓝图式的扩大版建筑设计，也非抽象、平面化的规划编制；而是对城市空间架构、三维形态、景观风貌、空间活动等内容的规定与设想。导则的目的，就是将方案中上述核心内容，以规范化的形式，加以表达，以便将其纳入规划管控工作，指导后续建设活动。

城市设计导则的底线原则：不是追求设计形态的最优、最美；而是避免不利结果的出现，是根据城市设计的成果，定义城市建设的底线。即，每个局部地块、片段的建设，都遵守城市设计导则、图则所界定的底线，才能实现起码与基本的城市设计意图，符合公共和多数的利益。

10.3.2　城市设计图则

图则，是城市规划传统的表达形式。城市设计图则，是将城市设计的成果，以规划图则的形式，对其中的控制性内容、要素进行规范化的表达，以便于与规划管控对接与翻译。城市设计图则是对城市设计的空间形态成果，较为严格的一种翻译与表达，面向城市空间形态的控制与管理。

城市设计图则在内容上包括两个主要部分：图与条文。图是图则的主要部分，包含表格、图、图纸信息和编制信息等，是对各种控制要素的具体要求。有时按需求可以多个标高（地上、地下）出图，形成分层图则。文本是以条纹形式对控制图则进行解释说明。此外，有的图则还附有技术文件，是说明书、系统图之类的补充性内容。图则的核心是控制图则，以及其中的控制要素。

一般而言，城市设计导则的编制形式更加灵活，以适应城市设计方案成果中一些较为灵活的空间形态内容、与较为普适的原则性内容。有的情况下，导则适用于较大范围，如整个城市，采用通则形式；有的情况下，导则针对具体地段、地块给出具体条文与要素控制。图则是城市设计方案成果最为规范化的一种翻译，直接面向详细规划编制与管控，是城市设计方案成果获得法定依据最为重要的途径。相应的，城市设计图则突出强制性内容，引导性内容则类似于地块规划要点中的指导性条目。城市设计图则是城市设计导则更为规范化、明确化的一种表达形式。

城市设计图则中"图"，与城市设计导则中的"图"的区别。从目的上看，图则中的图用以城市空间形态的管理与控制，而导则中的图主要用以说明、补充导则的文字条文，是对设计意图的引导与示意，是一种图示。从形式上看，图则的绘制要求较高，使用标准的图形语言，各种空间信息精确，是一种规范而严格的图形形式。而导则的图示，则对图形的几何精确性没有严苛要求，但需要做到具有代表性、实例性，能够与导则文字形成容易理解、避免误解的图配文形式。简言之，城市设计图则与导则中的图示，由于目的的根本性差异，呈现出风格迥异的图形语言。在实际应用中，需注意避免将二者混淆滥用。

10.3.3　导则的内容与表达形式

某些城市设计方案，或方案的某些内容，具有较强的原则性和普适性。对这些内容进行规范化翻译，往往采用导则（条文＋示意图）的形式进行翻译与转化。

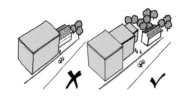

历史建筑周边的环境应与历史遗产相协调

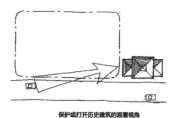

保护或打开历史建筑的观看视角

图10-29　香港城市设计导则中关于历史建筑风貌协调的导则图示

图10-30　香港城市设计导则中关于新镇区域建筑与自然地貌取得协调关系的图示

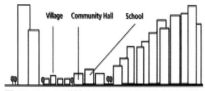

图10-31　香港城市设计导则中关于新镇区域，高层建筑与低层建筑取得形态协调的图示

图10-32　香港城市设计导则中关于新镇区域，禁止出现与周边环境格格不入项目的图示

导则的内容，包括城市空间形态、景观风貌的方方面面，并未形成统一的规定，而是依据项目的需求和目的，具体而论。下面以香港城市设计导则、深圳城市设计导则、宁波东部新区城市设计导则为例，予以说明。

香港城市设计导则是对香港城市建设活动与城市空间形态的一般性规定，是一种通则形式，即普遍原则。内容要素包括城市空间形态的重要方面：城市边缘与郊区地段的建设强度与城市体量、天际线的控制、滨水区域、公共领域、历史遗产保护、视廊保护、山地坡地处理。

如历史遗产的环境协调条文："历史建筑周边的环境应与历史遗产相协调。历史建筑周边适宜的城市环境应被保护或创造。只要条件允许，对于历史建筑的观看视角都应被保护，或打开。周边新建建筑高度应尊重历史建筑，必要时，应向历史建筑逐渐跌落降低"。为了对上述条文进行阐明，以示意图形式予以补充说明。使得该条文通俗易懂（图10-29）。

又如对建筑高度的控制条文。首先区分两大类区域，分别是内城区、九龙，与外围的新镇区域。对于老城区域，条文规定：①保持与加强重要特色地段的城市特征，考虑恰当的控高、建筑退界以及树木保护。②在不同的区域应采取不同高度、容量的建设（如果必要，开发项目需要对具体地段做出详尽研究）。③保护保持城市核心内的低密度区域，并加强其多样性，引入适宜的而富有吸引力建筑、景观。④保护已有的朝向山脊的视廊，提供通向郊野的视觉通道。对于新镇区域，条文规定：①新开发项目需要对新镇独特的地形、景观发展适应的策略。通向山体、水体的视廊、风道应予以保留（图10-30）。②对低密度开发的周边项目应予以尊重并采用逐渐降低建筑高度手段，以与之形成整合关系。利用较低高度的建筑，如社区中心、学校等，作为舒缓视觉的界面，以缓解高密度地段的空间压力感（图10-31）。③新开发项目应与其周边城市环境相协调。避免与环境格格不入的项目，尤其是在城市边缘地区（图10-32）。④在适当的地方，建造市镇、商业性质的地标（图10-33）。⑤尽量采取高度递减的建筑形态与高度控制，从高密度的核心区域自然过渡到外围的低密度区域（图10-34）。从文字上，可以看出导则对于不同区域，差异化的引导目的与手段。对于内城区域，密度已经很高，低密度区域是宝贵的资源，应尽力保护。同时，要通过鼓励多样性来保持内城区域活力。而对于外围的新镇区域，则首要的是保持开发与自然和谐的关系，避免高密度开发对自然造成破坏。与此同时，为避免新镇由于建成时间短，而缺乏场所感的弊端，鼓励用公共建筑打造地标，形成地区中心。

导则的条文需要准确、简洁，采取类似于法规的语言；而示意图则要求具有典型性，即能够代表、指代条文所指的一般情形。

深圳2018城市设计导则征求意见稿，也是一种通则形式：包含六项

目标与内容，分别是风貌特色、友好景观、可达街区、活力街道、公共
生活、紧凑布局。其目的是让城市多数地区，在一套简单的规则约束下，
变得宜人和宜居。其中有大量的关于街道、慢行系统、人行尺度这些与
人紧密相关空间尺度、形态控制。导则是城市设计成果的凝练，并以可
管控和引导的语言加以表达

　　宁波东部新城核心区城市设计导则（宁波市规划局，2007），是一种
针对具体地段的城市设计导则。内容要素覆盖城市形态与建设管控的诸
多方面。其构成较为复杂，从一定程度上讲，其更类似于新区的控制性
规划，或是控规的替代。内容要素包含总体导则（城市设计理念、愿景、
空间架构、分区与特色）、开发控制指引（土地使用、地块划分、建设强
度、高度、界面引导）、交通系统指引（路网、动静态交通等）、地下空
间指引（通则、分区指引）、市政设施系统指引、景观设计指引（景观设
计准则和控制要素）、建筑设计指引（风格、通则等）。在内容属性上，
分强制性规定（总则、开发指引），和指导性规定（景观、建筑设计等）。

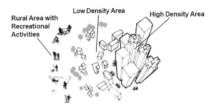

图 10-33　香港城市设计导则中关于新镇区域
引导建立公共性地标的图示

图 10-34　香港城市设计导则中关于新镇区
域，引导建筑高度协调与自然过渡的图示

10.3.4　图则的内容与表达形式

　　城市设计图则，采用与控规图则类似的规范化表达形式。相较于以
条文形式出现的导则，图则更为明确而具体，落实到具体的空间位置。

　　内容方面，除了常规的控规指标，还纳入了诸多城市设计控制要素。
具体包括：建筑形式、公共空间、道路交通、地下空间、生态环境、风
貌保护等。有时，为了形象直观，也将城市设计方案塑造的三维城市形
态，以示意图形式置入图则版面中，以供参考。图则内容要素在属性上，
同样分为强制性内容与引导性内容。强制性内容是必须遵守的，引导性
内容则是建议执行的。

　　上述要素内容，依据具体内容，往往采用三种表达语言：即图形与
图示、条文、数据表格。适合图形图示表达的内容有：各种定位信息、
建筑控制线、公共通道、沿街界面贴线范围、交通出入口位置、标志物
位置等。各种图形以标准的图形语言画出，并在一旁附以图例说明。条
文形式，适合表达一些引导性内容，如建筑的色彩、材质、屋顶形式、
城市家具等。表格数据则主要是对控规指标（容积率、建筑高度、覆盖
率、绿地率）等常规指标，以及一些城市设计指标（界面贴线率、裙房高
度、塔楼高度等）予以明确规定。

　　图 10-35 给出了一个标准的地块城市设计图则范例，对该地块的规
划管控做出了清晰而准确的界定，并落实到空间位置。图则版面主要分
为 4 个区域。占据主体位置的，是一张较大比例的地块控制图。其中对各
种常规控制要素（建筑多、高层退线、机动车开口线、绿地广场范围等）

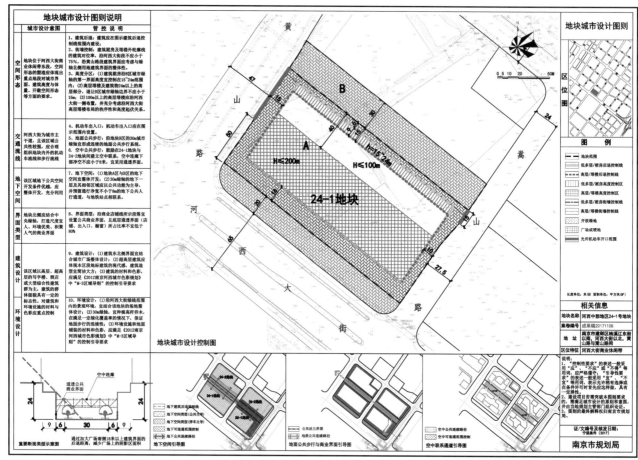

图 10-35　某地块城市设计图则（南京市规划局，东南大学韩冬青教授主持编制）

做出了明确的规定。控制图右侧栏，提供各种辅助信息，包括区位、图例、编制信息等。控制图下方栏有 4 个小图示，分别对应城市设计对该地块 4 个重要的引导控制方面（重要断面控制、地下空间引导、地面公共步行与商业界面引导、空中联系通道引导）。需要注意的是，在引导图中，所绘制的范围是包含当前地块在内的更大的街区范围。体现出城市设计从城市系统层面，对该地块的导控意图。图件的左侧栏，是以条文形式给出的图则说明部分。对该图则导控的 6 个方面，10 条条目，进行了详尽的文字规定。

10.3.5　城市设计导则范例

　　深圳 22、23-1 街区城市设计方案与导则案例，是一个较为成功的城市设计实施范例，展现了设计方案向城市设计导则的转化，以及导则在后续建设过程中的有效实施与落地。

22、2-13 街区位于深圳福田区 CBD 范围内，是该区域较为核心的地段。1990 年代初，政府已经为该地段制定了控规图则。但该图则由于缺乏城市设计研究作为支撑，导致开始建设的少部分地块各自为政，无法实现良好的公共空间系统和城市整体形象。为更有效控制后续开发建设，SOM 公司受委托编制了该街区的城市设计方案与导则。

与原控规方案相比，SOM 方案首先进行路网结构的调整。道路占比由 15% 提高到 30%，路网间距约 95m，路网有效控制地块划分，避免地块内部出现各自为政的二次内部道路设计，增加了沿街面、提高地块通达性和均好性。

其次是公共空间结构优化，形成了层次丰富的、与街坊外部空间有效衔接的两个口袋式中心绿地，并以东西向步行绿轴加以联通。该结构，实际上是将原控规分撒在各地块内的绿地率集中起来成为真正的公共绿地（原控规地块规模约 1hm²，密度 45%，SOM 方案地块约 0.55hm²，容积率由 5.3 提高为 7.5，密度 90%），既提高了地块的经济价值，也贡献出优质的公共空间环境，并极大提升了街坊内部地块的市场价值（图 10-36）。

城市设计导则对城市设计方案成果的翻译。由于城市设计方案在空间架构、公共空间体系、街道界面方面深入的研究和优化，使得导则有的放矢，避免了导则常有的"表面化"毛病——即面面俱到，却空洞无物。导则具体包括：环境分析与利用、人员活动与空间组织、城市结构设计、景观设计、条例说明 5 个部分（图 10-37~ 图 10-39）。其中的关键性控制要素如下：

（1）路网结构和空间组织。明确给出各支路道路、公共用地边界。

（2）街道界面。要求界面长度为街廓长度的 90%，几乎形成完全连续的街道界面。界面高度统一，均在 40 ~ 45m 之间，超出此高度部分应相应后退。界面的严格控制，确保了地面空间舒适的观感和尺度感。

（3）临街活动与界面形成连续拱廊。要求在主要生活街道两侧地块，85% 以上临街建筑要设置临街商业，并设置连续拱廊，拱廊至少宽 3m，多则 5m，高 14m 以内。拱廊应连续，与人行道相接，以形成连续的、有遮蔽而舒适的步行空间，促进形成积极的街道活动。

 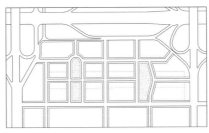 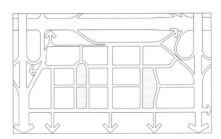

图 10-36　22、23-1 街区对城市设计方案对原规划的调整与优化。左图，原控规；中图，城市设计公共空间结构；右图城市设计路网结构

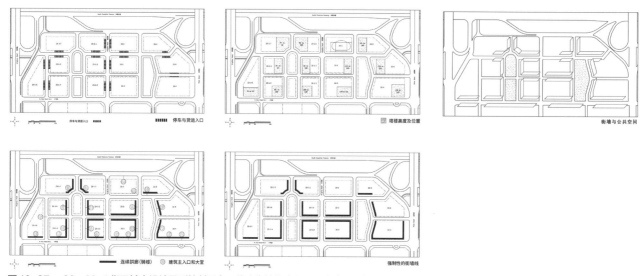

图 10-37　22、23-1 街区城市设计导则控制要素。依次为地块出入口要素（车行）、塔楼高度与平面位置要素、街墙与公共空间要素、建筑入口要素与街道（人行）、街墙贴线要素

图 10-38　22、23-1 街区城市设计导则——街道与骑楼导控

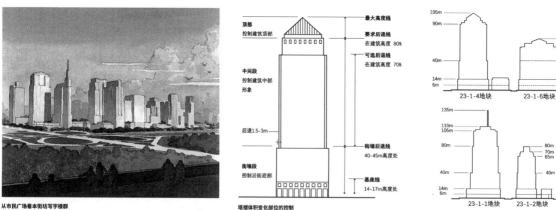

图 10-39　22、23-1 街区城市设计导则——高层形体控制

（4）对地块常人行、车行出入口、建筑退线等常规地块要点内容进行详细规定。

（5）高层建筑体量。对高层塔楼位置进行平面的限定。并要求高层形体逐渐收分，精确到不同高度的退线距离。对顶部造型给出详细设计引

图 10-40　22、23-1 街区城市设计方案与实施效果对比。左图为城市设计方案；右图为实际建成的城市形态。

导，要求与主体部分统一材料，禁止设置商标。

　　22、23 街区城市设计导则，既保障了各地块自身的利益（如最大化商业面，极高的覆盖率），又使得各地块建设完成后合力形成一个良好的公共空间系统与城市整体风貌。

　　经过十多年建设，该地段开发早已完成。为我们提供了一次检验城市设计和导则实施的机会（图 10-40）。从建成效果看，方案的核心内容（公共空间架构，城市空间形态与风貌）与导则的关键控制要素（支路系统、街墙、沿街界面活动、塔楼形体等）都得到了较好的贯彻与实施。然而需要注意的是，建成结果并非以蓝图的方式，高度还原城市设计方案效果图中所展现的形象，而是在更加基本的城市结构、城市系统层面高度实现了方案的构想。这得益于导则的实质性内容与良好的可操作性。与此同时，借由此案例，我们也可进一步思考城市设计方案的本质，及其与导则、实施结果之间的关系。

推荐读物

1. Stan Allen, Points and Lines: Diagrams and Projects for the City[M].　New York: Princeton Architectural Press，1999.
2. 凤凰空间 编 . 创意分析——图解建筑 1、2[M]. 南京：江苏科学技术出版社，2013.
3. 深圳市规划与国土资源局 主编 . 深圳市中心区 22、23-1 街坊城市设计及建筑设计 [M]. 北京：中国建筑工业出版社，2002.

参考文献

1. Stan Allen. Points and Lines: Diagrams and Projects for the City[M], New York: Princeton Architectural Press，1999.
2. Robert Venturi, et.al. Learning from Las Vegas[M].　Revised version. Cambridge, MA：MIT Press, 1977.
3. 凤凰空间 编 . 创意分析——图解建筑 1、2[M]. 南京：江苏科学技术出版社，2013.

4. 深圳市规划与国土资源局. 深圳市中心区 22、23-1 街坊城市设计及建筑设计 [M]. 北京：中国建筑工业出版社，2002.

5. 凯文·林奇. 城市意向 [M]. 北京：华夏出版社，2001.

6. 莱文，赛西莉亚，林尹星，薛皓东. 瑞姆·库哈斯作品，1987–1998[M]. 台北：惠彰企业有限公司，2002.

图片来源

扉页图、图 10–26、图 10–27　Tschumi, Bernard（1985），'The La Villette Park Competition', in Beeler, Raymond L.（ed.），The Princeton Journal. Thematic Studies in Architecture. Volume Two:Landscape（New Jersey: Princeton Architectural Press）:200–10.

图 10–1　AD Classics: Yokohama International Passenger Terminal / Foreign Office Architects（FOA）. https://www.archdaily.com/554132/ad–classics–yokohama–international–passenger–terminal–foreign–office–architects–foa.

图 10–2、图 10–5　http://www.sasaki.com

图 10–3　Stan Allen, Points and Lines: Diagrams and Projects for the City，1999:10.

图 10–4　Evelien van Es, et.al. ed.. Atlas of the Functional City CIAM 4 and Comparative Urban Analysis. Thoth, 2014:coverpage.

图 10–7　Robert Venturi, et.al.. Learning from Las Vegas, revised version. MIT Press, 1977: 24.

图 10–9　https://www.architectmagazine.com/project–gallery/taichung–gateway–park

图 10–10　凯文·林奇. 城市意向. 华夏出版社, 2001:34.

图 10–11　archinect.com

图 10–12　瑞姆·库哈斯作品集，1987–1998.Elcroqius 中文版 :380.

图 10–13 ~ 图 10–22　Elcroqius 134–135. Madrid:Publication controlada pro OJD，2007:392，399，400，403.

图 10–23　Peter Shirley, J. C. Moughtin. Urban Design: Green Dimensions（2nd edition）. Architectural Press, 2005:183–184.

图 10–24、图 10–25　OMA 事务所官方网站 . https://oma.eu/projects/parc–de–la–villette

图 10–28　Paul Finch. Interview: Bernard Tschumi, in The Architectural Review, 2014.

图 10–29 ~ 图 10–34　urban design guidelines for Hong Kong. RMJM Hong Kong limited，Planning Department，Hong Kong SAR Government，2002.

图 10–35　东南大学建筑学院韩冬青教授 提供 .

图 10–36 ~ 图 10–40　深圳市规划与国土资源局 主编 . 深圳市中心区 22、23–1 街坊城市设计及建筑设计 . 中国建筑工业出版社，2002（作者部分重绘）.

图 10–6、图 10–8　作者提供 .

致谢

本教材作为高等学校建筑类专业城市设计系列教材之一，我们首先感谢王建国教授为城市设计人才培养建构了系列教材的构架，使得诸多长期在此领域有积累的学者得以有机会和同学们分享学术成果以及自己的思考。

本教材的审稿工作由东南大学韩冬青教授、同济大学庄宇教授承担。作为国内城市设计领域的重要学者，审稿人对本教材提出了重要的评阅和修改意见，在此表示诚挚的感谢。

在本教材编写过程中，得到诸多同行的不吝赐教和慷慨帮助。东南大学段进教授、韩冬青教授、同济大学庄宇教授、重庆大学褚冬竹教授、南京大学赵辰教授，刘红杰规划师、王正副教授、南华建筑事务所程向阳建筑师为本书提供了城市设计相关案例；上海华东院周玲娟建筑师、上海同济大学建筑设计院高山建筑师、南京市建筑设计研究院有限责任公司孙艳副总建筑师专门为本书拍摄了照片。

教材编写工作艰辛而漫长，在成书之时，感谢中国建筑工业出版社领导的支持与鼓励，也特别感谢陈桦、王惠等编辑在本书的申请立项、排版和编辑等方面提供了专业的指导与帮助。

特别感谢国家自然科学基金重点项目"城市形态与城市微气候耦合机理与控制"（No.51538005）和国家自然科学基金青年科学基金项目"基于优化空间质量的城市中心区沿街建筑控制方法研究"（No.51708274），基金项目分别支撑了本教材的第6章"城市空间的环境性能"与第5章"城市空间的感知与活动"。

城市设计教材内容庞杂，统稿耗时巨大，特别感谢南京大学研究助理李倩老师为部分章节插图整理作出的工作。本教材涉及大量的资料和素材的收集、整理和绘制，多位博士和硕士参加到该项工作中来，为本教材的出版贡献了他们的力量。博士生季惠敏、彭云龙、张丽娜、郭鹏宇、周元等博士参加了部分文字资料的整理和图片收集工作；硕士生宋宇瑨、贺唯嘉、郭硕、杨蕾、陈雪涛、刘稷琪文字素材收集、硕士生魏雪仪、陈星雨、吕文倩、辛宇、孙其、况赫、王若辰、顾梦婕、本科生朱凌云参加了部分插图的绘制。

本书内容依托于南京大学建筑与城市规划学院开设的"城市设计及其理论"课程，其编写离不开建筑与城市规划学院的支持与关怀，作者在此表示感谢。对学院参与该课程建设、为本教材出谋划策、提出宝贵意见的诸位同事，也借此机会表示衷心感谢。

丁沃沃　胡友培　唐　莲

于南京大学

2020 年 6 月